石化行业水污染全过程控制技术丛书

石化废水污染物解析技术及应用

周岳溪　席宏波 等　著

科 学 出 版 社

北　京

内 容 简 介

本书针对石化废水污染物排放不明，导致废水处理技术研发、实际废水处理过程的工艺选择存在不确定性等问题，研发了废水污染物的检测方法，建立了石化废水污染物解析技术，可为石化废水污染全过程控制工程技术及环境管理提供支持。

本书可供石油化工给排水和环境工程的研究设计人员、污水处理工程技术人员、工矿企业有关专业技术人员、环保部门管理人员参考，也可供高等院校环境科学与工程、给排水工程等相关专业师生参阅。

图书在版编目（CIP）数据

石化废水污染物解析技术及应用 / 周岳溪等著. -- 北京 ：科学出版社, 2024. 6. -- (石化行业水污染全过程控制技术丛书) . -- ISBN 978-7-03-078765-1

Ⅰ. X703

中国国家版本馆 CIP 数据核字第 20242N0K03 号

责任编辑：郭允允　李丽娇 / 责任校对：郝甜甜

责任印制：徐晓晨 / 封面设计：图阅社

科学出版社 出版

北京东黄城根北街 16 号

邮政编码：100717

http://www.sciencep.com

北京建宏印刷有限公司印刷

科学出版社发行　各地新华书店经销

*

2024 年 6 月第　一　版　开本：720×1000　1/16

2024 年 6 月第一次印刷　印张：16 1/2

字数：323 000

定价：228.00 元

（如有印装质量问题，我社负责调换）

《石化废水污染物解析技术及应用》

主要作者

周岳溪　席宏波　于　茵　宋玉栋

陈学民　伏小勇　吴昌永　沈志强

孙立东　潘　玲　蒲文晶　武文国

孙福利　杜再江　刘淑玲　王兆花

丛 书 序

水是生存之本、文明之源，是社会系统与自然系统间的重要纽带，既是人类生产生活过程的重要资源，也是污染物排放的重要去向。伴随着“十一五”以来水体污染控制与治理科技重大专项（简称水专项）等国家重大科研项目的实施，我国水污染控制理论与技术不断发展，逐渐从传统末端治理模式向污染全过程控制模式转变，污染治理更加精准、科学、绿色、低碳，水资源利用效率进一步提高，水环境质量进一步改善，水生态系统进一步恢复。

石油化工行业是我国国民经济基础性和支柱性产业、化学品生产和使用的主要行业、用水排水和用能耗能的重点行业。近年来该行业生产链延长、产品种类增加、生产规模大型化、炼化一体化等发展特征明显，产生的废水具有排放量较大、污染物种类较多、有毒污染物浓度较高、环境风险高、资源化潜力大等特点，水污染治理与管理难度较大，因此石油化工行业一直是流域水污染治理和水生态环境风险防控的重点行业，也是碳排放削减和有毒污染物治理的重点行业。

水污染控制是中国环境科学研究院的重点研究领域之一。本人长期担任该领域的学术带头人，三十多年来一直从事工业废水、城乡污水污染控制工程技术研究和成果的推广应用，相继承担了多项国家科研项目，特别是国家水专项的项目，开展了石化等重污染行业废水污染全过程控制技术的研究与应用，取得了很好的社会效益、经济效益和环境效益。本套丛书以重点石化装置和炼化一体化大型石化园区（企业）为对象，按照“源头减量—过程资源化减排—末端处理”的水污染全过程控制理念，对石化行业废水来源与特征、污染全过程控制理念与技术进行了系统阐述；重点围绕石化废水污染物解析、炼油化工废水污染全过程控制、合成材料生产废水污染全过程、石化综合污水处理和工业园区废水污染全过程控制主题进行分册专题阐述。本套丛书的内容以国家水专项研究成果为主，并充分吸纳了国内外水污染控制技术的最新成果。

本套丛书内容翔实，实用性强，借鉴意义大。相信其出版将进一步推动污染全过程控制理念在我国的推广实施，进一步提高科学治污、精准治污水平，助力石化行业绿色、低碳、高质量发展。

在本套丛书的出版过程中，得到了许多前辈的指导；中国环境科学研究院、国家水专项办公室、吉林省水专项办公室和示范工程实施单位领导的指导和帮助；同时得到了科学出版社的大力支持；项目（课题）的所有参与者付出了大量辛勤的劳动，在此谨呈谢意。

周岳溪
中国环境科学研究院研究员
2023 年 5 月

前　　言

石油化工行业是我国国民经济的支柱性产业，石化行业生产废水中除含有原料和产品组分外，通常还含有反应副产物以及原料带入的杂质组分，其污染物种类多，组成复杂，治理难度大。水污染全过程控制是有效防治石油化工水污染的技术途径，废水污染源解析是实施水污染全过程控制的技术基础。

作者团队在“十一五”至“十三五”期间相继承担了国家水专项“松花江重污染行业有毒有机物减排关键技术及工程示范”（2008ZX07207-004）、“松花江石化行业有毒有机物全过程控制关键技术与设备”（2012ZX07201-005）和“石化行业水污染全过程控制技术集成与工程实证”（2017ZX07402-002）等石油化工水污染全过程控制课题，课题负责人均为周岳溪研究员，其中水污染物检测方法和污染源解析子课题负责人为席宏波副研究员，本书属于该子课题的技术研究成果。本书主要针对石化废水污染物排放不明，导致废水处理技术研发、实际废水处理过程的工艺选择存在不确定性等问题，研发了尚缺乏检测方法标准的废水污染物的检测方法，建立了废水污染物解析技术，开展了废水污染物解析等研究，为石化废水污染全过程控制工程技术及环境管理提供了支持。

本书主要内容包括：第 1 章，石化废水污染物解析技术；第 2 章，部分特征污染物检测方法；第 3 章，炼油装置废水污染物解析；第 4 章，有机原料生产装置废水污染物解析；第 5 章，合成材料生产装置废水污染物解析；第 6 章，典型石化综合污水污染物解析；第 7 章，结论；附录为石化废水中部分有机特征污染物检测方法。

本书撰写人员分工如下：第 1 章由席宏波、于茵、周岳溪撰写；第 2 章由席宏波、于茵、宋玉栋、周岳溪、陈婷婷、袁野、白兰兰、李亚可撰写；第 3 章由席宏波、陈学民、伏小勇、宋玉栋、于茵、吴昌永、周岳溪撰写；第 4 章由席宏波、陈学民、伏小勇、宋玉栋、于茵、周岳溪撰写；第 5 章由席宏波、陈学民、伏小勇、宋玉栋、沈志强、于茵、周岳溪撰写；第 6 章由席宏波、吴昌永、付丽亚、宋玉栋、何绪文、栾金义、夏瑜、魏玉梅、周岳溪撰写；第 7 章由席宏波、周岳溪撰写。

全书由席宏波统稿，周岳溪修改并定稿。

本书的编写和出版得到了国家水专项“石化行业水污染全过程控制技术集成与工程实证”课题（2017ZX07402-002）的资助；得到了国家水专项办公室及中国环境科学研究院领导的支持。课题组研究生付丽亚、宋广清、赵京田、戴本慧、李文锦、邢飞、刘苗茹、周璟玲、岳岩、陈雨卉、杨茜、白兰兰、冯芦芦、孙秀梅、赵萌、尚海英、林成豪、王钦祥、马洁、王碧、肖海燕、陈婷婷、陈诗然、卢洪斌、李亚可、张晓辉、袁野、章昭、杨洋、张倬玮、郭珍珍、刘明国、王翼等参与了部分数据的测定和文献整理的工作；中国石油天然气股份有限公司吉林石化分公司孙立东、潘玲、蒲文晶、武文国、孙福利、杜再江、石俊学、谷忠君、刘淑玲、陈绮莉、王兆花、于东、苗磊等在基础资料与数据收集方面提供了帮助；科学出版社对本书的出版给予了大力支持，在此谨呈谢意。

限于著者知识与水平，难免存在不足和疏漏之处，恳请读者不吝指正。

著　者

2023年6月

目 录

第1章　石化废水污染物解析技术

石化行业是我国的支柱性产业、国民经济的命脉，同时也是我国废水污染物排放的重点行业，是《水污染防治行动计划》等纲领性文件重点关注的行业之一。同时石化行业也是我国的用水大户和排水大户。2010年，石化行业取水量为72.75亿m^3，约占工业取水量的5%；2014年，石化行业废水排放量约占工业废水排放量的15%，石油类、挥发酚、氰化物等有毒污染物的排放量分别占工业废水相应污染物排放量的14.9%、10.8%和25.4%。

废水污染物的解析是开展水污染控制的前提和基础，对废水处理技术的开发和工程应用具有不可或缺的指导作用。2015年，《石油炼制工业污染物排放标准》（GB 31570—2015）、《石油化学工业污染物排放标准》（GB 31571—2015）、《合成树脂工业污染物排放标准》（GB 31572—2015）等石化行业污染物排放标准的颁布，不但加强了对化学需氧量、石油类等常规污染指标的排放控制，更提出了需要控制的废水中特征污染物的种类及排放浓度限值，标志着我国石化行业水污染控制朝着精细化、特征化方向迈进。因此，对废水污染物，尤其是行业内特征污染物的准确、高效、规范解析，对行业污染控制的指导意义更加显著。

本章从石化行业废水的基本特点出发，阐释石化废水污染物解析的目的、特点和技术内涵，确定重点石化子行业废水污染物解析流程，明确各子行业废水污染物解析的方法和对象。

1.1　石化行业概况

石油化学工业是以石油馏分、天然气等为原料，生产有机化学品、合成树脂、合成纤维、合成橡胶等的加工工业，从产业链可分为石油炼制、有机原料生产、合成材料生产三部分。

1.1.1　石油炼制

石油炼制是以原油、重油等为原料，生产汽油馏分、柴油馏分、燃料油、润滑油、石油蜡、石油沥青和石油化工原料[三苯（苯、甲苯、二甲苯）、三烯（乙烯、丙烯、丁烯）]等的过程。

石油炼制主要是对原油进行一次加工、二次加工生产各种石油产品。原油一次加工，主要采用物理方法将原油切割为沸点范围不同、密度大小不同的多种石油馏分。原油二次加工，主要用化学方法或化学-物理方法，将原油馏分进一步加工转化，以提高某种产品收率，增加产品品种，提升产品质量。石油炼制主要有：常减压蒸馏、催化裂化、加氢裂化、延迟焦化、催化重整、芳烃分离、加氢精制、烷基化、气体分馏、氧化沥青、制氢、脱硫、制硫等，部分炼厂还有溶剂脱沥青、溶剂脱蜡、石蜡成型、溶剂精制、白土精制和润滑油加氢等。其主要生产汽油、喷气燃料、煤油、柴油、燃料油、润滑油、石油蜡、石油沥青、石油焦和各种石油化工原料。

1.1.2　有机原料生产

有机原料生产过程是在“三烯、三苯”等的基础上，通过各种合成步骤制得醇、醛、酸、酯、醚、腈类等有机原料的生产过程。

石化行业生产的有机原料种类繁多，可分为基础原料、聚合物单体和中间体等。其中，基础有机原料包括乙烯、C_3～C_4烯烃、BTX 芳烃、合成气和乙炔等。聚合物单体和中间体通常是在上述有机原料分子的基础上通过化学反应产生新的官能团进而形成醇、醛、酮、酸、腈、胺、卤代有机物和硝基化合物等有机化合物。

常用的合成反应过程包括氧化、卤化、氢化、酯化、烷基化、磺化、脱氢、水解、重整、羰化、氧化酰化、硝化、脱水、氨解、缩合和脱烷基化等。常用的分离与精制单元过程包括吸收、洗涤/清洗、蒸馏、干燥、过滤、萃取、沉淀、结晶、水淬、蒸发、离子交换等。

1.1.3　合成材料生产

合成材料生产过程是在有机原料的基础上，经过各种聚合、缩合步骤制得合成树脂、合成纤维、合成橡胶（即三大合成材料）等最终产品的过程。

合成材料通常包含原料配制、聚合反应、单体回收、产品分离、加工成型、溶剂回收等单元。流程的输入包括单体、共聚单体、催化剂、溶剂以及能量和水，输出包括产品、废气、废水和固体废物。

（1）配制单元：用于所需反应组分的混合过程，特别是满足特定质量要求的单体和助剂，可能包括均质、乳化或气液混合过程。有些单体在进行配制之前还需要进行额外的精馏纯化。

（2）聚合反应单元：单体及共聚单体在催化剂、溶剂等的作用下在聚合反应釜中发生聚合反应，生成产品聚合物。

（3）单体/溶剂回收单元：从聚合反应混合物中回收残余单体/溶剂，直接或经适当纯化后，回收单体/溶剂作为原料进入配制单元。

（4）聚合物分离单元：对聚合反应单元产生的产品聚合物进行分离和纯化，以满足聚合物产品的纯度要求，通常采用热分离、化学凝聚和机械分离操作。用于聚合物处理和保护的添加剂可在该单元投加。

（5）加工成型单元：将产品分离单元获得的高纯度聚合物通过混炼、溶解、熔化、造粒、纺丝等过程转化为用户所需要的聚合物形态，如颗粒、纤维、胶片等。

（6）溶剂回收单元：对于采用溶剂进行聚合物加工成型的单元，在聚合物成型后，对残余溶剂进行回收和纯化，从而作为原料循环应用于聚合物加工成型单元。

1.2　石化废水污染物解析目的与特点

1.2.1　石化废水特点

石化废水来自石油化工生产过程中的原料配制、工艺反应、容器清洗、产品精制分离等环节，废水污染物主要为原料、产品及反应副产物组分。因此，石化废水污染物存在以下产排特点。

1. 废水种类多，污染物组成差异大

石化行业产品种类多，生产工艺各异，从石油炼制到基本化工原料，再到有机化工原料和合成材料，存在成百上千种生产工艺，每种生产工艺都会产生不同组分的废水。许多废水在污染物种类和浓度水平方面存在巨大差异，给废水治理的路线选择带来很大难度。由于石化装置的原料及产品多为有毒有机物，因此有毒有机物的去除是石化行业废水治理面临的普遍问题。

2. 废水污染物浓度高，具有资源属性

高浓度石化废水中通常含有较高浓度的原料、产品或副产品，若作为资源回收利用，不仅可降低污染物排放量，还可提高原料利用率和产品收率。

3. 废水污染物组成复杂，受生产过程影响大

石化废水中除可能含有原料和产品外，通常还含有反应副产物以及原料中带入的杂质组分，因此废水污染物种类多、组成复杂。而污染物浓度与生产过程中的反应效率、产品收率等密切相关，反应效率和产品收率的降低往往意味着废水污染物浓度的升高。

4. 石化园区废水污染物组成更加复杂，波动性更大

以大型炼化一体化企业为代表的石化工业园区已逐渐成为我国石化行业的主体。一方面，大型炼化一体化企业因其产品类型多、生产规模大，致使园区废水排放节点多、水质特性差异大、污染物组成复杂；另一方面，由于不同生产装置具有不同的废水排放规律（间歇或连续），开车和停车不同步，造成园区废水水质水量经常出现较大波动。

1.2.2　石化废水污染物解析目的

不同石化装置的原料和产品不同，同类石化装置的生产规模、生产负荷、工艺控制水平、原材料差异及废水排放特征也有差别，同一装置不同排水节点废水水质也可能存在明显差距。石化装置排放的废水中有机物组成复杂，除可能含有原料和产品组分外，还可能有反应副产物、原料杂质、有机助剂等。因此，石化废水污染源解析即在充分了解石化装置生产工艺、水平衡、物料平衡、废水产生排放情况的基础上，对废水常规指标、重金属、有机特征污染物等污染指标进行定性、定量分析，考察废水对生物处理系统的抑制性，结合污染物浓度水平，对废水特性进行综合评估，为废水预处理、分质处理及综合处理等提供指导。

目前对石化废水处理技术的研究多针对单一生产装置废水的处理，而缺乏对大型炼化一体化企业多套生产装置共存条件下废水处理系统整体优化的研究，致使污染物控制未达到最优状态，减排成本高、减排效率有限。特别是多种废水混合后，部分难降解有毒有机物被大量稀释，废水中污染物种类多、浓度低，其降解微生物难以驯化、去除效率低。此外，石化行业部分高污染物浓度或高排放量的废水，由于水质波动大，经常对污水处理厂的运行产生冲击，影响综合污水处理厂的正常运行。

因此，对园区各装置和综合污水处理厂废水中污染物种类、浓度等进行详细解析，是园区污水处理系统优化和石化装置废水污染全过程控制的基础，可为废

水污染全过程控制策略的制定和工艺技术选择提供依据，特别是为石化废水分质预处理奠定基础。对于含有回收价值污染物的装置废水，可采用污染物回收工艺；含有高浓度难降解污染物的废水，可采用强化降解预处理；含有高浓度有毒污染物的废水，可采用解毒预处理；含有高浓度易降解有机物的废水，可采用高负荷生物预处理。同时结合石化废水生物抑制性评价，考察废水对综合污水处理厂生物处理系统的冲击影响，可为污水处理厂稳定运行，保障出水稳定达标提供技术支持。

1.2.3　石化废水污染物解析特点

石化废水水质解析以保证综合污水处理厂稳定运行为出发点，除常规指标外，主要关注废水中对废水处理具有影响的特征有机物，即浓度较高或具有生物毒性的有机物，包括苯胺类、多环芳烃、酚类、卤代烃类、酯类等不同类别的特征有机物。

1.2.4　石化废水污染物解析技术内涵

2015年颁布的《石油炼制工业污染物排放标准》（GB 31570—2015）、《石油化学工业污染物排放标准》（GB 31571—2015）、《合成树脂工业污染物排放标准》（GB 31572—2015）等石化行业污染物排放标准，分别规定了石油炼制行业、石油化学工业、合成树脂工业中各类污染物的排放限值。其中水污染指标包括pH、悬浮物、化学需氧量、石油类、硫化物等常规污染，总钒、总铜、六价铬、烷基汞等重金属，苯、苯胺类、丙烯腈、双酚A、二噁英等特征有机污染物。石化废水中污染物组成复杂，除上述各种（类）污染物外，还有部分有机污染物，受限于现有检测技术和关注程度，未纳入现有排放标准体系中，但因其浓度高、难降解、毒性强等特点，对现有污水处理系统，特别是生化处理系统造成冲击影响，或直接穿透污水处理系统进入受纳水体，这部分有机污染物也亟需关注。因此，石化废水污染物解析应包括对上述各类污染物的解析，石化废水污染物解析技术应覆盖上述三类污染物的监测方法。

排放标准中除少数有机特征污染物外，其他污染物均有各自的测定方法标准；标准中未涉及的需关注的污染物，除少数种（类）污染物外，均无测定方法标准。因此需先研发相应的测定方法，再结合现有污染物的测定方法标准，构建完整的石化废水污染物解析方法体系，如图1-1所示。

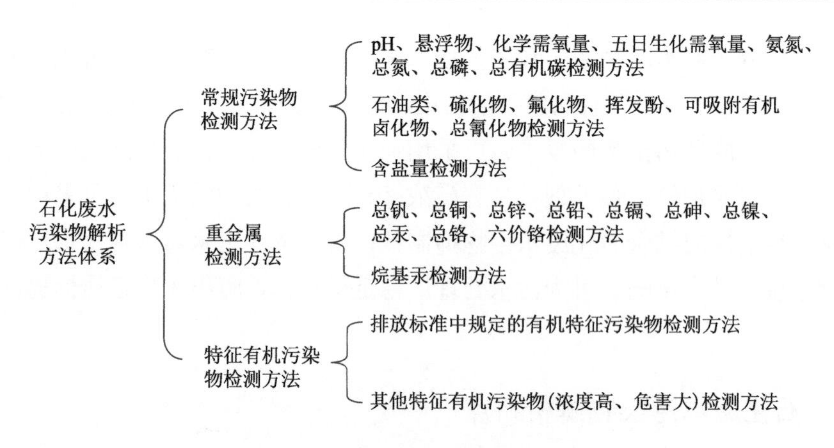

图 1-1 石化废水污染物解析方法体系

1.3 重点石化子行业的确定

通过文献、企业调研，专家咨询等，本书确定了 30 套重点石化排污装置，见表 1-1。确定的重点石化装置涵盖石油化工全链条（石油炼制—有机原料生产—合成材料）的废水污染物产生量大的主要生产装置，约占行业排水量 75%，COD 排放量 80%。

表 1-1 重点石化装置清单

序号	子行业名称	重点装置名称
1	石油炼制	常减压、催化裂化、联合芳烃、加氢裂化、延迟焦化、烃重组、硫磺回收
2	有机原料	烯烃链：乙烯、环氧乙烷、乙二醇、丁辛醇、丙烯酸（酯）、环氧氯丙烷、丙烯腈 芳烃链：对二甲苯（PX）、己内酰胺（CPL）、苯乙烯、苯酚丙酮、己二酸（AA）、苯胺、精对苯二甲酸（PTA）
3	合成材料	合成树脂：聚乙烯（PE）、聚丙烯（PP）、ABS 树脂 合成橡胶：顺丁橡胶（BR）、丁苯橡胶（SBR）、丁腈橡胶、乙丙橡胶 合成纤维：聚对苯二甲酸乙二醇酯（PET）、腈纶

1.4 重点石化子行业废水污染物解析流程

石化行业水污染物解析首先通过文献查阅、企业调研、行业专家咨询等方式确定重点排污子行业（占行业污染物排放量 70%以上），开展各重点子行业典型生产装置的生产工艺类型、工艺流程及各排水节点废水的产生、排放情况调研（企业覆盖度50%以上），结合行业排放标准，确定各子行业重点生产装置（以下简称重点装置）主要污染因子，通过文献整理、企业提供、采样监测等方式获取排水节点各污染因子浓度，识别各重点装置排水中的主要污染因子及排放水平，在此基础上编制源解析报告。石化行业水污染物解析流程见图1-2。

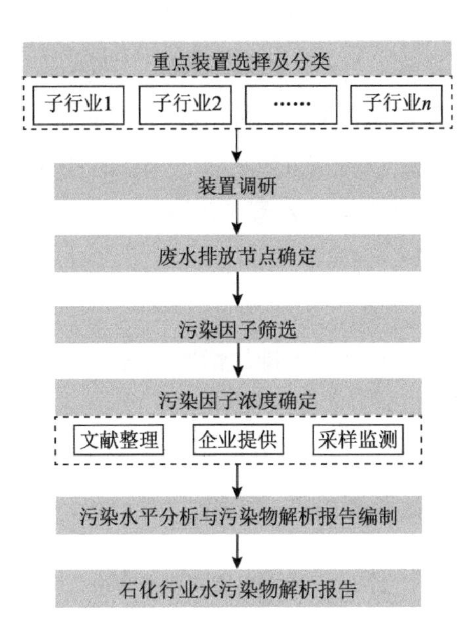

图1-2　石化行业水污染物解析流程图

1.4.1　重点装置废水污染物监测

1. 重点装置废水污染物排放监测节点

为弄清重点装置的废水污染物排放特征，须弄清重点装置的基本情况。本书在调研各重点装置的生产工艺、生产规模、原辅材料、产品、原材料、废水产生和排放节点的基础上，绘制了工艺流程图，确定了各排放节点的排水量。

2. 检测指标

检测指标包括常规指标、重金属和特征有机物。其中常规污染指标包括pH、悬浮物、含盐量、化学需氧量（COD）、五日生化需氧量（BOD_5）、总有机碳（TOC）、氨氮、总氮、总磷、石油类、挥发酚、可吸附有机卤化物、硫化物、总氰化物等。

重金属指标包括总钒、总铜、总锌、总铅、总镉、总砷、总镍、总汞、总铬、六价铬、烷基汞等；特征有机污染物包括苯并[a]芘、一氯二溴甲烷、二氯一溴甲烷、二氯甲烷、1,2-二氯乙烷、三氯甲烷、三溴甲烷、1,1-二氯乙烯、1,2-二氯乙烯、三氯乙烯、四氯乙烯、氯丁二烯、六氯丁二烯、四氯化碳、1,1,1-三氯乙烷、氯乙烯、环氧氯丙烷、苯、甲苯、邻二甲苯、间二甲苯、对二甲苯、乙苯、苯乙烯、异丙苯、硝基苯类、氯苯、1,2-二氯苯、1,4-二氯苯、三氯苯、四氯苯、多环芳烃、多氯联苯、甲醛、三氯乙醛、2,4-二氯酚、2,4,6-三氯酚、丙烯腈、邻苯二甲酸二丁酯、邻苯二甲酸二辛酯、苯胺类、丙烯酰胺、吡啶、二噁英类、双酚 A、β-萘酚、邻苯二甲酸二乙酯、二（2-乙基己基）己二酸酯、丙烯酸、二氯乙酸、三氯乙酸、环烷酸、五氯丙烷、二溴乙烯、乙醛、苯甲醚、戊二醛、四乙基铅、水合肼等。

3. 检测频次

根据装置生产周期和各节点废水排放情况，每个节点检测 5 次。

4. 水样采集及保存

水样的采集与保存方法及要求见表 1-2。

表 1-2　水样采集与保存方法

序号	检测指标	采样容器	保存方法及保存剂用量	可保存时间	备注
1	pH	P 或 G	—	12h	尽量现场测定
2	悬浮物	P 或 G	1～5℃ 暗处	14d	—
3	含盐量	P 或 G	4℃ 冷藏	—	实验室
4	化学需氧量	G	用 H_2SO_4 酸化，pH≤2	2d	—
		P	–20℃ 冷冻	1 个月	最长 6m
5	五日生化需氧量	溶解氧瓶	1～5℃ 暗处冷藏	12h	—
		P	–20℃ 冷冻	1 个月	冷冻最长可保持 6m（质量浓度小于 50mg/L 保存 1m）
6	总有机碳	G	用 H_2SO_4 酸化，pH≤2；1～5℃	7d	—
		P	–20℃ 冷冻	1 个月	—
7	总磷	P 或 G	用 H_2SO_4 酸化，HCl 酸化至 pH≤2	24h	—
		P	–20℃ 冷冻	1 个月	

续表

序号	检测指标	采样容器	保存方法及保存剂用量	可保存时间	备注
8	氨氮	P或G	用H_2SO_4酸化，pH≤2	24h	—
9	总氮	P或G	用H_2SO_4酸化，pH 1～2	7d	—
		P	−20℃ 冷冻	1个月	—
10	石油类	溶剂洗G	用HCl酸化至pH≤2	7d	—
11	挥发酚	G	1～5℃ 避光。用磷酸调至pH≤2，加入抗坏血酸0.01～0.02g除去残余氯	24 h	—
12	硫化物	P或G	水样充满容器。1L水样加NaOH至pH 9，加入5%抗坏血酸5mL，饱和EDTA 3mL，滴加饱和$Zn(Ac)_2$，至胶体产生，常温避光	24h	—
13	氟化物	P（聚四氟乙烯除外）	—	1个月	—
14	总氰化物	P或G	加NaOH到pH≥9；1～5℃ 冷藏	7d，如果硫化物存在，保存12h	—
15	可吸附有机卤化物	P或G	水样充满容器。用HNO_3酸化，pH 1～2；1～5℃ 避光保存	5d	—
		P	−20℃ 冷冻	1个月	—
16	总钒	酸洗P或酸洗BG	—	用 HNO_3酸化，pH 1～2	—
17	总铜	P	1L水样中加浓HNO_3 10mL酸化	14d	—
18	总锌	P	1L水样中加浓HNO_3 10mL酸化	14d	—
19	总铅	P或G	HNO_3，1%，如水样为中性，1L水样中加浓 HNO_3 10mL	14d	—
20	总镉	P或G	1L水样中加浓 HNO_3 10mL酸化	14d	—
21	总砷	P或G	1L水样中加浓HNO_3 10mL（DDTC法，HCl 2mL）	14d	—
22	总镍	P或G	1L水样中加浓HNO_3 10mL酸化	14d	—
23	总汞	P或G	HCl，1%，如水样为中性，1L水样中加浓HCl 10mL	14d	—
24	六价铬	P或G	NaOH，pH 8～9	14d	—
25	总铬	P或G	1L水样中加浓HNO_3 10mL酸化	1个月	—
26	水合肼	G	用HCl酸化到pH=1，避光	24h	—

续表

序号	检测指标	采样容器	保存方法及保存剂用量	可保存时间	备注
27	邻苯二甲酸酯类	G	加入抗坏血酸0.01～0.02g除去残余氯；1～5℃ 避光保存	24h	—
28	挥发性有机物	G	用（1+10）HCl调至pH≤2，加入抗坏血酸0.01～0.02g除去残余氯；1～5℃ 避光保存	12h	—
29	其他特征有机物	—	—	—	见检测方法要求

注：G代表玻璃瓶；P代表聚乙烯塑料瓶。

5. 检测方法

常规指标、重金属的检测均采用国标法或行业标准，特征有机污染物检测采用国标法、行业标准或研发的标准，具体方法见表1-3。

表1-3 污染指标检测方法

序号	检测指标	监测方法	方法来源
1	pH	电极法	HJ 1147
2	悬浮物	重量法	GB/T 11901
3	化学需氧量	重铬酸盐法	HJ 828
		快速消解分光光度法	HJ/T 399
		氯气校正法	HJ/T 70
		碘化钾碱性高锰酸钾法	HJ/T 132
4	五日生化需氧量	稀释与接种法	HJ 505
5	氨氮	气相分子吸收光谱法	HJ/T 195
		纳氏试剂分光光度法	HJ 535
		水杨酸分光光度法	HJ 536
		蒸馏-中和滴定法	HJ 537
		连续流动-水杨酸分光光度法	HJ 665
		流动注射-水杨酸分光光度法	HJ 666
6	总氮	碱性过硫酸钾消解紫外分光光度法	HJ 636
		连续流动-盐酸萘乙二胺分光光度法	HJ 667
		流动注射-盐酸萘乙二胺分光光度法	HJ 668

续表

序号	检测指标	监测方法	方法来源
7	总磷	钼酸铵分光光度法	GB/T 11893
		连续流动-钼酸铵分光光度法	HJ 670
		流动注射-钼酸铵分光光度法	HJ 671
8	总有机碳	燃烧氧化-非分散红外吸收法	HJ 501
9	石油类	红外分光光度法	HJ 637
10	硫化物	亚甲基蓝分光光度法	HJ 1226
		碘量法	HJ/T 60
		气相分子吸收光谱法	HJ/T 200
11	氟化物	离子选择电极法	GB/T 7484
		茜素磺酸锆目视比色法	HJ 487
		氟试剂分光光度法	HJ 488
12	挥发酚	溴化容量法	HJ 502
		4-氨基安替比林分光光度法	HJ 503
13	总钒	钽试剂（BPHA）萃取分光光度法	GB/T 15503
		石墨炉原子吸收分光光度法	HJ 673
		电感耦合等离子体质谱法	HJ 700
14	总铜	原子吸收分光光度法	GB/T 7475
		二乙基二硫代氨基甲酸钠分光光度法	HJ 485
		2,9-二甲基-1,10-菲啰啉分光光度法	HJ 486
		电感耦合等离子体质谱法	HJ 700
15	总锌	双硫腙分光光度法	GB/T 7472
		原子吸收分光光度法	GB/T 7475
		电感耦合等离子体质谱法	HJ 700
16	总氰化物	容量法和分光光度法	HJ 484
17	可吸附有机卤化物	微库仑法	GB/T 15959
		离子色谱法	HJ/T 83
18	苯并[a]芘	乙酰化滤纸层析荧光分光光度法	GB/T 11895
		液液萃取和固相萃取高效液相色谱法	HJ 478

续表

序号	检测指标	监测方法	方法来源
19	总铅	双硫腙分光光度法	GB/T 7470
		原子吸收分光光度法	GB/T 7475
		电感耦合等离子体质谱法	HJ 700
20	总镉	双硫腙分光光度法	GB/T 7471
		原子吸收分光光度法	GB/T 7475
		电感耦合等离子体质谱法	HJ 700
21	总砷	二乙基二硫代氨基甲酸银分光光度法	GB/T 7485
		原子荧光法	HJ 694
		电感耦合等离子体质谱法	HJ 700
22	总镍	丁二酮肟分光光度法	GB/T 11910
		火焰原子吸收分光光度法	GB/T 11912
		电感耦合等离子体质谱法	HJ 700
23	总汞	双硫腙分光光度法	GB/T 7469
		冷原子吸收分光光度法	HJ 597
		原子荧光法	HJ 694
24	烷基汞	气相色谱法	GB/T 14204
		吹扫捕集/气相色谱-冷原子荧光光谱法	HJ 977
25	总铬	分光光度法	GB/T 7466
		电感耦合等离子体质谱法	HJ 700
26	六价铬	二苯碳酰二肼分光光度法	GB/T 7467
		流动注射-二苯碳酰二肼光度法	HJ 908
27	一氯二溴甲烷、二氯一溴甲烷	顶空气相色谱法	HJ 620
		吹扫捕集/气相色谱-质谱法	HJ 639
28	二氯甲烷、1,2-二氯乙烷、三氯甲烷、三溴甲烷、1,1-二氯乙烯、1,2-二氯乙烯、三氯乙烯、四氯乙烯、氯丁二烯、六氯丁二烯、四氯化碳	顶空气相色谱法	HJ 620
		吹扫捕集/气相色谱-质谱法	HJ 639
		吹扫捕集/气相色谱法	HJ 686
29	1,1,1-三氯乙烷、氯乙烯	吹扫捕集/气相色谱-质谱法	HJ 639
30	环氧氯丙烷	吹扫捕集/气相色谱-质谱法	HJ 639
		吹扫捕集/气相色谱法	HJ 686

续表

序号	检测指标	监测方法	方法来源
31	苯、甲苯、邻二甲苯、间二甲苯、对二甲苯、乙苯、苯乙烯、异丙苯	气相色谱法	GB/T 11890
		吹扫捕集/气相色谱-质谱法	HJ 639
		吹扫捕集/气相色谱法	HJ 686
32	硝基苯类	气相色谱法	HJ 592
		液液萃取/固相萃取-气相色谱法	HJ 648
		气相色谱-质谱法	HJ 716
33	氯苯	气相色谱法	HJ/T 74
		气相色谱法	HJ 621
		吹扫捕集/气相色谱-质谱法	HJ 639
34	1,2-二氯苯、1,4-二氯苯、三氯苯	气相色谱法	HJ 621
		吹扫捕集/气相色谱-质谱法	HJ 639
35	四氯苯	气相色谱法	HJ 621
36	多环芳烃	液液萃取和固相萃取高效液相色谱法	HJ 478
37	多氯联苯	气相色谱-质谱法	HJ 715
38	甲醛	乙酰丙酮分光光度法	HJ 601
39	三氯乙醛	吡啶啉酮分光光度法	HJ/T 50
40	2,4-二氯酚、2,4,6-三氯酚	液液萃取/气相色谱法	HJ 676
41	丙烯腈	气相色谱法	HJ/T 73
42	邻苯二甲酸二丁酯、邻苯二甲酸二辛酯	液相色谱法	HJ/T 72
43	苯胺类	*N*-（1-萘基）乙二胺偶氮分光光度法	GB/T 11889
		气相色谱-质谱法	HJ 822
		液相色谱-三重四极杆质谱法	HJ 1048
44	丙烯酰胺	气相色谱法	HJ 697
45	吡啶	顶空/气相色谱法	HJ 1072
46	二噁英类	同位素稀释高分辨气相色谱-高分辨质谱法	HJ 77.1
47	双酚 A	固相萃取/高效液相色谱法	HJ 1192
		液液萃取/气相色谱-质谱法	附录 2

续表

序号	检测指标	监测方法	方法来源
48	β-萘酚	高效液相色谱法	HJ 1073
		液液萃取/气相色谱-质谱法	附录 2
49	邻苯二甲酸二乙酯	液相色谱-三重四极杆质谱法	HJ 1242
		液液萃取/气相色谱-质谱法	附录 2
50	二（2-乙基己基）己二酸酯	液液萃取/气相色谱-质谱法	附录 2
51	丙烯酸	离子色谱法	HJ 1288
		离子色谱法	附录 3
52	二氯乙酸、三氯乙酸	离子色谱法	HJ 1050
53	环烷酸	离子色谱法	附录 4
54	五氯丙烷、二溴乙烯、乙醛、苯甲醚	吹扫捕集/气相色谱-质谱法	附录 1
55	戊二醛	酚试剂分光光度法	附录 5
56	四乙基铅	顶空/气相色谱-质谱法	HJ 959
		吹扫捕集/气相色谱-质谱法	附录 1
57	水合肼	分光光度法	附录 6

1.4.2　重点装置废水主要污染物分析

1. 分析方法

采用等标污染物负荷法分析重点装置废水中主要污染物。

1）等标污染物负荷法定义

等标污染物负荷法是以污染物排放标准或对应的环境质量标准作为评价准则，通过将不同污染源排放的各种污染物测试统计数据进行标准化处理后，计算得到不同污染源和各种污染物的等标污染负荷及等标污染负荷比，从而获得同一尺度上可以相互比较的量。

2）计算式

（1）某一工序中某一污染物的等标污染负荷：

$$P_{ij}=\frac{C_{ij}}{C_{oi}}\times Q_{ij} \tag{1-1}$$

式中，P_{ij}为 i 污染物在 j 工序的等标污染负荷；C_{ij}为 i 污染物在 j 工序的实测浓度，mg/L；C_{oi}为 i 污染物的排放标准，mg/L；Q_{ij}为含 i 污染物在 j 工序的排放量，m^3。

（2）某工序所有污染物的等标污染负荷之和，即为该工序的等标污染负荷之和 P_{nj}，按下式计算：

$$P_{nj}=\sum_{i=1}^{n}P_{ij}=\sum_{i=1}^{n}\frac{C_{ij}}{C_{oi}}\times Q_{ij} \tag{1-2}$$

（3）某污染物在所有工序的等标污染负荷之和，即为该污染物的等标污染负荷之和 P_{ni}，按下式计算：

$$P_{ni}=\sum_{j=1}^{n}P_{ij}=\sum_{j=1}^{n}\frac{C_{ij}}{C_{oi}}\times Q_{ij} \tag{1-3}$$

（4）等标污染负荷比：

某工序的等标污染负荷之和 P_{nj} 占所有工序等标污染负荷总和 $P_{j总}$的百分比，称为该工序的等标污染负荷比 K_j，按下式计算：

$$K_j=\frac{P_{nj}}{P_{j总}}\times 100\% \tag{1-4}$$

某污染物的等标污染负荷之和 P_{ni} 占所有污染物的等标污染负荷总和 $P_{i总}$的百分比，称为该污染物的等标污染负荷比 K_i，按下式计算：

$$K_i=\frac{P_{ni}}{P_{i总}}\times 100\% \tag{1-5}$$

2. 各指标排放限值

1）炼油装置

炼油装置废水各污染指标排放限值参考《石油炼制工业污染物排放标准》（GB 31570—2015），各指标排放限值见表1-4。

表 1-4 炼油装置水污染物特别排放限值 [单位：mg/L（pH 除外）]

<table>
<tr><th rowspan="2">序号</th><th rowspan="2">污染物项目</th><th colspan="2">排放限值/特别排放限值</th><th rowspan="2">污染物排放监控位置</th></tr>
<tr><th>直接排放</th><th>间接排放①</th></tr>
<tr><td>1</td><td>pH</td><td>6.0～9.0</td><td>—</td><td rowspan="19">企业废水总排放口</td></tr>
<tr><td>2</td><td>悬浮物</td><td>50</td><td>—</td></tr>
<tr><td>3</td><td>化学需氧量</td><td>50</td><td>—</td></tr>
<tr><td>4</td><td>五日生化需氧量</td><td>10</td><td>—</td></tr>
<tr><td>5</td><td>氨氮</td><td>5</td><td>—</td></tr>
<tr><td>6</td><td>总氮</td><td>30</td><td>—</td></tr>
<tr><td>7</td><td>总磷</td><td>0.5</td><td>—</td></tr>
<tr><td>8</td><td>总有机碳</td><td>15</td><td>—</td></tr>
<tr><td>9</td><td>石油类</td><td>3</td><td>15</td></tr>
<tr><td>10</td><td>硫化物</td><td>0.5</td><td>1</td></tr>
<tr><td>11</td><td>挥发酚</td><td>0.3</td><td>0.5</td></tr>
<tr><td>12</td><td>总钒</td><td>1</td><td>1</td></tr>
<tr><td>13</td><td>苯</td><td>0.1</td><td>0.1</td></tr>
<tr><td>14</td><td>甲苯</td><td>0.1</td><td>0.1</td></tr>
<tr><td>15</td><td>邻二甲苯</td><td>0.2</td><td>0.4</td></tr>
<tr><td>16</td><td>间二甲苯</td><td>0.2</td><td>0.4</td></tr>
<tr><td>17</td><td>对二甲苯</td><td>0.2</td><td>0.4</td></tr>
<tr><td>18</td><td>乙苯</td><td>0.2</td><td>0.4</td></tr>
<tr><td>19</td><td>总氰化物</td><td>0.3</td><td>0.5</td></tr>
<tr><td>20</td><td>苯并[a]芘</td><td colspan="2">0.00003</td><td rowspan="6">车间或生产设施废水排放口</td></tr>
<tr><td>21</td><td>总铅</td><td colspan="2">1</td></tr>
<tr><td>22</td><td>总砷</td><td colspan="2">0.5</td></tr>
<tr><td>23</td><td>总镍</td><td colspan="2">1</td></tr>
<tr><td>24</td><td>总汞</td><td colspan="2">0.05</td></tr>
<tr><td>25</td><td>烷基汞</td><td colspan="2">不得检出</td></tr>
<tr><td colspan="2">加工单位原（料）油基准排水量/（m^3/t 原油）</td><td colspan="2">0.4</td><td>排水量计量位置与污染物排放监控位置相同</td></tr>
</table>

① 废水进入城镇污水处理厂或经由城镇污水管线排放，应达到直接排放限值；废水进入园区（包括各类工业园区、开发区、工业聚集地等）污水处理厂执行间接排放限值，未规定限值的污染物项目由企业与园区污水处理厂根据其污水处理能力商定相关标准，并报当地环境保护主管部门备案。

2）合成树脂装置

合成树脂装置废水各污染指标排放限值参考《合成树脂工业污染物排放标准》（GB 31572—2015），各指标排放限值见表 1-5。

表 1-5　合成树脂装置水污染物特别排放限值　[单位：mg/L（pH 除外）]

<table>
<tr><th rowspan="2">序号</th><th rowspan="2">污染物项目</th><th colspan="2">限值</th><th rowspan="2">适用的合成树脂类型</th><th rowspan="2">污染物排放监控位置</th></tr>
<tr><th>直接排放</th><th>间接排放①</th></tr>
<tr><td>1</td><td>pH</td><td>6.0～9.0</td><td>—</td><td rowspan="9">所有合成树脂</td><td rowspan="17">企业废水总排放口</td></tr>
<tr><td>2</td><td>悬浮物</td><td>30</td><td>—</td></tr>
<tr><td>3</td><td>化学需氧量</td><td>60</td><td>—</td></tr>
<tr><td>4</td><td>五日生化需氧量</td><td>20</td><td>—</td></tr>
<tr><td>5</td><td>氨氮</td><td>8</td><td>—</td></tr>
<tr><td>6</td><td>总氮</td><td>40</td><td>—</td></tr>
<tr><td>7</td><td>总磷</td><td>1</td><td>—</td></tr>
<tr><td>8</td><td>总有机碳</td><td>20</td><td>—</td></tr>
<tr><td>9</td><td>可吸附有机卤化物</td><td>1</td><td>5</td></tr>
<tr><td>10</td><td>苯乙烯</td><td>0.3</td><td>0.6</td><td>聚苯乙烯树脂
ABS 树脂
不饱和聚酯树脂</td></tr>
<tr><td>11</td><td>丙烯腈</td><td>2</td><td>2</td><td>ABS 树脂</td></tr>
<tr><td>12</td><td>环氧氯丙烷</td><td>0.02</td><td>0.02</td><td>环氧树脂
氨基树脂</td></tr>
<tr><td>13</td><td>苯酚</td><td>0.5</td><td>0.5</td><td>酚醛树脂</td></tr>
<tr><td>14</td><td>双酚 A②</td><td>0.1</td><td>0.1</td><td>环氧树脂
聚碳酸酯树脂
聚砜树脂</td></tr>
<tr><td>15</td><td>甲醛</td><td>1</td><td>5</td><td>酚醛树脂
氨基树脂
聚甲醛树脂</td></tr>
<tr><td>16</td><td>乙醛②</td><td>0.5</td><td>1</td><td>热塑性聚酯树脂</td></tr>
<tr><td>17</td><td>氟化物</td><td>10</td><td>20</td><td>氟树脂</td></tr>
</table>

续表

序号	污染物项目	限值		适用的合成树脂类型	污染物排放监控位置
		直接排放	间接排放[①]		
18	总氰化物	0.5	0.5	丙烯酸树脂	企业废水总排放口
19	丙烯酸[②]	5	5	丙烯酸树脂	
20	苯	0.1	0.2	聚甲醛树脂	
21	甲苯	0.1	0.2	聚苯乙烯树脂 ABS 树脂 环氧树脂 有机硅树脂 聚砜树脂	
22	乙苯	0.4	0.6	聚苯乙烯树脂 ABS 树脂	
23	氯苯	0.2	0.4	聚碳酸酯树脂	
24	1,4-二氯苯	0.4	0.4	聚苯硫醚树脂	
25	二氯甲烷	0.2	0.2	聚碳酸酯树脂	
26	总铅	1		所有合成树脂	车间或生产设施废水排放口
27	总镉	0.1			
28	总砷	0.5			
29	总镍	1			
30	总汞	0.05			
31	烷基汞	不得检出			
32	总铬	1.5			
33	六价铬	0.5			

① 废水进入城镇污水处理厂或经由城镇污水管线排放，应达到直接排放限值；废水进入园区（包括各类工业园区、开发区、工业聚集地等）污水处理厂执行间接排放限值，未规定限值的污染物项目由企业与园区污水处理厂根据其污水处理能力商定相关标准，并报当地环境保护主管部门备案。

② 待国家污染物监测方法标准发布会实施。

3）其他装置

其他装置各污染指标排放限值参考《石油化学工业污染物排放标准》（GB 31571—2015）。各指标排放限值见表 1-6 和表 1-7。

表 1-6　水污染物排放限值/特别排放限值　[单位：mg/L（pH 除外）]

<table>
<tr><th rowspan="2">序号</th><th rowspan="2">污染物项目</th><th colspan="2">排放限值/特别排放限值</th><th rowspan="2">污染物排放监控位置</th></tr>
<tr><th>直接排放</th><th>间接排放①</th></tr>
<tr><td>1</td><td>pH</td><td>6.0～9.0</td><td>—</td><td rowspan="17">企业废水总排放口</td></tr>
<tr><td>2</td><td>悬浮物</td><td>70</td><td>—</td></tr>
<tr><td>3</td><td>化学需氧量</td><td>60/100②</td><td>—</td></tr>
<tr><td>4</td><td>五日生化需氧量</td><td>20</td><td>—</td></tr>
<tr><td>5</td><td>氨氮</td><td>8</td><td>—</td></tr>
<tr><td>6</td><td>总氮</td><td>40</td><td>—</td></tr>
<tr><td>7</td><td>总磷</td><td>1</td><td>—</td></tr>
<tr><td>8</td><td>总有机碳</td><td>20/30②</td><td>—</td></tr>
<tr><td>9</td><td>石油类</td><td>5</td><td>20</td></tr>
<tr><td>10</td><td>硫化物</td><td>1</td><td>1</td></tr>
<tr><td>11</td><td>氟化物</td><td>10</td><td>20</td></tr>
<tr><td>12</td><td>挥发酚</td><td>0.5</td><td>0.5</td></tr>
<tr><td>13</td><td>总钒</td><td>1</td><td>1</td></tr>
<tr><td>14</td><td>总铜</td><td>0.5</td><td>0.5</td></tr>
<tr><td>15</td><td>总锌</td><td>2</td><td>2</td></tr>
<tr><td>16</td><td>总氰化物</td><td>0.5</td><td>0.5</td></tr>
<tr><td>17</td><td>可吸附有机卤化物</td><td>1</td><td>5</td></tr>
<tr><td>18</td><td>苯并[a]芘</td><td colspan="2">0.00003</td><td rowspan="9">车间或生产设施废水排放口</td></tr>
<tr><td>19</td><td>总铅</td><td colspan="2">1</td></tr>
<tr><td>20</td><td>总镉</td><td colspan="2">0.1</td></tr>
<tr><td>21</td><td>总砷</td><td colspan="2">0.5</td></tr>
<tr><td>22</td><td>总镍</td><td colspan="2">1</td></tr>
<tr><td>23</td><td>总汞</td><td colspan="2">0.05</td></tr>
<tr><td>24</td><td>烷基汞</td><td colspan="2">不得检出</td></tr>
<tr><td>25</td><td>总铬</td><td colspan="2">1.5</td></tr>
<tr><td>26</td><td>六价铬</td><td colspan="2">0.5</td></tr>
<tr><td>27</td><td>废水有机特征污染物</td><td colspan="2">表 1-7 所列有机特征污染物及排放浓度限值</td><td>企业废水总排放口</td></tr>
</table>

① 废水进入城镇污水处理厂或经由城镇污水管线排放，应达到直接排放限值；废水进入园区（包括各类工业园区、开发区、工业聚集地等）污水处理厂执行间接排放限值，未规定限值的污染物项目由企业与园区污水处理厂根据其污水处理能力商定相关标准，并报当地环境保护主管部门备案。

② 丙烯腈-腈纶、己内酰胺、环氧氯丙烷、2,6-二叔丁基对甲酚（BHT）、精对苯二甲酸（PTA）、间甲酚、环氧丙烷、萘系列和催化剂生产废水执行该限值。

表 1-7　废水中有机特征污染物及排放限值　　（单位：mg/L）

序号	污染物项目	排放限值	序号	污染物项目	排放限值
1	一氯二溴甲烷	1	31	异丙苯	2
2	二氯一溴甲烷	0.6	32	多环芳烃	0.02
3	二氯甲烷	0.2	33	多氯联苯	0.0002
4	1,2-二氯乙烷	0.3	34	甲醛	1
5	三氯甲烷	0.3	35	乙醛①	0.5
6	1,1,1-三氯乙烷	20	36	丙烯醛①	1
7	五氯丙烷①	0.3	37	戊二醛①	0.7
8	三溴甲烷	1	38	三氯乙醛	0.1
9	环氧氯丙烷	0.02	39	双酚 A①	0.1
10	氯乙烯	0.05	40	*β*-萘酚①	1
11	1,1-二氯乙烯	0.3	41	2,4-二氯酚	0.6
12	1,2-二氯乙烯	0.5	42	2,4,6-三氯酚	0.6
13	三氯乙烯	0.3	43	苯甲醚①	0.5
14	四氯乙烯	0.1	44	丙烯腈	2
15	氯丁二烯	0.02	45	丙烯酸①	5
16	六氯丁二烯	0.006	46	二氯乙酸①	0.5
17	二溴乙烯①	0.0005	47	三氯乙酸①	1
18	苯	0.1	48	环烷酸①	10
19	甲苯	0.1	49	黄原酸丁酯①	0.01
20	邻二甲苯	0.4	50	邻苯二甲酸二乙酯①	3
21	间二甲苯	0.4	51	邻苯二甲酸二丁酯	0.1
22	对二甲苯	0.4	52	邻苯二甲酸二辛酯	0.1
23	乙苯	0.4	53	二（2-乙基己基）己二酸酯①	4
24	苯乙烯	0.2	54	苯胺类	0.5
25	硝基苯类	2	55	丙烯酰胺	0.005
26	氯苯	0.2	56	水合肼①	0.1
27	1,2-二氯苯	0.4	57	吡啶	2
28	1,4-二氯苯	0.4	58	四氯化碳	0.03
29	三氯苯	0.2	59	四乙基铅①	0.001
30	四氯苯	0.2	60	二噁英类	0.3 ng-TEQ/L

① 待国家污染物监测方法标准发布会实施。

第2章　部分特征污染物检测方法

《石油化学工业污染物排放标准》（GB 31571—2015）规定了石化废水中60种（类）有机特征污染物及排放限值，其中五氯丙烷等有机特征污染物尚无检测方法标准，其物质名称及其检测方法的研究现状见表2-1。

表2-1　《石油化学工业污染物排放标准》（GB 31571—2015）中尚无检测方法标准的有机特征污染物及其检测方法研究现状

物质名称	检测方法研究现状
五氯丙烷、二溴乙烯、乙醛、丙烯醛、苯甲醚	吹扫捕集/气相色谱-质谱法
双酚A、*β*-萘酚、邻苯二甲酸二乙酯、二（2-乙基己基）己二酸酯	液相色谱法、气相色谱-质谱法
丙烯酸、环烷酸	气相色谱法、离子色谱法、傅里叶变换红外光谱法
四乙基铅	比色法、液相色谱法、气相色谱-质谱法
戊二醛	光度法、气相色谱法、液相色谱法
水合肼	分光光度法、气相色谱法、电化学法

表2-1所列出的《石油化学工业污染物排放标准》（GB 31571—2015）中特征有机污染物的现有检测方法，多针对饮用水、地表水中相应物质的检测。石化废水污染组分复杂，干扰物质多，上述文献报道的检测方法能否应用于石化废水中相关物质的检测，需进一步研究其在石化废水中的适用性，进而明确用于石化废水中上述物质高效、快捷、经济的检测方法。

2.1　双酚A等检测方法

双酚A（BPA）、*β*-萘酚、邻苯二甲酸二乙酯（DEP）、二（2-乙基己基）己二酸酯（DEHA）是常见的环境雌激素（EEs）。*α*-萘酚作为*β*-萘酚的同分异构体，二者常在废水中同时存在，且较难分离，因此本书将*α*-萘酚和*β*-萘酚一起研究。*α*-萘酚、*β*-萘酚、BPA常用液相色谱法和气相色谱法进行检测，DEP、DEHA常用气相色谱法检测。为减少分析测试工作量，本书拟采用气相色谱法同时检测石化废水中的*α*-萘酚、*β*-萘酚、BPA、DEP、DEHA。

2.1.1 研究进展

1. 基本性质

酚类化合物作为重要的化工原料，在煤气、焦化、炼油、冶金、石油化工、木材纤维、塑料、医药、农药、油漆等工业领域都有应用，在生产过程中会产生大量含酚工业废水排放到环境中，对环境造成严重的污染，已经成为人类生存环境中普遍存在的污染物。

酚类化合物作为水体中常见的污染物，具有“三致”（致癌、致畸、致突变）的潜在危害，在环境中具有“低浓度、长时间”的特性。在酚类化合物中存在一部分具有类似于生物体天然雌激素性质的化合物，通常称为酚类 EEs，它们对于生态环境稳定性的破坏很大。

α-萘酚、*β*-萘酚和 BPA 是水中常见的酚类 EEs。*α*-萘酚又称 1-萘酚或甲基萘，*β*-萘酚又称 2-萘酚、乙萘或 2-羟基萘，羟基通过取代萘酚分子上两种不同位置的氢原子而生成同分异构体，两种物质往往同时存在于同一介质中。

β-萘酚作为重要的染料中间体和有机原料，被广泛应用于染料、医药、石油化工等工业生产中。经过加工处理后的 *β*-萘酚衍生出来的产品则主要被用于液晶材料和感光材料的生产，因此，*β*-萘酚有着良好的市场应用前景。我国是世界上 *β*-萘酚的主要生产国与出口国。国内生产 *β*-萘酚主要是采用以精萘作为原材料的传统磺化碱熔法，一般经过磺化、水解、中和、碱熔、酸化、精制等工序来完成生产，在生产过程中会产生大量废水。*β*-萘酚生产废水中除含有硫酸钠、亚硫酸钠等无机盐外，还含有 *α*-萘磺酸钠、*β*-萘磺酸钠、*α*-萘酚和 *β*-萘酚等生产原料，具有成分复杂、有机物浓度高、毒性大、色度大、可生化降解性差等特点，对人类和环境的危害很大。

BPA 是公认的典型 EEs，在常温下一般为白色粉末状、颗粒状或片状，易溶于乙醇、丙酮、乙醚、苯及稀碱液等有机溶剂，微溶于四氯化碳，几乎不溶于水。

BPA 作为一种重要的有机化工原料，由苯酚和丙酮在酸性催化剂的作用下缩合而成，是合成聚碳酸酯（PC）、环氧树脂、耐腐蚀不饱和树脂等的单体物质。在工业上，BPA 被广泛应用于树脂和聚碳酸酯塑料的制造。虽然，欧洲已经禁止在 0～3 岁儿童食品接触的塑料材料中添加 BPA，但并没有规定不能用于聚碳酸酯塑料的制造，所以，在食品和饮料包装等加工产业中仍然可以发现 BPA 的踪迹。在许多其他的商业产品如牙科密封剂、个人护理用品、建筑材料、阻燃材料、光学镜片、保护窗玻璃、DVD 和家用电器的材料中都检出了 BPA。BPA 有着与雌激素相似的结构，一般通过直接接触或者食物链积累等方式进入生物体内，模拟雌激素在生物体内的生理与生化作用，干扰雌激素的合成、分泌、代谢等过程，损害肝功能和肾功能，诱发心脏病、乳腺癌、前列腺癌和儿童性早熟等病变。在体内长期积累 BPA 对生物体也具有“三致”的危害。

邻苯二甲酸酯类（PAEs）和己二酸酯类（AEs）作为增塑剂被广泛应用于玩具、食品包装材料、医疗用品材料、家居材料、清洁剂、润滑油、个人护理用品等工业生产中，也是国际上公认的 EEs。邻苯二甲酸酯类又称酞酸酯，是邻苯二甲酸衍生物，由邻苯二甲酸酐与各类醇酯化生成。

AEs 又称肥酸，是有机精细化工品中的一种重要物质。在工业上，AEs 通常是由己二酸和醇类发生酯化反应生成。常见的己二酸酯类物质主要有：己二酸二甲酯（DMA）、己二酸二乙酯（DEA）、己二酸二丁酯（DBA）、己二酸二异丁酯（DIBA）、二（2-乙基己基）己二酸酯（DEHA）、己二酸二丁基二甘酯（BXA）等。其中，DEHA 属于“三致”物质，长期在体内积累会对生物体造成很大的伤害。

DEHA 是一种性质良好的耐寒增塑剂，可以使塑料制品具有良好的低温柔软性、光热稳定性、耐水性等，因此被广泛应用于耐寒性农业薄膜、冷冻食品包装膜、电线电缆包覆层等塑料制品工业中。在常温下，DEHA 一般为无色或微黄色的油状液体，具有特殊的气味，挥发性大，不溶于水，易溶于乙醇、乙醚、丙酮、乙酸等多种有机溶剂。有研究表明，DEHA 对动物具有潜在的毒性，在高剂量下会对老鼠产生病变的作用。同时，DEHA 作为一种内分泌干扰素，对人体激素的分泌存在干扰，长期在体内积累有“三致”的危害。

2. 酚类物质检测

目前，水体中酚类化合物的检测方法主要有气相色谱法、液相色谱法、气相色谱-质谱法、胶束电动色谱法、共振散射光谱法和紫外、荧光分光光度法等。对于 α-萘酚、β-萘酚、BPA 等酚类 EEs 的检测方法主要有高效液相色谱法（HPLC）、气相色谱-质谱法（GC-MS）、荧光光谱法、电化学法等。

1）高效液相色谱法

高效液相色谱法是检测酚类 EEs 最常用的方法之一。实验室中常用的检测器一般有紫外检测器（UVD）、荧光检测器（FLD）、电化学检测器（ED）和质谱检测器（MSD）。

对于食品包装材料中的酚类 EEs，于杰等（2017）以 C_{18} 为色谱柱、甲醇：水（V：V）=90：10 为流动相、0.6mL/min 为流速的 HPLC-FLD 法对不同食品包装材料中 BPA 和双酚 S（BPS）含量进行测定。结果表明，BPA 和 BPS 在 0.001～0.100μg/L 内线性关系良好。在食品添加剂方面，谭新良等（2010）建立以 C_{18} 为色谱柱，以乙腈-0.1%磷酸水溶液为流动相梯度洗脱，以 1.0mL/min 为流速，以 280nm 为检测波长的 HPLC 法同时检测食品添加剂中的水杨酸、*β*-萘酚和马兜铃酸的含量。结果显示，水杨酸、*β*-萘酚和马兜铃酸的分离效果较好，检出限分别为 50μg/mL、40μg/mL 和 50μg/mL，加标回收率分别为 99.9%、100.4%和 99.5%。

对于生物样品中的酚类 EEs 的检测，主要测定的是血浆和尿液中 EEs 的含量。Watanabe 等（2001）使用 DIB-Cl 作为衍生化试剂，以 ODS（十八烷基硅烷键合硅胶填料）柱为色谱柱，以乙腈：水（V：V）=90：10 为流动相，建立了 HPLC-FLD 法检测血浆样品中双酚 A 的含量。该方法的相对标准偏差（relative standard deviation，RSD）在 1.0%～5.0%内，回收率可达 95.0%。王英等（2009）和黎俊宏等（2011）以 Diamonsil™C_{18} 为色谱柱，甲醇和乙酸铵缓冲液为流动相，UVD（280nm）的 HPLC 法检测了尿液中的酚类 EEs。王英等（2009）建立了以甲醇：乙酸铵缓冲液（V：V）=70：30 为流动相，同时检测尿液中 *α*-萘酚、*β*-萘酚和 1-羟基芘的方法。结果表明，*α*-萘酚、*β*-萘酚和 1-羟基芘在线性范围内都表现出良好的线性关系，RSD（n=5）分别为 0.9%、2.2%和 3.2%，平均回收率分别为 100.3%、103.1%和 99.4%。黎俊宏等（2011）通过对流动相、流速和柱温的优化，建立了同时检测尿液中的 *α*-萘酚、*β*-萘酚、对硝基酚和间硝基酚的方法。其中，流动相甲醇：乙酸铵缓冲液（V：V）=58：42，流速为 0.75mL/min，柱温为 35℃，进样量为 20μL；各物质线性关系良好，RSD（n=5）分别为 3.7%～4.3%、2.4%～3.6%、2.7%～4.9%和 2.9%～3.6%，回收率分别为 98.8%、103.8%、97.5%和 105.0%。

对于药品中酚类 EEs 的检测，主要研究的是盐酸度洛西汀肠溶胶囊中 *α*-萘酚含量的测定方法。隋海山等（2015）和周宏艳等（2015）分别用岛津 GL Inertsil CN-3 和 Agilent C8 液相色谱柱，建立了以乙腈：正丁醇：磷酸（V：V）=13：17：70 缓冲液为流动相，流速为 1.0mL/min，检测波长为 230nm，柱温为 40℃的 HPLC 检测盐酸度洛西汀肠溶胶囊中 *α*-萘酚杂质含量的方法。结果表明，*α*-萘酚的平均回收率分别为 99.08%和 99.25%，RSD 分别为 0.89%（n=12）和 0.89%（n=9）。

对于染料工业中酚类 EEs 检测的研究主要针对染发剂中的 EEs。虞柯洁等（2012）采用 Zorbax ODS 色谱柱，通过优化检测波长和色谱条件，建立了以甲醇：

水（V∶V）=63∶37 为流动相，流速为 1.0mL/min，检测波长为 235nm，进样量为 20μL，柱温为 25℃的 HPLC-UVD 方法，来测定染发剂中 α-萘酚的含量，证实了市面上销售的染发剂中确实存在 α-萘酚。

对于水中酚类 EEs 测定的研究主要是针对地表水中的 EEs。张国祯等（2016）以液液萃取为预处理手段，通过对流动相组成、流速、柱温、萃取剂种类、色谱柱类型等条件的优化，建立了以 Discovery@C_{18} 为色谱柱，三氯甲烷为萃取剂，乙腈∶水（0.1%乙酸）（V∶V）=50∶50 为流动相，流速为 1mL/min，柱温为 40℃的 HPLC 同时检测水中 α-萘酚和 β-萘酚的方法，它们的检出限分别为 0.15μg/L 和 0.17μg/L，加标回收率分别为 92%～117%和 96%～121%，RSD（n=7）分别为 5.5%和 5.1%。

2）气相色谱-质谱法

GC-MS 也是各类样品中酚类 EEs 的常用检测方法。大多数酚类 EEs 的沸点都很高，如 BPA 的沸点在 398℃左右，一般需要在测定前对样品进行衍生化等特殊处理来改变目标物的极性，以便提高检测效果。GC-MS 对于酚类 EEs 的研究主要集中在玩具、食品接触材料、地表水、化妆品、纺织品等方面。

高永刚等（2012）利用索氏提取方法对玩具和食品接触材料中的 BPA 进行提取和富集，再对提取的样品进行乙酰化的衍生处理。通过优化衍生条件，建立了以 HP-5MS 为色谱柱的 GC-MS 方法。BPA 的检出限为 10μg/kg，加标回收率为 80%～90%，RSD（n=6）小于 3.7%。董军等（2006）通过固相微萃取与 GC-MS 结合的方法，采用选择离子扫描的方式测定了珠江入海口的海水和一些池塘水中的 BPA 含量，其中色谱柱为 HP-5MS，进样口温度为 280℃，升温程序为 50℃升到 300℃。Selvaraj 等（2014）利用固相萃取富集了印度南部三条河流水样中的 BPA 等烷基酚，再通过衍生化处理，以多氯联苯（PCB）柱为色谱柱测定出水样中 BPA 的含量为 2.8～136ng/L，方法的检出限为 0.3～5.1ng/L，回收率为 64.9%～108.8%，RSD（n=3）为 9%～15.3%。周桦和张晓炜（1998）以 2m 的玻璃柱为色谱柱对化妆品中的 α-萘酚含量进行了测定，该方法的回收率为 91%～106%，RSD（n=8）为 1.1%～3.9%。樊苑牧等（2009）先对纺织样品用甲醇超声提取后再浓缩，再由乙酸酐进行乙酰化处理，用 DB-5MS 色谱柱以选择离子扫描的方式检测了纺织品中三氯苯酚、四氯苯酚、五氯苯酚等 16 种含氯酚及邻苯基苯酚、β-萘酚残留物的含量。在 0.025～1.000mg/L 线性范围内，β-萘酚的线性关系良好，回收率为 86%～103%，RSD（n=10）为 0.88%～4.75%。

3）荧光光谱法

Del 等（2000）用液液微萃取与荧光法相结合对有苯酚存在的情况下 BPA 的含量进行了测定。张海容和赵州（2005）利用荧光法研究了甲醇、正丙醇与 α-萘酚、β-环糊精的形成。刘青等（2009）通过对影响浊点萃取效果的样品酸度、表面活性剂体积分数、氢氧化钠溶液浓度、平衡温度和时间等因素的优化，建立了浊点萃取分离富集的荧光分光光度法测定水中 α-萘酚的含量的方法。该方法在线性范围 0.010～0.400mg/L 内线性关系良好，检出限为 3.0μg/L，RSD（n=11）为 4.8%，加标回收率为 94.3%～103.0%。

刘秋文等（2012）在 pH=1 的酸性条件下，以十二烷基硫酸钠（SDS）、曲拉通 X-100、溴化十六烷基三甲铵（CTMAB）与 β-环糊精作为介质，研究了 β-萘酚在这些体系中的荧光增敏/猝灭作用。杨红梅等（2013）通过三维荧光扫描选择了干扰小且检测灵敏度较高的激发波长和发射波长，并加入 β-环糊精增敏，建立了三维荧光法直接检测人体尿液中的 1-羟基芘、β-萘酚和 9-羟基菲的新方法。

丁亚平等（1998）在室温下 pH=9.18 的缓冲体系中，对 α-萘酚和 β-萘酚进行一阶导数荧光检测。通过对仪器参数等的优化，α-萘酚和 β-萘酚的检出限分别为 0.013mg/L 和 0.011mg/L，RSD（n=11）分别为 1.7%和 1.4%，加标回收率为 95.4%～103%和 96.2%～104%。

4）电化学法

孙伟和韩军英（2003）用循环伏安法研究了 α-萘酚在玻碳电极上的电化学氧化机理，建立了示差脉冲伏安法检测 α-萘酚的方法。张君才和赵媛媛（2010）通过在外加电压为 0.2V 时，耦合 α-萘酚在一支电极上氧化、氧化铂在另一支电极上还原两个不可逆的电极过程，建立了双安培法直接检测 α-萘酚的方法。

任健敏等（2009）采用伏安法对水中的 β-萘酚进行了检测。结果表明，多壁碳纳米管修饰电极对柠檬酸-磷酸氢二钠（pH=7）溶液中的 β-萘酚具有较好的电催化作用，线性关系良好，测定下限低。

王炎和李宣东（2002）采用 pH 为 10.0，浓度为 20mmol/L 的硼砂缓冲溶液的毛细管，检测波长为 214nm 的毛细管区带电泳的方法分离和检测了水中的 α-萘酚和 β-萘酚。谢云等（2003）利用电位滴定法，在离子强度为 0.10mol/L 的情况下，测定了乙醇-水混合溶剂体系中 α-萘酚和 β-萘酚的离解常数，得到 α-萘酚和 β-萘酚在水溶液中离解常数 pK_a 分别为 9.40 和 9.76。

3. 邻苯二甲酸二乙酯检测

目前，对于 PAEs 检测的方法有液相色谱法、气相色谱法、GC-MS 法、胶束电动色谱法和荧光分光光度法等。关于 DEP 检测方法的研究主要集中在液相色谱法、气相色谱法和 GC-MS 法。

李改枝等（2000）采用 HPLC 法研究了黄河水中颗粒物对邻苯二甲酸二乙酯的吸附作用。林兴桃等（2004）通过对清洗剂、洗脱剂、洗脱速率、洗脱体积等固相萃取条件的优化，采用 HypersilBDS 色谱柱，甲醇和水梯度洗脱，紫外线检测波长为 224nm，柱温为 35℃，流速为 1.0mL/min，进样体积为 10μL 的液相色谱条件，建立了检测水中 DEP、邻苯二甲酸二丁酯（DBP）、邻苯二甲酸丁基苄酯（BBP）、邻苯二甲酸二正丙酯（DPrP）、邻苯二甲酸二戊酯（DAP）、邻苯二甲酸二环已酯（DCHP）、邻苯二甲酸二正已酯（DHP）和邻苯二甲酸二（2-乙基已基）酯（DEHP）的方法。刘超等（2007）则是选择采用 Lichrospher C_{18} 色谱柱，以甲醇∶水（V∶V）=70∶30 为流动相梯度洗脱至 100∶0，流速为 1.0mL/min、柱温为 40℃的液相色谱条件与电喷雾质谱相结合的方式对饮料中 PAEs[邻苯二甲酸二甲酯（DMP）、DEP、DBP 和邻苯二甲酸二辛酯（DOP）]含量进行了测定。Zhao 等（2008）用 HPLC-UVD 法测定了洗脱液丙酮中的 DMP、DEP、BBP 和 DBP 的含量，并优化了洗脱液及其体积、样品流速、样品体积、pH 离子强度等影响提取效率的重要参数。

陈莎等（2009）通过对萃取溶剂、时间、压力和功率以及溶剂用量进行优化，选择微波萃取提取底泥中的 PAEs，结合 HP-5MS 色谱柱，气相色谱氢火焰检测器（FID），进样口温度为 300℃，升温程序为 50℃（保持 2min），以 39℃/min 升温至 200℃，再以 10℃/min 升温至 280℃（保持 10min），进样量为 1μL，不分流进样等色谱条件对底泥中的 DMP、DEP、DBP、BBP、DEHP 和邻苯二甲酸二异丁酯（DIBP）进行检测。牛增元等（2006）则是先通过索氏提取法来提取纺织品中的 PAEs，再通过固相萃取净化和富集样品，再使用 DB-5MS 色谱柱，在进样口和检测器温度均为 320℃，升温程序为 100℃（保持 1 min），以 20℃/min 升温至 310℃（保持 20min），进样量为 1.0μL，不分流进样的条件下对 DMP、DEP、DPrP、DBP、DAP、DHP、BBP、DCHP、DEHP、邻苯二甲酸二正辛酯（DNOP）、邻苯二甲酸二异壬酯（DINP）、邻苯二甲酸二异癸酯（DIDP）进行检测。Xu 等（2007）通过对液相微萃取的萃取剂种类及其体积、萃取时间等条件的优化，利用 DB-5MS 色谱柱检测了水中的 DMP、DEP 和 DnBP。

于光等（2008）采用以甲醇为洗脱剂的固相萃取对水样进行预处理后，通过HP-5MS色谱柱对某水源水进行GC-MS分析，检测出某水源水中含有DMP、DEP、DBP和DEHP。Liu等（2008）利用改进后固相萃取与自动热解吸GC-MS法结合，检测了超纯水中痕量的PAEs。

4. 二（2-乙基己基）己二酸酯检测

目前，国内外对PAEs的检测方法有很多，但对DEHA的研究较少。陈志锋等（2006）开发了以四氢呋喃为溶剂、甲醇为沉淀剂的溶解沉淀的前处理方式，以DB-1MS为色谱柱的气相色谱法，检测了聚氯乙烯（PVC）食品保鲜膜中的DEHA含量。王成云等（2006）利用气相色谱法（色谱柱：HP-5；进样口温度：250℃；检测器温度：260℃；不分流进样）对PVC食品包装中DEHA在正己烷中的迁移行为进行了研究。姜俊等（2007）则先用丙酮振荡来提取保鲜膜中的DEHA，再用FID对DEHA的含量进行测定。该研究选用色谱柱为OV-101弹性石英毛细管柱、进样口温度为240℃、检测器温度为250℃、不分流进样等色谱条件。张伟亚等（2007）采用固相微萃取技术与GC-MS法结合，检测塑料浸泡液中DEHA含量。试验考察了盐效应、萃取温度、萃取时间和热解吸时间等因素对检测结果的影响，在最优条件下检测结果良好。吴景武等（2006）采用以异丙醇为提取溶剂的超声法提取PVC食品保鲜膜中DEHA等PAEs增塑剂含量，并结合DB-5MS色谱柱的GC-MS法对提取液进行了检测。苗万强（2014）采用液相微萃取的前处理方法与GC-MS法相结合对扎龙水样中的DEHA含量进行了检测，对升温程序、脉冲压力、质谱扫描方式等条件进行了优化，在最优条件下的检测结果良好。

目前关于BPA、α-萘酚、β-萘酚、DEP、DEHA均有报道，但有关同时检测上述各物质的方法及其在石化废水中的应用未见报道。由于上述物质均可采用GC-MS法检测，因此，本书基于GC-MS法，建立同时、快速检测石化废水中上述各物质的方法。

2.1.2 材料与方法

1. 仪器和试剂

1）仪器

仪器主要包括：气相色谱-质谱联用仪（7890-5975c型，美国Agilent公司）；超纯水仪（Mili-Q型，美国Millipore公司）；分析天平（XS105 Dual Range

型，梅特勒-托利多集团）；水浴式氮吹仪（SE812 型，北京帅恩科技有限责任公司）。

2）主要试剂

主要试剂包括：BPA（≥99%）、*α*-萘酚（≥99%）、*β*-萘酚（≥98%）、DEP（≥98%），DEHA（≥98%）；二氯甲烷（农残级）、乙酸乙酯（农残级）、正己烷（农残级）、乙腈（农残级）、丙酮（农残级）、甲醇（农残级）等。

2. 溶液的配制

0.3mol/L H_2SO_4溶液：沿着玻璃棒向装有适量超纯水的烧杯中缓慢加入 98%的浓硫酸 1.6mL，边加边搅拌，待冷却后转移至 100mL 容量瓶中，然后用少量超纯水洗涤烧杯 2～3 次，并将洗涤液注入 100mL 容量瓶中，定容至刻度线，配成 100mL 0.3mol/L 的 H_2SO_4溶液，再转移至试剂瓶中，贴上标签待用。

0.3mol/L NaOH 溶液：称取 0.4g 的 NaOH 固体，溶于适量超纯水中，将溶液移入 100mL 容量瓶中，然后用少量超纯水洗涤烧杯 2～3 次，并将洗涤液也注入 100mL 容量瓶中，加水至离刻度线 2～3cm 处并摇匀，再换用胶头滴管加超纯水至刻度线，配成 100mL 0.3mol/L 的 NaOH 溶液，再转移至试剂瓶中，贴上标签待用。

标准溶液：称取 BPA、*α*-萘酚和 *β*-萘酚各 100mg 于乙酸乙酯中，溶解后，再转移至 100mL 容量瓶中用乙酸乙酯定容，配制成 1000mg/L 的标准溶液。用微量注射器取 90μL DEP、110μL DEHA，用上述同样的方法配制成 1000mg/L 的标准溶液。标准溶液全部放置在 4℃的冰箱中待用。

3. 测试初始条件

1）气相色谱初始条件

色谱柱：HP-5MSUI 弹性石英毛细管柱（30m×0.25mm×0.25μm）；

升温程序：50℃保持 3min，以 10℃/min 上升至 100℃，以 25℃/min 上升至 250℃，保持 2min，以 25℃/min 上升至 300℃，保持 2min；

进样口温度：250℃；

进样方式：不分流进样；

载气：高纯氦气（纯度≥99.999%）；

流速：1.0mL/min；

进样量：1.0μL。

2）质谱初始条件

电离方式：电子轰击（EI）；电离能量：70eV；四极杆温度：150℃；离子源温度：230℃；质谱仪接口温度：300℃；检测方式：全扫描方式；溶剂延迟时间：3min。

3）液液萃取初始条件

（1）萃取。取100mL水样置于250mL分液漏斗中，用0.3mol/L H_2SO_4溶液调节水样的pH，使其<2，向水样中加入10g NaCl，振荡溶解后加入10mL萃取剂，手持分液漏斗充分振摇2min（在振摇过程中，应排出所产生的气泡），置于通风橱内静置几分钟，待有机相和水相完全分层后，用带内衬螺旋盖的聚四氟乙烯棕色玻璃瓶收集所有的有机相。重复上述操作三次后，再用0.3mol/L NaOH溶液调节经酸萃取后的水样，使其pH>12，再加入萃取剂重复上述操作，收集所有有机相。

（2）干燥。在350℃的马弗炉中，干燥无水硫酸钠4h后，在干燥器内自然冷却备用；用硅烷化玻璃棉塞住长颈漏斗下端，向漏斗中加入已干燥的无水硫酸钠；用15mL萃取剂清洗无水硫酸钠三次，弃去滤液；将萃取操作中收集的所有有机相分次倒入装有无水硫酸钠的漏斗中干燥，去除有机相中水分；待所有的有机相干燥后，再用15mL萃取剂洗涤棕色收集瓶三次，并将其倒入漏斗中干燥，收集所有流出的滤液。

（3）浓缩。将K-D管置于水浴温度为30℃的氮吹仪上，流速以刚好吹出一个小漩涡为宜，待K-D管中的液面在0.5～1.0mL时，停止氮吹，用萃取剂定容至1.0mL，转移至GC-MS分析的专用棕色样品瓶。

4. 测试方法的性能指标

1）校准曲线

将标准溶液先用乙酸乙酯稀释成100mg/L的混合标准溶液备用，再用乙酸乙酯逐级稀释成0.0mg/L、0.1mg/L、0.25mg/L、0.5mg/L、1mg/L、2.5mg/L、5mg/L、10mg/L、25mg/L和50mg/L，每个浓度分别配制3个平行样，将各物质的峰面积（y）与质量浓度（x）拟合，得到各物质校准曲线的回归方程和相关系数。

2）质量控制

方法的精密度：用标准试样配制浓度分别为 0.1mg/L 和 1.0mg/L 的标准混合试样，每个浓度设置 7 个平行样。通过最优的液液萃取方法，预处理水样，再用最优的 GC-MS 条件检测。根据检测结果，计算各物质在不同的质量浓度下的 RSD。

方法的检出限：用标准试样配制 7 个浓度为 0.1mg/L 的平行样，在最优液液萃取和 GC-MS 条件下进行检测。根据测定结果，计算各组分的检出限[一般以信噪比（S/N）=3 对应的待测目标物的浓度作为仪器检出限，以 S/N=10 对应的待测目标物的浓度为方法检出限]。

方法的回收率：用标准试样配制浓度分别为 0.1mg/L、0.5mg/L 和 1.0mg/L 的标准混合试样，每个浓度 7 个平行样，在最优液液萃取和 GC-MS 条件下，检测空白加标的水样。根据测定结果，计算各组分在不同加标浓度下的回收率。

2.1.3　结果与讨论

1. 色谱条件优化

色谱条件对于检测结果有很大影响，不同的升温程序、进样口温度、分流比、载气流速等对不同物质的检测效果不同。取 25mg/L 的混合标准溶液 1mL 进样分析，每个条件下做 3 个平行样，其平均值作为检测结果。

1）升温程序

色谱柱的温度对物质在传质过程中的分析速度和效率有不同的影响，适当提高色谱柱的温度既可提高样品的分析速度，也能改善分析效率。但是，色谱柱的温度过高，致使分析速度过快反而会降低色谱柱的选择性，使分离度减小，造成峰重叠。为此，在 2.1.2 小节的测试条件下，设计了五种不同的升温程序：①50℃（保持 3min），以 10℃/min 上升至 100℃，以 25℃/min 上升至 250℃（保持 2min），以 25℃/min 上升至 300℃（保持 2min）；②60℃（保持 3min），以 10℃/min 上升至 100℃（保持 2min）；以 25℃/min 上升至 250℃（保持 2min），以 25℃/min 上升至 300℃（保持 2min）；③70℃（保持 3min），以 20℃/min 上升至 210℃（保持 2min），以 5℃/min 上升至 220℃（保持 1min），以 15℃/min 上升至 250℃（保持 2min），以 25℃/min 上升至 300℃（保持 2min）；④70℃（保持 3min），以 20℃/min 上升至 210℃（保持 2min），以 5℃/min 上升至 220℃（保持 2min），以 25℃/min 上升至 300℃（保持 2min）；⑤70℃（保持 3min），以 20℃/min 上升至 210℃（保持 2min），以 5℃/min 上升至 220℃（保持 3min），以 30℃/min 上升至 300℃（保持 2min）。*α*-萘酚、*β*-萘酚、BPA、DEP 和 DEHA 在不同升温程序下的检测结果如图 2-1 所示。

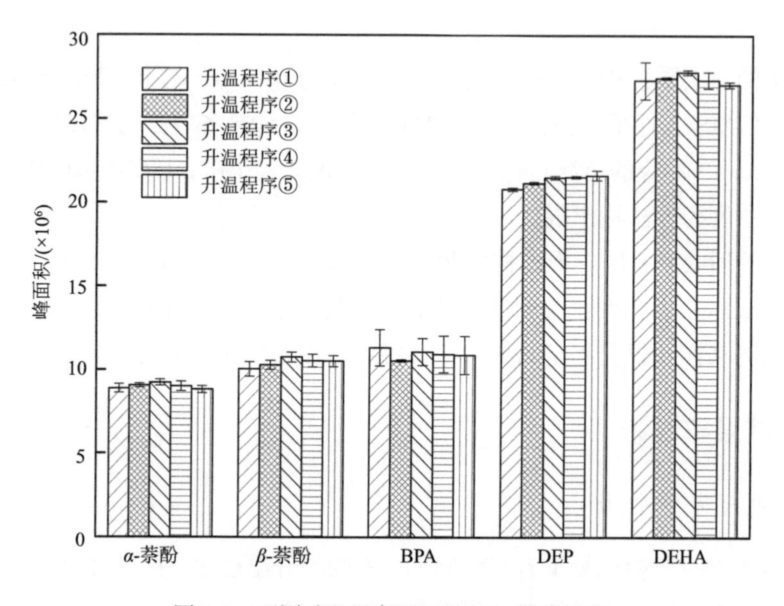

图 2-1　不同升温程序下五种 EEs 的峰面积

从图 2-1 可以看出，不同的升温程序对于同一种物质的影响不是太大。其中，*α*-萘酚、*β*-萘酚和 DEHA 均在升温程序③的检测条件下峰面积最大；BPA 在升温程序①的条件下峰面积最大，在升温程序③的条件下次之；DEP 在 5 种升温程序下的峰面积相差不大且呈逐渐增大的趋势。综合 5 种 EEs 的检测结果和分时间等因素来考虑，最终选用升温程序③作为最优升温程序。

2）进样口温度

合适的进样口温度，应该既能保证样品全部组分瞬间完全气化，又不引起样品分解。进样口温度过低，气化速度就慢，容易使样品峰形变宽；进样口温度过高则容易使样品分解，生成裂解峰。本书的五种检测物质中，*α*-萘酚、*β*-萘酚和 DEP 的沸点小于 300℃，BPA 和 DEHA 的沸点大于 300℃。在 2.1.2 小节的检测条件和升温程序③下，讨论了进样口温度分别为 240℃、250℃、260℃、280℃和 300℃时对检测效果的影响，结果如图 2-2 所示。

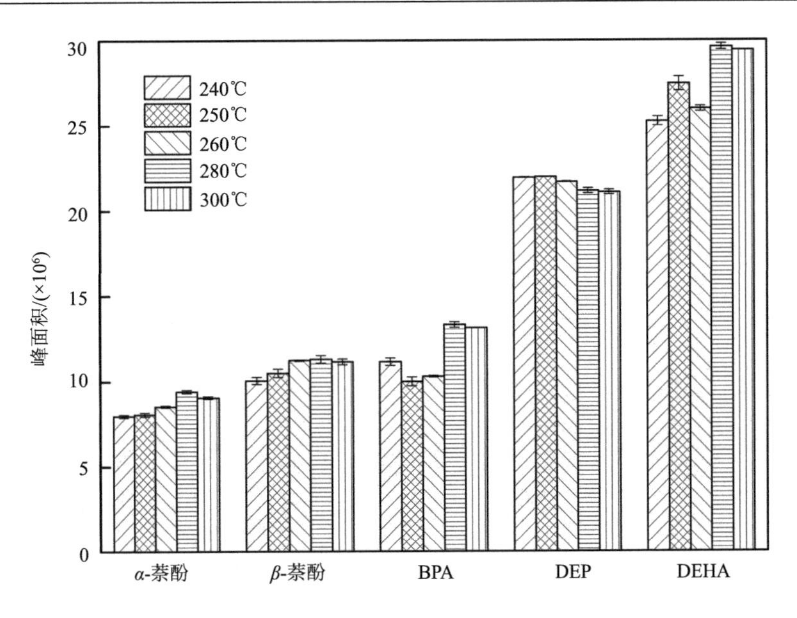

图 2-2　不同进样口温度下五种 EEs 的峰面积

从图 2-2 可知，进样口温度影响物质的检测效果，不同物质的影响存在差异。随着进样口温度的升高，*α*-萘酚和 *β*-萘酚的峰面积呈现先增后减趋势，进样口温度为 280℃时，峰面积达到最大值；DEP 的峰面积则是随着温度的升高呈递减趋势，但响应值都较大；BPA 和 DEHA 的峰面积随着进样口温度的升高没有规律变化，但是最大值均在 280℃。多组分同时检测，应遵循综合考虑所有组分的检测结果，选择大部分组分的最佳效果。因此，选择 280℃为最佳进样口温度进行后续检测。

3）分流比

为了保护色谱柱和检测器，避免出现过载现象，一般可通过设置分流比来防止色谱柱和检测器过载。分流比对不同的物质检测灵敏度和峰形均有一定的影响。本书中，在升温程序③、进样口温度为 280℃的基础上，分别在不分流、分流比=2∶1 和分流比=5∶1 的条件下对 *α*-萘酚、*β*-萘酚、BPA、DEP 和 DEHA 进行检测，考察分流比的影响，结果如图 2-3 所示。

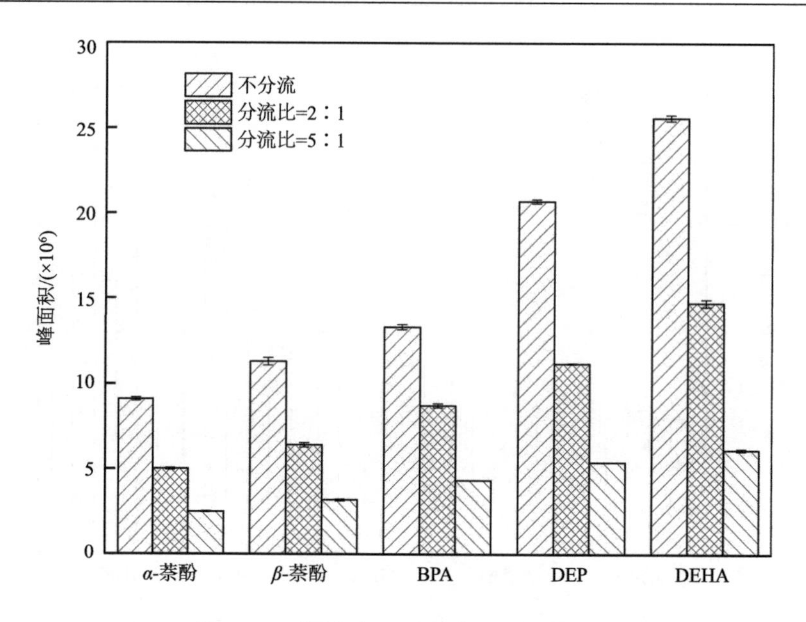

图 2-3　不同分流比下五种 EEs 的峰面积

从图 2-3 可以看出，五种 EEs 在不分流进样模式下的检测效果最好，在检测中的损失最小；分流比对于物质的检测效果影响较大，每种物质峰面积基本都随着分流比的增大呈现倍数减小的趋势。因此，后续检测选择不分流进样的模式。

4）载气流速

载气流速对分离效果也有影响。当分流比一定时，流速过大不仅会浪费载气，对真空度也有一定的影响；流速过小会使得被检测物质的保留时间延后，不利于多组分的分离。在优化后的检测条件下，分别以 0.8mL/min、1.0mL/min、1.2mL/min 和 1.5mL/min 为载气流速来研究流速对检测结果的影响。不同载气流速的检测结果如图 2-4 所示。

从图 2-4 可以看出，随着载气流速的增大，5 种 EEs 的峰面积都呈现先增大后减小的趋势，当载气流速达到 1.2mL/min 时峰面积达到峰值，载气流速为 1.0mL/min 的检测效果次之。综合检测结果与载气耗量，后续检测以 1.0mL/min 为最佳载气流速。

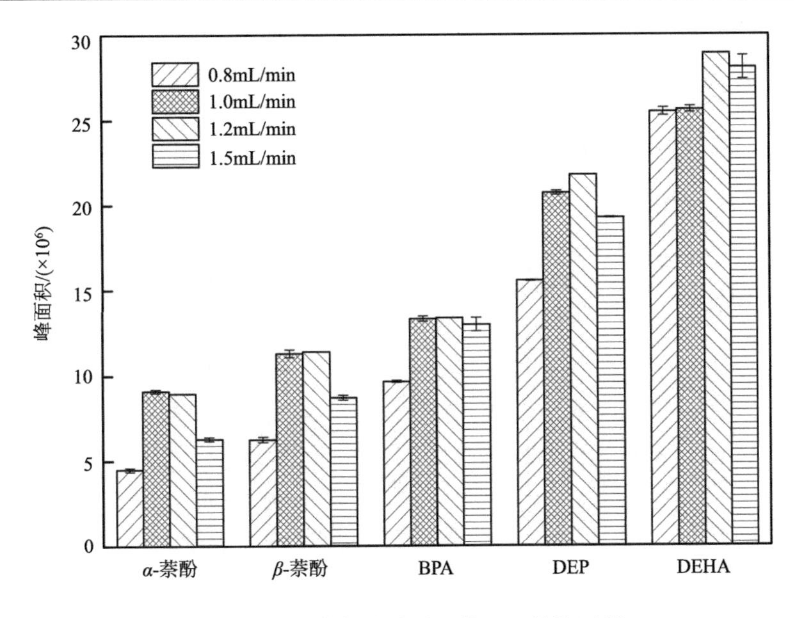

图 2-4　不同载气流速下五种 EEs 的峰面积

综上所述，最优色谱检测条件为色谱柱：HP-5MSUI 弹性石英毛细管柱（30m×0.25mm×0.25μm）；升温程序：70℃（保持 3min），以 20℃/min 上升至 210℃（保持 2min），以 5℃/min 上升至 220℃（保持 1min），以 15℃/min 上升至 250℃（保持 2min），以 25℃/min 上升至 300℃（保持 2min）；进样口温度：280℃；进样方式：不分流进样；载气：高纯氦气，纯度≥99.999%；流速：1.0mL/min；进样量：1.0μL。

2. 液液萃取条件优化

液液萃取主要包括萃取、干燥、浓缩三个步骤。萃取剂的选择及剂量、待测水样的酸碱性、萃取次数与时间、盐析剂与分散剂、氮吹仪的水浴温度等均是萃取效果的影响因素。结合《石油化学工业污染物排放标准》（GB 31571—2015）中特征物质排放限值，确定 5 种 EEs 的配水浓度分别为 BPA：0.1mg/L；α-萘酚、β-萘酚：1 mg/L；DEP：0.3mg/L；DEHA：0.4mg/L；COD：100mg/L；pH=7。

1）萃取剂筛选

萃取剂的选择，对于萃取效果非常关键。合适的萃取剂应该具备以下基本性能：①与水不混溶；②对分析物的萃取效果好；③毒性低；④色谱性能良好。二氯甲烷、乙酸乙酯和正己烷都是常用的水中 EEs 的萃取剂，本书以其作为基本萃取剂，进行复配，制备六种萃取剂。即二氯甲烷：乙酸乙酯（V：V）=1：1、二氯甲烷：正己烷（V：V）=1：1、二氯甲烷：乙酸乙酯（V：V）（酸性）=1：1、二氯甲烷：正己烷（V：V）（碱性）=1：1。采用 2.1.2 小节中萃取步骤和上文确定的最优色谱、质谱条件，检测 5 种物质的萃取效率，结果如图 2-5 所示。

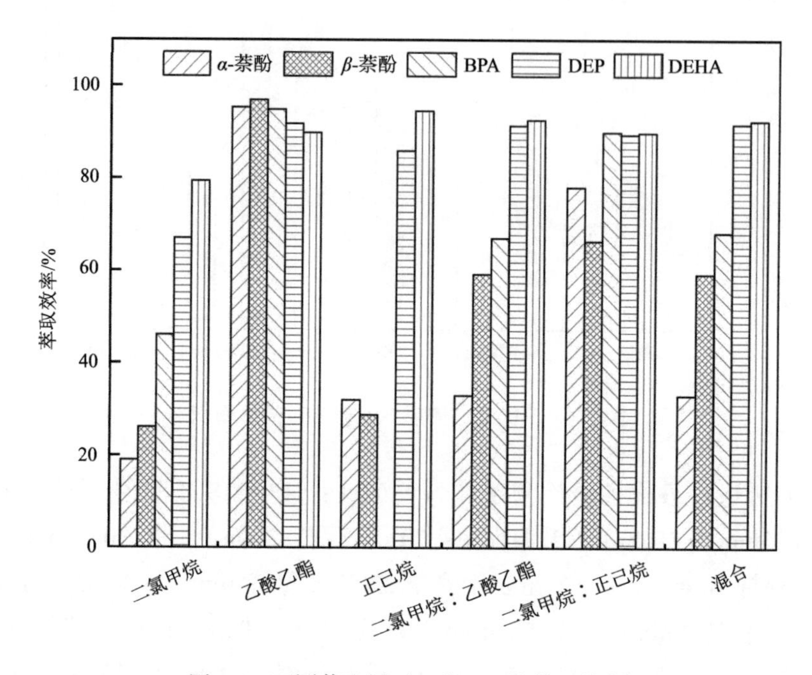

图 2-5　不同萃取剂下五种 EEs 的萃取效率

从图 2-5 可以看出，正己烷不能萃取水中的 BPA，因此该物质不再作为本书的萃取剂。另外，萃取效果表明，乙酸乙酯对五种 EEs 的萃取效率都很高，均在 90%左右。因此，本书以乙酸乙酯为最佳萃取剂。

2）水样酸碱性

α-萘酚、β-萘酚和 BPA 都有酚羟基，在水溶液中表现为弱酸性，因此在酸性条件下溶解度较低。DEP 和 DEHA 在酸性和碱性条件下都可以发生水解反应。因此，当同时检测水中的 α-萘酚、β-萘酚、BPA、DEP 和 DEHA 时，水样的酸碱性很重要。以乙酸乙酯为萃取剂，研究以下 5 种情况下水样酸碱性对萃取效率的影响：①将水样调成酸性（pH<2）萃取 3 次，再将水样调成碱性（pH>12）萃取 3 次；②将水样调成酸性（pH<2）萃取 6 次；③将水样调成碱性（pH>12）萃取 6 次；④将水样调成碱性（pH>12）萃取 3 次，再将水样调成酸性（pH<2）萃取 3

次；⑤将水样调成中性萃取 6 次。结果如图 2-6 所示。

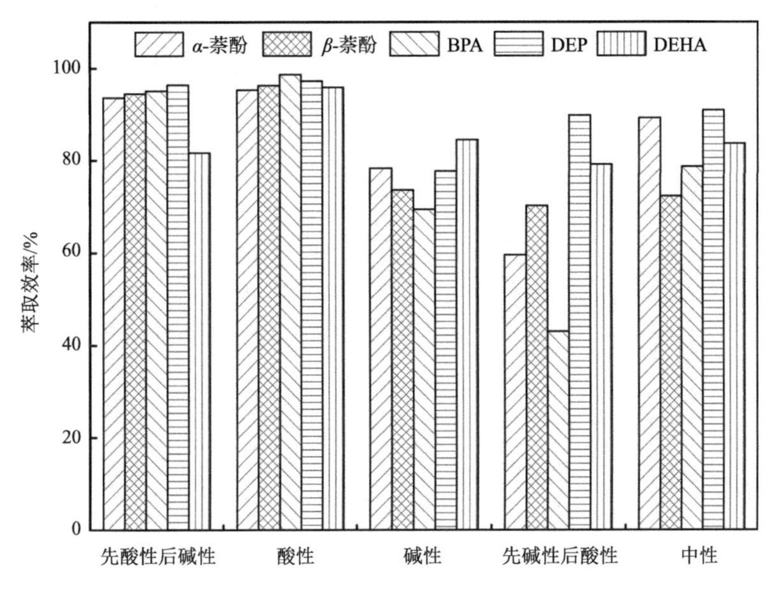

图 2-6　水样不同 pH 下五种 EEs 的萃取效率

由图 2-6 可知，先将水样调成酸性再调成碱性萃取和只在酸性条件下萃取的萃取结果较好，萃取效率均在 80%以上。但是，先酸性后碱性与只在酸性条件下的萃取相比，试验操作较烦琐，萃取过程中物质损失的风险增大，并且酸性条件下每一种物质的萃取效率都在 90%左右。因此，选择水样在 pH<2 的酸性条件下进行萃取。

3）萃取剂量

萃取剂量是影响萃取效果的重要因素之一。萃取剂量过小，目标物萃取不完全，萃取效率变低；萃取剂量过大，造成萃取剂的浪费，且使干燥和浓缩时间变长，目标物损失变大，萃取效率变低。因此对萃取剂量进行试验研究，确定最佳剂量很有必要。本书对 20mL、30mL、40mL、50mL 和 60mL 的萃取剂量进行研究，结果如图 2-7 所示。

由图 2-7 可以看出，当萃取剂量为 20mL 时，萃取效率较低，都在 80%以下，萃取不完全；当萃取剂量为 30mL、40mL、50mL、60mL 时，各物质的萃取效率基本相同且都在 90%以上。综合考虑萃取剂带来的二次污染和试验成本等因素，选择萃取剂量为 30mL。

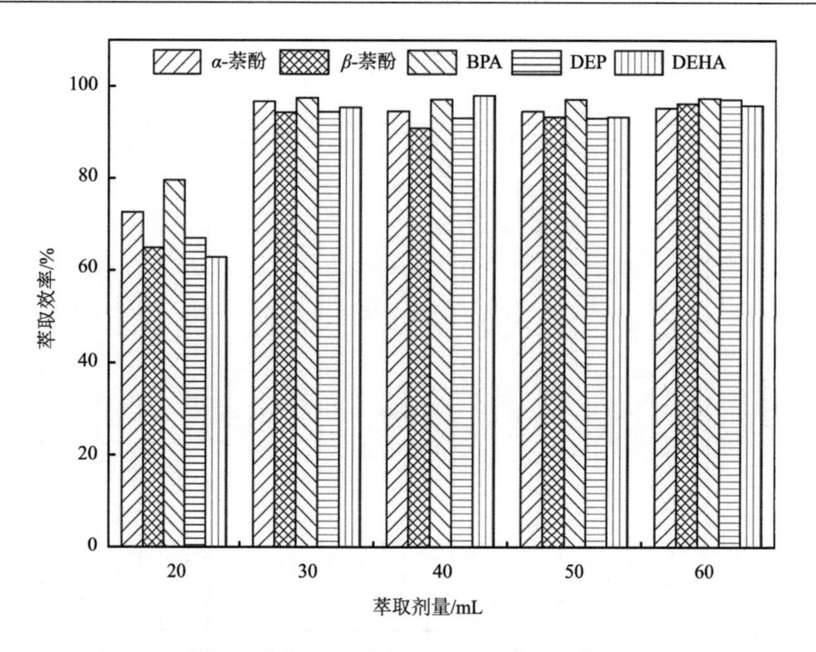

图 2-7 不同萃取剂量下五种 EEs 的萃取效率

4）萃取次数

萃取次数对萃取效率也有影响。在萃取剂量、萃取时间相同的情况下，萃取次数过少可能无法将水中的污染物全部萃取出来，萃取次数过多则有可能使目标物在萃取过程中损失，萃取效率降低。本书在以 30mL 乙酸乙酯为萃取剂的情况下，考察了萃取次数分别为 2 次、3 次、4 次、5 次和 6 次时 5 种 EEs 的萃取效率，结果如图 2-8 所示。

从图 2-8 可以看出，当萃取剂量一定时，萃取次数对于萃取结果有一定的影响。萃取次数增多，每一种物质的萃取效率整体上都呈现先增大后减小的趋势。其中，萃取 3 次时 5 种 EEs 的萃取效率最好。因此，选择萃取次数为 3 次。

5）萃取时间

当萃取剂量一定时，理论上萃取时间越长萃取效率越高。萃取开始时，待测目标物与萃取剂之间的接触不充分，萃取效率低，随着萃取时间的增长，传质效率增强，萃取效率增大，同时待测目标物中的挥发性组分损失概率增大，某些目标物达到的平衡也可能遭到破坏，从而降低了萃取的效率。本书考察了萃取时间分别为 1min、2min、3min、4min、5min 时 5 种 EEs 的萃取效率，结果如图 2-9 所示。

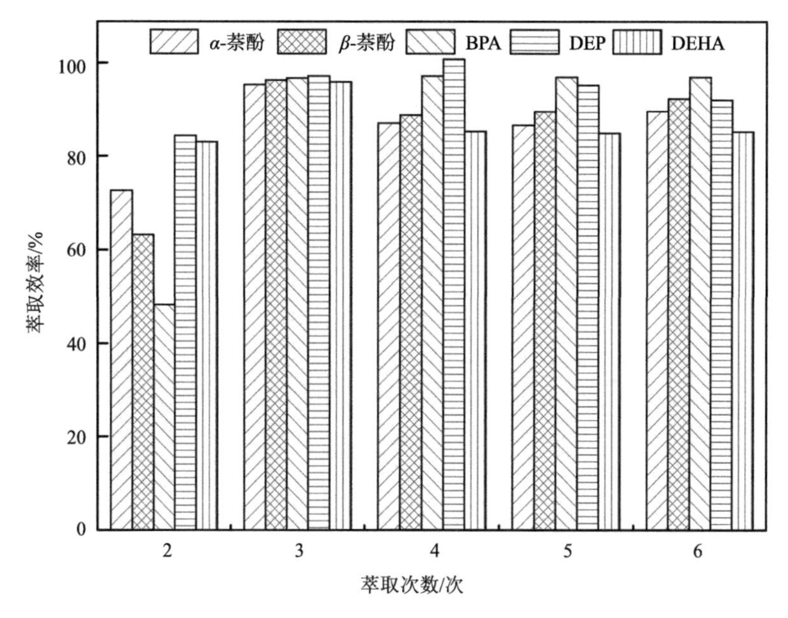

图 2-8　不同萃取次数下五种 EEs 的萃取效率

从图 2-9 可以看出，α-萘酚、BPA、DEHA 的萃取效率呈现先增大后减小的趋势；在萃取时间为 2min 时，五种 EEs 的萃取效率都达到最大，且均在 95%以上。因此，选择最佳萃取时间为 2min。

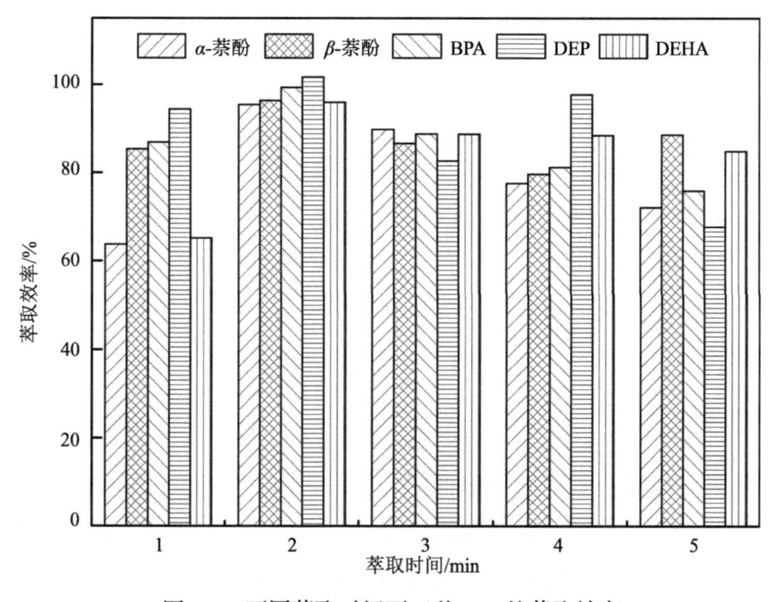

图 2-9　不同萃取时间下五种 EEs 的萃取效率

6）盐析剂量

加入盐析剂能降低目标物在水溶液中的溶解度，从而提高萃取效率；加入盐析剂也可减少乳化现象的发生，但随盐析剂量增大，不同物质在萃取剂中的扩散速率可能会减小，进而降低萃取效率。本书选取常用的盐析剂 NaCl 进行试验，考察了 NaCl 加入量分别为 0g、5g、10g、15g、20g 时的萃取效果，结果如图 2-10 所示。

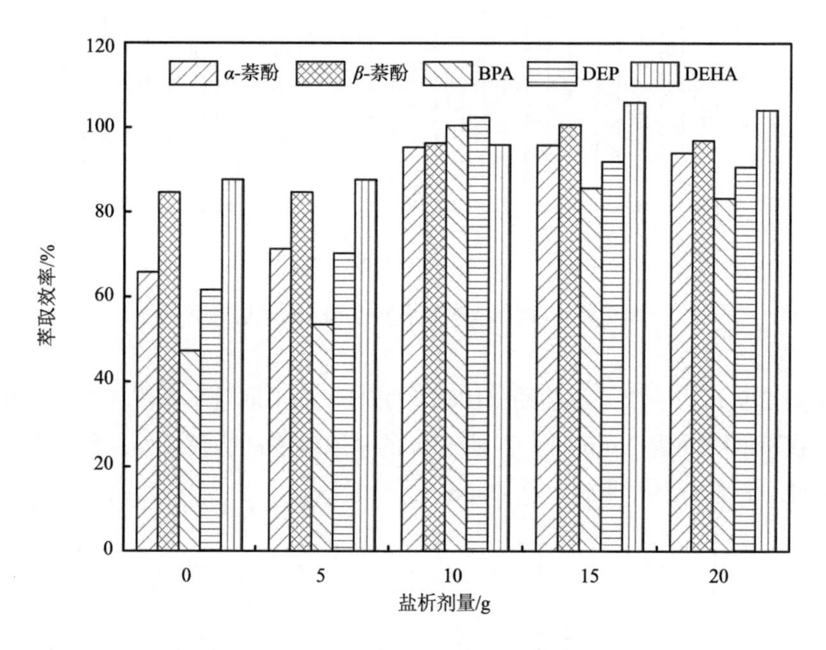

图 2-10　不同盐析剂量下五种 EEs 的萃取效率

从图 2-10 可以看出，盐析剂量对不同物质萃取效果的影响不一样。除 β-萘酚、DEHA 外，其他物质在 NaCl 加入量为 10g 时的萃取效果最好，而 β-萘酚和 DEHA 的萃取效率分别为 96.31%和 95.93%，效果良好。综上所述，选取盐析剂量为 10g NaCl。

7）分散剂

分散剂在有机相（萃取剂）和水相（样品水溶液）中的混溶性是选择分散剂最重要的依据，常见分散剂包括丙酮、甲醇和乙腈等。本书选取丙酮、甲醇和乙腈作为分散剂，考察分散剂对萃取效果的影响，结果如图 2-11 所示。

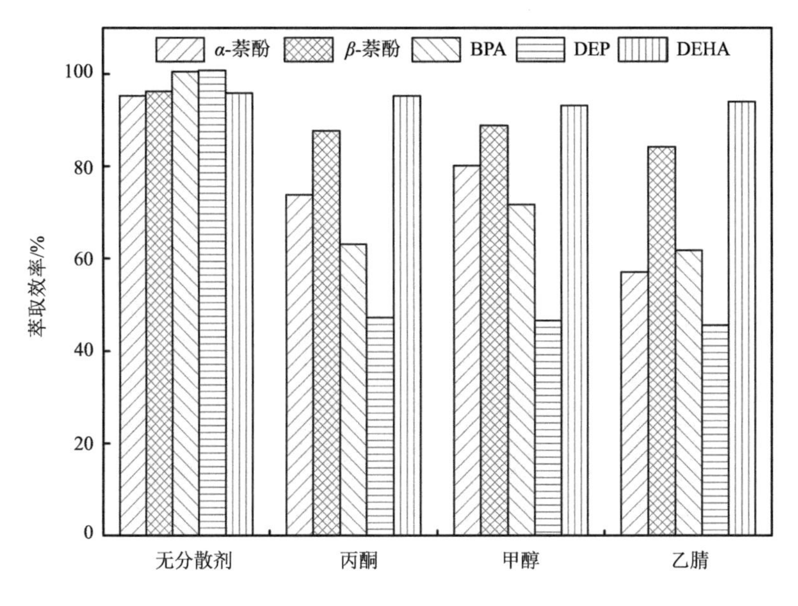

图 2-11　不同分散剂下五种 EEs 的萃取效率

从图 2-11 可以看出，加入分散剂使五种 EEs 的萃取效率受到抑制，五种 EEs 在无分散剂加入的情况下萃取效率都在 95%以上。因此，确定萃取时不加入分散剂。

8）氮吹温度

在浓缩过程中，氮吹仪水浴温度（氮吹温度）对于萃取效果也有影响。水浴温度过高，目标物的挥发速率会加快；水浴温度过低，浓缩的时间会变长，目标物的损失也会变大。本书考察了氮吹温度分别为 25℃、30℃和 35℃时各物质的萃取效率，结果如图 2-12 所示。

从图 2-12 可以看出，氮吹温度为 30℃时各物质的萃取效果最好，因此，确定最佳氮吹温度为 30℃。

综上所述，液液萃取的最佳条件为在酸性条件下（pH<2），以乙酸乙酯为萃取剂，加入 10g 盐析剂（NaCl），萃取 3 次，每次加入 10mL 乙酸乙酯，每次萃取 2min，不加分散剂，浓缩时的氮吹温度为 30℃。

3. 校准曲线的建立

用最优的检测条件对校准曲线的一系列溶液进行检测分析，用五种 EEs 的峰面积（y）与质量浓度（x）进行拟合，得到相应物质校准曲线的回归方程和相关

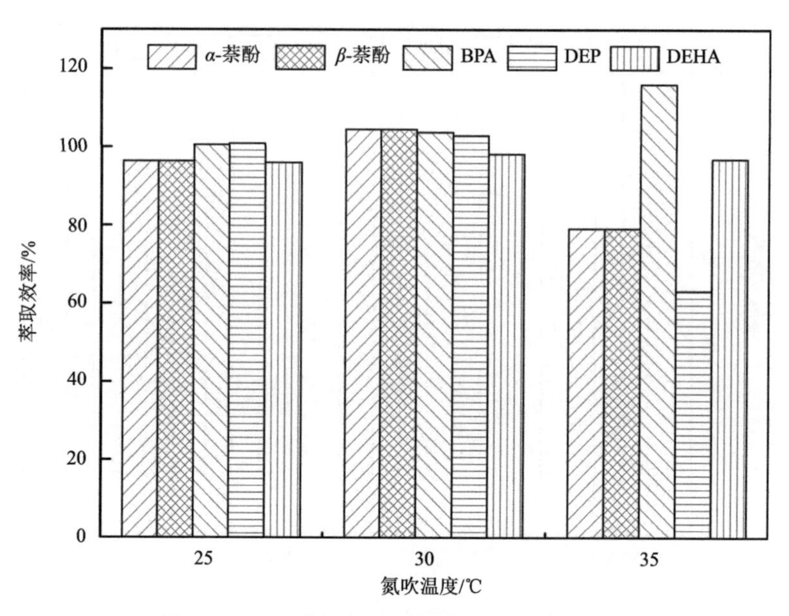

图 2-12　不同氮吹温度下五种 EEs 的萃取效率

系数，如表 2-2 所示。从表 2-2 中可知，五种 EEs 在 0.1～100 mg/L 范围内的峰面积对其质量浓度均具有良好的线性关系。

表 2-2　五种 EEs 回归方程及其线性相关性

物质名称	保留时间/min	回归方程	线性范围/（mg/L）	相关系数
α-萘酚	9.458	$y=2\times10^6x-2\times10^7$	0.1～100	0.9945
β-萘酚	9.515	$y=2\times10^6x-1\times10^7$	0.1～100	0.9951
BPA	15.537	$y=1\times10^6x-1\times10^7$	0.1～100	0.9972
DEP	9.954	$y=3\times10^6x+7\times10^6$	0.1～100	0.9995
DEHA	17.921	$y=4\times10^6x-4\times10^7$	0.1～100	0.9981

4. 质量控制

1）精密度

配制 5 种 EEs 组分的质量浓度分别为 1.0mg/L 的标准混合试样，每个质量浓度 7 个平行样，按照优化的前处理条件、色谱和质谱条件进行检测。根据测定结果计算不同质量浓度下五种 EEs 的 RSD，计算结果如表 2-3 所示。从表 2-3 中的结果可知，五种 EEs 的 RSD 均小于 5.5%，表明该方法的精密度良好。

表 2-3　方法精密度

化合物	平均值/（mg/L）	标准偏差/（mg/L）	相对标准偏差/%
α-萘酚	0.97	0.012	3.08
β-萘酚	0.96	0.054	3.46
BPA	0.96	0.035	5.49
DEP	0.96	0.038	2.63
DEHA	0.99	0.027	2.04

2）检出限

配制 5 种 EEs 组分的质量浓度分别为 0.1mg/L 的混合试样，每个质量浓度 7 个平行样，按照优化的前处理条件、色谱和质谱条件进行检测。根据测定结果计算五种 EEs 的检出限（LOD）与测定下限（LOQ），结果如表 2-4 所示，测定下限为 0.5～17μg/L。

表 2-4　方法检出限与测定下限　（单位：μg/L）

化合物	LOD	LOQ
α-萘酚	1.8	5.8
β-萘酚	1.0	3.2
BPA	5.2	17
DEP	0.9	3.0
DEHA	0.15	0.5

3）加标回收率

采用实际废水加标法测定加标回收率，分别向石化废水样品中加入质量浓度为 0.1mg/L、0.5mg/L 和 1.0mg/L 的五种 EEs，每个质量浓度 3 个平行样，按照优化的前处理条件、色谱和质谱条件进行检测。根据测定结果计算五种 EEs 的加标回收率，结果如表 2-5 所示，加标回收率为 95.2%～107%。

表 2-5　加标回收率　（单位：%）

化合物	加标回收率			平均值
	0.1mg/L	0.5mg/L	1.0mg/L	
α-萘酚	99.5	90.4	95.6	95.2
β-萘酚	102	94.4	96.3	97.6

续表

化合物	加标回收率			平均值
	0.1mg/L	0.5mg/L	1.0mg/L	
BPA	125	81.4	96.0	101
DEP	88.4	102	96.0	95.5
DEHA	131	91.8	98.8	107

2.1.4　小结

通过对液液萃取条件、色谱条件的优化，建立了同时检测水中的 α-萘酚、β-萘酚、BPA、DEP 和 DEHA 的液液萃取/气相色谱-质谱法。

（1）最佳液液萃取条件为在酸性条件下（pH<2），以乙酸乙酯为萃取剂，加入 10g 盐析剂（NaCl），萃取 3 次，每次加入 10mL 乙酸乙酯，每次萃取 2min，不加分散剂，浓缩时的氮吹温度为 30℃。五种目标物在线性范围 0.1～100mg/L 内线性关系良好，测定下限为 0.5μg/L～17μg/L，加标回收率为 95.2%～107%（RSD<5.5%，n=7）。

（2）最佳色谱条件为色谱柱：HP-5MSUI 弹性石英毛细管柱（30m×0.25mm×0.25μm）；进样方式：不分流进样；进样量：1.0μL；升温程序：70℃（保持 3min），以 20℃/min 上升至 210℃（保持 2min），以 5℃/min 上升至 220℃（保持 1min），以 15℃/min 上升至 250℃（保持 2min），以 25℃/min 上升至 300℃（保持 2min）；载气：高纯氦气，纯度≥99.999%；流速：1.0mL/min；进样口温度：280℃。

2.2　苯甲醚等检测方法

2.2.1　研究进展

五氯丙烷为无色透明且有强刺激味的液体，通常用作防治农作物害虫的有效熏蒸剂，五氯丙烷具有较强的刺激性和腐蚀性，接触会造成人体灼伤。五氯丙烷是我国《生活饮用水卫生标准》（GB 5749—2022）附录 A 中规定的参考检测指标，允许限值为 0.03mg/L。目前，国内外都未出台五氯丙烷的标准检测方法。

二溴乙烯为挥发性液体，通常用来作为防治农作物害虫的熏蒸剂，其被国际癌症研究中心定义为潜在性致癌物质。二溴乙烯是我国《生活饮用水卫生标准》

（GB 5749—2022）附录A中规定的参考检测指标，允许限值为0.00005mg/L。目前，国内尚未出台水中二溴乙烯的标准检测方法，已有研究主要利用以前的处理方法——顶空法或吹扫捕集和气相色谱或气相色谱-质谱联用法进行检测分析。

乙醛是具有微毒性的有机试剂，其会对皮肤和黏膜组织产生刺激，乙醛在化工行业中，如橡胶、皮革制品、造纸等，主要作为有机溶剂被使用。地表水中的乙醛污染主要源自工业废水的排放，中国集中式生活饮用水地表水源地特定检测项目对乙醛出台了限值要求。目前，石化行业还没有乙醛的标准检测方法。

丙烯醛属于高毒性物质，对人体呼吸道具有较强烈的刺激作用；丙烯醛会通过皮肤、肠道和呼吸道被人体所吸收；丙烯醛还被大量应用于有机合成中，是合成树脂工业中较为重要的原材料之一。丙烯醛是我国《生活饮用水卫生标准》（GB 5749—2022）附录A中规定的参考检测指标，允许限值为0.1mg/L。目前，石化行业还未出台丙烯醛的标准检测方法。

苯甲醚是有机合成中间体，多用作溶剂、香料和驱虫剂。对人体有刺激性危害，有皮肤及黏膜吸收、吸入和摄入多种暴露途径。苯甲醚的生产和使用遍布我国主要水系沿岸，其广泛的存在和应用是构成饮用水污染的潜在因素。苯甲醚是我国《生活饮用水卫生标准》（GB 5749—2022）附录A中规定的参考检测指标，允许限值为0.05mg/L。目前，国内还没有苯甲醚的标准检测方法。

四乙基铅主要作为提高汽车燃油中辛烷值的抗爆添加剂使用，四乙基铅是含有剧毒的物质，其毒性是金属物质铅的100倍，进入人体后，会对人体的中枢神经系统造成极大的伤害，会使人体出现严重的病变甚至造成死亡。为了保护人身安全和环境，世界大多数国家都禁止使用四乙基铅作为汽油添加剂，但仍存在少数地区使用含铅汽油，四乙基铅还能在一些水体或土壤中被检测出来。四乙基铅是我国《生活饮用水卫生标准》（GB 5749—2022）附录A中规定的参考检测指标，允许限值为0.0001mg/L。目前，国内还没有四乙基铅的标准检测方法。

目前这六种特征有机污染物的分析检测都有一定的研究进展。魏立菲等（2014）利用吹扫捕集与气相色谱-质谱联用法对饮用水中痕量的二溴乙烯与五氯丙烷进行测量，方法的检出限较低，且相对标准偏差（n=7）在1.51%～4.52%之间，回收率良好。张燕等（2012）对水中二溴乙烯利用顶空法和气相色谱法进行分析，检出限较低，相对标准偏差良好，加标回收率为101%。何芸菁（2013）利用顶空法和气相色谱法检测了水中的乙醛、丙烯醛和丙烯腈，该方法的检出限和回收率良好，且该方法准确快捷。赵慧琴等（2015）建立吹扫捕集/气相色谱-质谱法检测水中苯甲醚和 8 种苯系物的多组分检测方法，该方法在一定范围内有良好的线性关系，相对标准偏差（n=6）在 0.2%～7.9%内，样品加标回收率在 90%～112%内。该方法操作简便，且能满足水质日常检测工作的要求。吴银菊等（2015）利用吹扫捕集/气相色谱法对水中四乙基铅进行检测，该方法线性范围良好，检出限较低，加标回收率在 93.2%～100.5%内，相对标准偏差良好，该方法准确实用且简便快捷。

对六种有机特征污染物研究现状进行分析：由于这六种有机特征污染物均属于挥发性有机物，因此，研究中均采用顶空法或吹扫捕集法为预处理方式，且这六种有机特征污染物在石化行业均没有出台标准的检测方法；与生活污水和自然水体相比，石化废水中污染物种类更加繁多、组成更加复杂，各类污染物对这六种有机特征污染物分析的干扰作用更加严重。因此，开发适用于石化废水中这六种有机特征污染物的检测方法，对石化废水中这六种有机特征污染物的抑制性特征研究和去除研究十分必要。

2.2.2 材料与方法

1. 仪器和试剂

1）仪器

仪器主要包括：气相色谱-质谱联用仪（7890-5975c 型，美国 Agilent 公司）；超纯水仪（Mili-Q 型，美国 Millipore 公司）；分析天平（XS105 Dual Range 型，梅特勒-托利多集团）；吹扫捕集进样仪（9800 型，美国 Tekmar 公司）；氦气（99.999%，北京氦普北分气体工业有限公司）。

2）主要试剂

主要试剂包括：五氯丙烷（2000mg/L 溶于甲醇）、二溴乙烯（>98%）、乙醛（40%水溶液）、丙烯醛（>99.5%）、苯甲醚（>99%）、四乙基铅（1000mg/L 溶于甲醇）、氟苯（2000mg/L 溶于甲醇）、4-溴氟苯（2000mg/L 溶于甲醇）、甲醇（>99.9%）。

2. 溶液的配制

100mg/L 标准溶液混标液：将二溴乙烯、乙醛、丙烯醛、苯甲醚四种有机特征污染物溶液，根据其密度，利用微量注射器抽取适量的体积，将这四种物质利用溶剂甲醇进行逐级稀释，配制成 1000mg/L 的混标液；将 2000mg/L 五氯丙烷标准液、1000mg/L 四乙基铅标准液和刚配制好的 1000mg/L 四种物质的混标液用甲醇进行稀释，得到 100mg/L 的六种标准物质的混标液。

25mg/L 内标标准溶液：2000mg/L 的氟苯标准溶液使用甲醇溶液进行逐级稀释所得。

25mg/L 替代物标准溶液：2000mg/L 的 4-溴氟苯标准溶液使用甲醇溶液进行逐级稀释所得。

3. 测试初始条件

1）气相色谱初始条件

色谱柱：DB-624UI 石英毛细管柱（30m×0.250mm×1.40μm）；

升温程序：35℃保持 2min，以 5℃/min 上升至 120℃，以 10℃/min 上升至 220℃/min，保持 2min；

进样口温度：220℃；

进样方式：分流进样（分流比 30∶1）；

载气：高纯氦气（纯度≥99.999%）；

流速：1.0mL/min；

进样量：1.0μL。

2）质谱初始条件

电离方式：电子轰击（EI）；电离能量：70eV；四极杆温度：150℃；离子源温度：230℃；质谱仪接口温度：240℃；检测方式：全扫描方式。

3）吹扫捕集初始条件

吹扫温度：室温或恒温；吹扫流速：40mL/min；吹扫时间：11min；干吹扫时间：1min；脱附温度：190℃；脱附时间：2min；烘烤温度：200℃；烘烤时间：6min。

4. 测试方法的性能指标

1）校准曲线

快速移取一定体积的混标液到含有超纯水的100mL容量瓶中，加入超纯水定容到刻度，充分摇匀使混标液在超纯水中混合均匀。配制的标准溶液中目标化合物以及替代物的浓度分别是10μg/L、20μg/L、50μg/L、100μg/L、200μg/L、500μg/L、800μg/L和1000μg/L。使用5mL的气密性注射器抽取5mL的标准溶液，加入20μL的内标标准溶液，按照吹扫捕集试验的操作条件，由低浓度到高浓度依次检测。

2）质量控制

方法的精密度：使用混标液配制7个各物质浓度均为100μg/L的平行样加入内标标准溶液和替代物标准溶液，以待测物质的最优分析条件进行分析，利用测定的结果计算待测物质不同组分的RSD。

方法的检出限：配制7个浓度较低的待测物质标准溶液平行样加入内标标准溶液和替代物标准溶液，以待测物质的最优分析条件进行分析，利用美国环境保护署（EPA）的检出限计算方法计算出本方法的检出限，计算公式为

$$\mathrm{MDL}=St_{(n-1,\ 1-\alpha=0.99)} \tag{2-1}$$

式中，MDL为方法的检出限；S为重复分析的标准偏差；$t_{(n-1,\ 1-\alpha=0.99)}$为自由度为$n$–1，置信度为99%时的值，当$n$=7时，$t_{(n-1,\ 1-\alpha=0.99)}$=3.143；$n$为重复分析的次数。

方法的回收率：根据采集的石化废水中各物质的实际浓度，向废水中加入不同量的标准待测物质，每个加标浓度要进行三组平行样的测试，利用优化好的吹扫捕集和气相色谱-质谱法进行测试和分析。

2.2.3　结果与讨论

1. 色谱条件优化

1）色谱柱的选择

采用HP-5色谱柱、DB-17色谱柱和DB-624色谱柱对样品进行吹扫捕集/气相色谱-质谱分析，三种色谱柱的全扫描质谱图如图2-13～图2-15所示。HP-5色谱柱检测出的有机特征污染物按出峰时间先后顺序为二溴乙烯、苯甲醚、五氯丙烷

和四乙基铅，乙醛和丙烯醛未检出。DB-17色谱柱检测出的有机特征污染物按出峰时间先后顺序为二溴乙烯、苯甲醚、四乙基铅和五氯丙烷，乙醛和丙烯醛未检出。DB-624色谱柱检测出的有机特征污染物按出峰时间先后顺序为乙醛、丙烯醛、二溴乙烯、苯甲醚、四乙基铅和五氯丙烷，各有机特征污染物均检出。综合分析，HP-5色谱柱出峰时间较短，且峰面积较大，但未检出乙醛和丙烯醛；DB-17色谱柱峰面积较小，未检出乙醛和丙烯醛；DB-624色谱柱分离效果较好，且能检出所有待测物质。因此，选择DB-624色谱柱为后续检测的色谱柱。

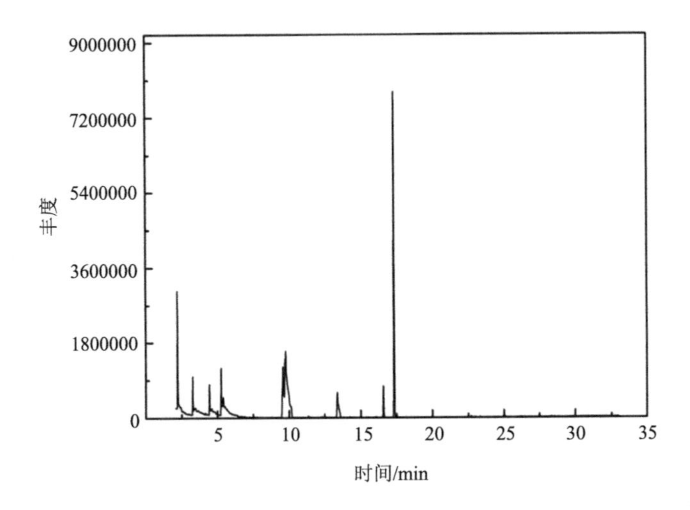

图2-13　HP-5色谱柱全扫描质谱图

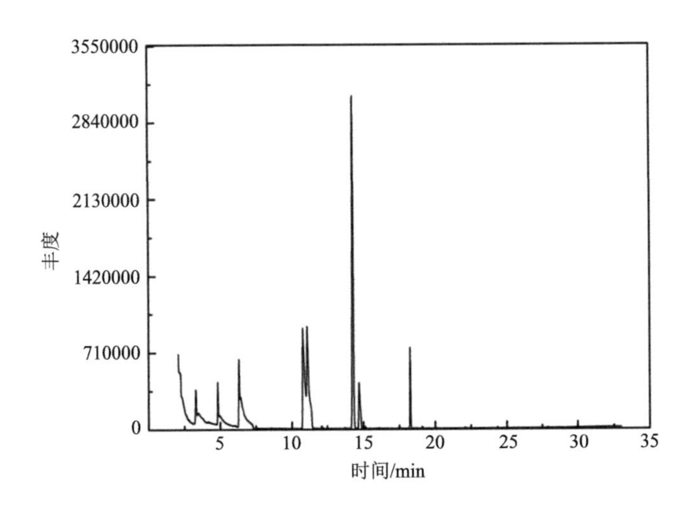

图2-14　DB-17色谱柱全扫描质谱图

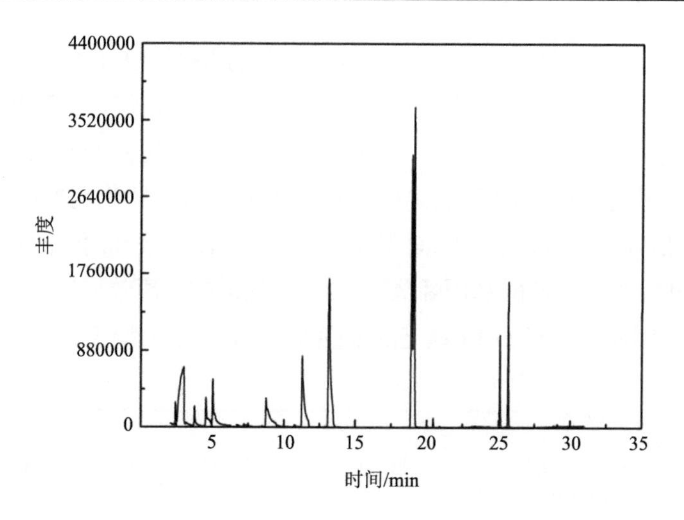

图 2-15　DB-624 色谱柱全扫描质谱图

2）进样口温度

进样口温度对检测有一定的影响，当进样口温度较低时，会出现待测物质气化效果不完全的现象，对检测结果造成影响；当进样口温度过高时，一些挥发性有机物也会发生分解现象，影响检测结果。不同进样口温度对待测物质响应值的影响见表 2-6。表 2-6 表明不同物质的峰面积在 200～220℃逐渐升高，220～240℃出现下降。因此，选择 220℃为最佳进样口温度。

表 2-6　进样口温度对待测物质峰面积的影响

序号	保留时间/min	有机物名称	匹配度	峰面积/（$\times10^6$）		
				200℃	220℃	240℃
1	2.369	乙醛	64	1.049	1.171	1.138
2	3.668	丙烯醛	72	1.789	1.859	1.783
3	8.569	氟苯	94	5.875	8.381	5.790
4	11.084	反式-1,2-二溴乙烯	96	4.547	4.371	4.621
5	12.907	顺式-1,2-二溴乙烯	90	10.090	11.342	10.218
6	18.647	苯甲醚	96	14.297	17.714	14.650
7	18.802	4-溴氟苯	95	10.892	12.868	10.955
8	24.922	四乙基铅	91	7.881	10.537	8.068
9	25.422	五氯丙烷	90	5.549	6.267	5.969

3）分流比

利用吹扫捕集前处理方式将待测物解析后，不分流的情况下样品全部进入进样口中，会造成样品浓度过高，出峰峰底变宽，造成不同物质的色谱出现重叠现象，影响样品的定性与定量，因此本试验选择以分流进样作为进样方式。不同分流比对待测物质响应值的影响结果见表 2-7。随着分流比逐渐变大，峰面积呈现变小的趋势，即分流比越大，峰面积越小；在分流比为 10∶1 时，峰面积最大，且出峰效果较好，各组分分离效果较好。因此，选择分流比 10∶1 为最佳分流比。

表 2-7　分流比对待测物质峰面积的影响

序号	保留时间/min	有机物名称	匹配度	峰面积/（$\times 10^6$）				
				10∶1	20∶1	30∶1	40∶1	50∶1
1	2.369	乙醛	64	1.982	1.319	1.234	0.909	0.848
2	3.668	丙烯醛	72	2.808	2.042	1.667	1.446	1.264
3	8.569	氟苯	94	10.176	7.570	6.545	4.343	4.278
4	11.084	反式-1,2-二溴乙烯	96	8.090	4.706	4.139	3.769	2.796
5	12.907	顺式-1,2-二溴乙烯	90	18.872	12.953	10.530	8.267	6.741
6	18.647	苯甲醚	96	21.056	18.203	15.175	12.832	10.940
7	18.802	4-溴氟苯	95	14.897	12.833	10.947	9.961	9.184
8	24.922	四乙基铅	91	19.682	12.199	9.607	6.770	4.406
9	25.422	五氯丙烷	90	10.658	6.767	6.124	4.437	4.350

4）升温程序

柱温会对传质过程中的分析速度以及效率造成影响，选择合适的升温程序可以提高分析速度及效率，避免因柱温过高而出现分析速度较快、色谱柱的选择性降低、出峰分离度变小和出峰重叠等情况。因待测物质以挥发性有机物为主，因此柱温起始温度选择 35℃，最终温度为 220℃。比较不同的升温程序，选择待测样品出峰分离度最好的升温程序作为最佳升温程序。本试验设计了 4 种不同的升温程序：①35℃保持 2min→5℃/min→220℃保持 2min；②35℃保持 2min→10℃/min→220℃保持 2min；③35℃保持 2min→20℃/min→220℃保持 2min；④35℃保持 2min→5℃/min→120℃→10℃/min→220℃保持 2min。4 种升温程序下样品的吹扫捕集与气相色谱-质谱图如图 2-16～图 2-19 所示，可见 4 种升温程序下不同待测物都有不同程度的分离效果，其中升温程序②和升温程序③升温速度较快，不同物质的出峰由于析出时间较短，出现出峰重叠的情况，升温程序①和升温程序④的出峰分离度较好，升温程序④比升温程序①所需时间短，并且出峰的峰面积大，响应值高。因此，经过综合分析选择升温程序④为最终的升温程序。

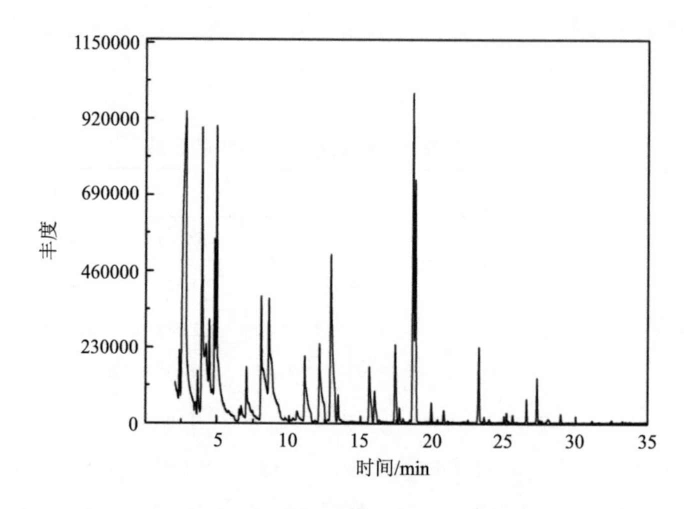

图 2-16　升温程序①的气相色谱-质谱图

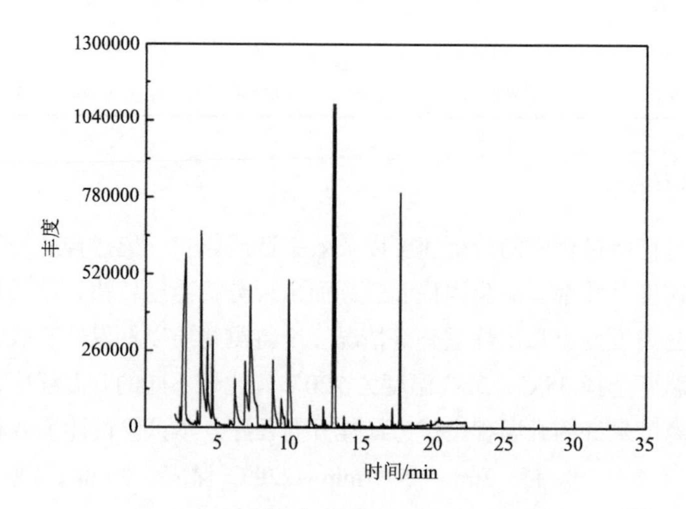

图 2-17　升温程序②的气相色谱-质谱图

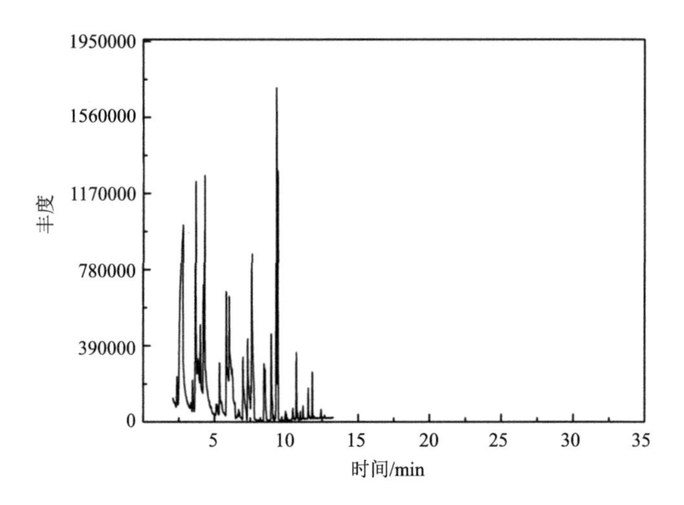

图 2-18　升温程序③的气相色谱-质谱图

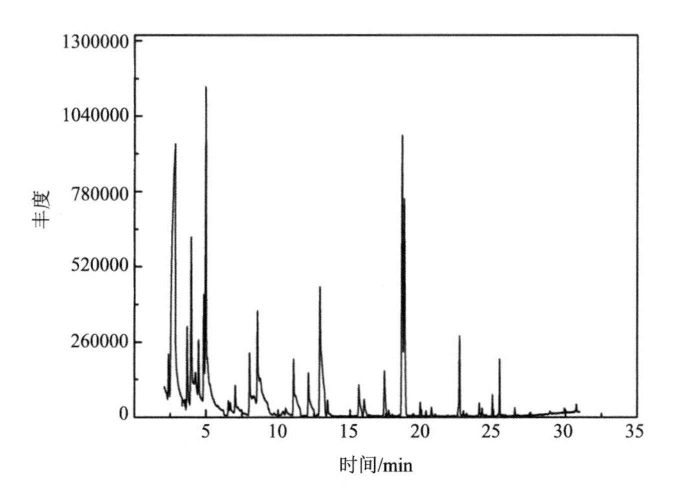

图 2-19　升温程序④的气相色谱-质谱图

2. 吹扫捕集条件优化

1）吹扫流速

吹扫流速通常对吹扫效率有一定的影响，吹扫流速增加，吹扫气体的体积也会增大，会使吹扫效率提高。通常情况下，吹扫气体体积与吹扫效率呈正相关关系。吹扫气体的体积是吹扫流速和吹扫时间的乘积，因此吹扫流速和吹扫时间对待测物质的分析都会产生影响。不同吹扫流速对待测物质响应值的影响如表 2-8 所示。由表 2-8 可知，随着吹扫流速不断增加，待测物质的响应值也逐渐增大，当吹扫流速为 100mL/min 时，出峰效果最好。因此，选择吹扫流速为 100mL/min。

表 2-8　不同吹扫流速对待测物质响应值的影响

序号	保留时间/min	有机物名称	匹配度	峰面积/（×10⁶）				
				20mL/min	40mL/min	60mL/min	80mL/min	100mL/min
1	2.369	乙醛	64	0.557	0.757	1.139	1.150	1.171
2	3.668	丙烯醛	72	0.596	1.155	1.495	1.566	1.859
3	8.569	氟苯	94	7.777	6.309	7.427	8.254	8.381
4	11.084	反式-1,2-二溴乙烯	96	4.665	5.242	5.171	4.675	4.371
5	12.907	顺式-1,2-二溴乙烯	90	9.103	12.038	11.241	11.245	11.342
6	18.647	苯甲醚	96	5.602	13.877	14.975	14.993	17.714
7	18.802	4-溴氟苯	95	12.334	15.382	14.550	13.288	12.868
8	24.922	四乙基铅	91	2.608	6.333	7.022	8.628	10.537
9	25.422	五氯丙烷	90	1.297	4.178	5.073	5.288	6.267

2）吹扫时间

随着吹扫时间增长，待测样的灵敏度和重现性会增加。在满足分析要求的前提下，选择较短的吹扫时间可提高检测效率。当吹扫流速确定后，在捕集阱装置出现穿透情况前，对吹扫时间适当增加有助于提高待测样中微量成分的回收率。不同吹扫时间对待测物质响应值的影响如表 2-9 所示。吹扫时间为 9min 时，水样中除反式-1,2-二溴乙烯，其他挥发性有机物的响应值都小于吹扫时间为 11min 的响应值；而吹扫时间 13min 与吹扫时间 11min 相比，虽然丙烯醛、乙醛、反式-1,2-二溴乙烯的响应值较高，但相差不大；而其他物质响应值均低于 11min 的响应值。因此，经过综合分析，选择吹扫时间为 11min。

表 2-9　不同吹扫时间对待测物质响应值的影响

序号	保留时间/min	有机物名称	匹配度	峰面积/（×10⁶）		
				9min	11min	13min
1	2.369	乙醛	64	0.890	1.171	1.215
2	3.668	丙烯醛	72	1.585	1.859	2.126
3	8.569	氟苯	94	6.698	8.381	7.123

续表

序号	保留时间/min	有机物名称	匹配度	峰面积/（×10⁶）		
				9min	11min	13min
4	11.084	反式-1,2-二溴乙烯	96	4.600	4.371	4.713
5	12.907	顺式-1,2-二溴乙烯	90	10.596	11.342	10.979
6	18.647	苯甲醚	96	8.888	17.714	15.032
7	18.802	4-溴氟苯	95	7.553	12.868	10.449
8	24.922	四乙基铅	91	7.926	10.537	8.623
9	25.422	五氯丙烷	90	2.423	6.267	3.306

3）干吹时间

干吹是为了减少捕集阱水分，使出峰响应值更好。不同干吹时间对待测物质响应值的影响如表2-10所示。干吹0.5min、1.5min时，各物质出峰响应值绝大多数小于干吹时间1min时的响应值。因此，选择干吹时间为1min。

表2-10 不同干吹时间对待测物质响应值的影响

序号	保留时间/min	有机物名称	匹配度	峰面积/（×10⁶）		
				0.5min	1min	1.5min
1	2.369	乙醛	64	1.164	1.171	1.205
2	3.668	丙烯醛	72	1.545	1.859	1.850
3	8.569	氟苯	94	2.462	8.381	5.948
4	11.084	反式-1,2-二溴乙烯	96	3.871	4.371	4.475
5	12.907	顺式-1,2-二溴乙烯	90	11.047	11.342	10.248
6	18.647	苯甲醚	96	15.427	17.714	14.601
7	18.802	4-溴氟苯	95	11.089	12.868	10.693
8	24.922	四乙基铅	91	9.501	10.537	7.379
9	25.422	五氯丙烷	90	4.524	6.267	3.409

4）脱附温度

脱附温度对检测方法的重复性和准确性有很大的影响。当脱附温度相对较高时会使挥发性有机物都进入到色谱柱里，出峰效果较好；但是当脱附温度过高时，会因为高温使得部分吸附剂被分解，缩短吸附剂的使用寿命。不同脱附温度对待测物质响应值的影响如表2-11所示。脱附温度为190℃时的出峰响应值相对于

160℃时较好；当脱附温度达到 210℃时，除二溴乙烯和苯甲醚的出峰响应值较好于 190℃的出峰响应值，其他待测物的出峰响应值都比 190℃的出峰响应值差。因此，选择脱附温度为 190℃。

表 2-11　不同脱附温度对待测物质响应值的影响

序号	保留时间/min	有机物名称	匹配度	峰面积/（$\times10^6$）		
				160℃	190℃	210℃
1	2.369	乙醛	64	1.315	1.171	1.122
2	3.668	丙烯醛	72	1.665	1.859	1.705
3	8.569	氟苯	94	3.174	8.381	7.440
4	11.084	反式-1,2-二溴乙烯	96	2.603	4.371	4.762
5	12.907	顺式-1,2-二溴乙烯	90	7.643	11.342	11.639
6	18.647	苯甲醚	96	6.150	17.714	18.135
7	18.802	4-溴氟苯	95	4.246	12.868	12.093
8	24.922	四乙基铅	91	4.891	10.537	6.951
9	25.422	五氯丙烷	90	3.659	6.267	4.639

5）脱附时间

研究所用的 9#捕集阱，对极性和非极性的挥发性有机物都具有较好的捕集效果，但测试过程中也会吸附少量的水分。脱附时，吸附的水分也会进入分析系统，对分析的稳定性造成影响。当脱附时间增长时，谱图效果与定量结果都会受到影响，也会对捕集阱的使用寿命造成影响，因此对脱附时间进行优化十分必要。不同脱附时间对待测物质响应值的影响如表 2-12 所示。当脱附时间为 1min 时，大部分待测物质的峰面积都比较小，出峰响应值较差；脱附时间为 3min 时，乙醛、丙烯醛、二溴乙烯的峰面积与 2min 的峰面积相差不大，其他物质的峰面积都远小于 2min 的峰面积，可见脱附时间为 2min 时，峰面积最大，出峰效果最好。因此，选择脱附时间为 2min。

表 2-12　不同脱附时间对待测物质响应值的影响

序号	保留时间/min	有机物名称	匹配度	峰面积/（$\times10^6$）		
				1min	2min	3min
1	2.369	乙醛	64	1.210	1.171	1.162
2	3.668	丙烯醛	72	1.656	1.859	1.647
3	8.569	氟苯	94	6.335	8.381	7.624

续表

序号	保留时间/min	有机物名称	匹配度	峰面积/（$\times10^6$）		
				1min	2min	3min
4	11.084	反式-1,2-二溴乙烯	96	4.303	4.371	4.236
5	12.907	顺式-1,2-二溴乙烯	90	9.101	11.342	10.030
6	18.647	苯甲醚	96	7.081	17.714	12.271
7	18.802	4-溴氟苯	95	6.523	12.868	15.148
8	24.922	四乙基铅	91	6.690	10.537	5.888
9	25.422	五氯丙烷	90	3.965	6.267	4.742

6）脱附流速

为确保在吹扫捕集之后获得较好的峰型和较高的分离度，需要选择合适的脱附流速。不同脱附流速对待测物质响应值的影响如表 2-13 所示。当脱附流速为 200mL/min 时，流速相对较低，部分物质解析不完全，出峰响应值较低；脱附流速为 400mL/min 时，出峰峰面积小于脱附流速为 300mL/min 时的峰面积，出峰响应值相对较差。因此，选择脱附流速为 300mL/min。

表 2-13　不同脱附流速对待测物质响应值的影响

序号	保留时间/min	有机物名称	匹配度	峰面积/（$\times10^6$）		
				200mL/min	300mL/min	400mL/min
1	2.369	乙醛	64	1.251	1.171	1.061
2	3.668	丙烯醛	72	1.658	1.859	1.808
3	8.569	氟苯	94	6.450	8.381	5.405
4	11.084	反式-1,2-二溴乙烯	96	4.698	4.371	4.567
5	12.907	顺式-1,2-二溴乙烯	90	10.406	11.342	10.206
6	18.647	苯甲醚	96	12.899	17.714	14.416
7	18.802	4-溴氟苯	95	10.491	12.868	11.067
8	24.922	四乙基铅	91	7.235	10.537	7.393
9	25.422	五氯丙烷	90	4.992	6.267	5.317

3. 校准曲线的建立

绘制校准曲线时，通常选用选择性离子扫描，且采用内标法定量。与外标法相比，内标法的优点为进样量的变化，色谱条件的微小变化对内标法定量的结果影响较小，特别是样品进行前处理过程前加入内标物质，可以补偿待测组分在样品前处理过程中的损失，使定量结果更为准确，适合用于校准曲线的定量分析。

配制浓度分别为 10μg/L、20μg/L、50μg/L、100μg/L、200μg/L、500μg/L、800μg/L 和 1000μg/L 的标准溶液使用选择性离子扫描的方式进行检测。利用内标法进行定量，以各物质与内标物质的色谱峰面积之比作为校准曲线的横坐标，以各标准溶液中目标物质的浓度为校准曲线的纵坐标绘制校准曲线。校准曲线数据如表 2-14 所示，各物质与内标物质峰面积之比与目标物质的浓度的曲线相关性在 0.9941～0.9999 范围内。

表 2-14 线性回归方程及其相关性

序号	有机物	线性方程	R^2
1	乙醛	y=1.9534x–0.0725	0.9996
2	丙烯醛	y=0.6981x+0.0074	0.9999
3	二溴乙烯	y=0.1726x+0.0051	0.9999
4	苯甲醚	y=0.1666x+0.0060	0.9991
5	四乙基铅	y=0.6193x+0.0398	0.9941
6	五氯丙烷	y=1.8391x–0.0322	0.9989

4. 质量控制

1）精密度

利用标准溶液配制的 7 个浓度均为 100μg/L 的混标液平行样，按照优化出来的最佳吹扫捕集和气相色谱-质谱法条件进行分析测试。根据得到的结果，对各目标物的平均质量浓度、标准偏差（SD）和相对标准偏差（RSD）进行计算，计算结果如表 2-15 所示，各目标物质的相对标准偏差值均小于 5%，可见该方法的精密度良好。

表 2-15 方法精密度

化合物	平均值/（mg/L）	标准偏差/（mg/L）	相对标准偏差/%
乙醛	101.7	2.2	2.2
丙烯醛	101.7	3.4	3.4
二溴乙烯	95.4	2.9	3.0
苯甲醚	93.6	4.6	4.9
四乙基铅	96.4	4.6	4.7
五氯丙烷	102.0	4.3	4.2

2）检出限

利用标准溶液配制的 7 个浓度均为 30μg/L 的混标液平行样，按照优化的最佳吹扫捕集和气相色谱-质谱法条件进行检测。对检测结果进行分析并且根据美国 EPA 方法对本试验的方法的检出限进行计算。测定结果如表 2-16 所示，各目标物质的测定下限在 0.7～21μg/L 内。

表 2-16　方法检出限与测定下限　（单位：μg/L）

化合物	LOD	LOQ
乙醛	5.5	18
丙烯醛	3.8	13
二溴乙烯	0.2	0.7
苯甲醚	5.5	18
四乙基铅	0.65	2.2
五氯丙烷	6.3	21

3）加标回收率

根据该废水中目标物质的浓度，分别加入浓度为 0.05mg/L、0.1mg/L 和 0.5mg/L 的混标液，每个浓度做三组平行样，按照优化的最佳吹扫捕集和气相色谱-质谱法条件进行检测，废水的加标回收率见表 2-17。由表 2-17 可知，该方法目标物质的加标回收率在 92.1%～101%之间。

表 2-17　加标回收率　（单位：%）

化合物	加标回收率			平均值
	0.05mg/L	0.1mg/L	0.5mg/L	
乙醛	107	102	94.8	101
丙烯醛	88.5	98.5	99.6	95.5
二溴乙烯	105	95.2	100	100
苯甲醚	101	92.5	91.7	95.1
四乙基铅	89.0	96.0	91.2	92.1
五氯丙烷	103	98.5	93.4	98.3

2.2.4 小结

本节通过预处理操作条件的优化，气相色谱与质谱条件的优化，建立了吹扫捕集/气相色谱-质谱法检测石化废水中五氯丙烷、二溴乙烯、乙醛、丙烯醛、苯甲醚和四乙基铅六种挥发性有机特征污染物的检测方法。

本方法的操作条件为①吹扫捕集最佳条件：室温条件下，吹扫流速为100mL/min，吹扫时间为11min，干吹时间为1min，脱附温度为190℃，脱附时间为2min，脱附流速为300mL/min，烘烤温度为200℃，烘烤时间为6min。②气相色谱-质谱最佳条件：色谱柱为DB-624毛细管色谱柱（30m×0.250mm×1.40μm），进样口温度为220℃，分流比为10∶1，升温程序为35℃保持2min→5℃/min→120℃→10℃/min→220℃保持2min，质谱四极杆温度150℃，离子源温度230℃，扫描范围 *m/z* 为33～350amu。

采用吹扫捕集/气相色谱-质谱法对石化废水中六种挥发性有机特征污染物进行定性分析与定量分析。各目标物质在线性范围内的线性关系良好，R^2 在0.9941～0.9999范围内；该方法检测石化废水中挥发性有机特征污染物的相对标准偏差均小于5%；方法的测定下限为0.7～21μg/L；加标回收率在92.1%～101%范围内。

2.3 丙烯酸检测方法

2.3.1 研究进展

国内学者多采用离子色谱法、液相色谱法检测水中的丙烯酸，其中离子色谱法居多。

谢永洪等（2011）建立了离子色谱电导同时检测水中甲酸、乙酸、丙烯酸和氯乙酸的方法。当采用1.0mL/min、1mmol/L KOH淋洗液梯度洗脱时，可实现水样中甲酸、乙酸、丙烯酸和氯乙酸的同时检测；乙酸、甲酸、丙烯酸和氯乙酸的线性范围分别为0.01～10.0mg/L、0.01～20.0mg/L、0.01～20.0mg/L和0.01～20.0mg/L，检出限分别为0.003mg/L、0.002mg/L、0.003mg/L和0.004mg/L，加标回收率为96%～117%。

宋俊密等（2016）开发了液相色谱法和离子色谱法分别检测地表水中丙烯酸的检测方法。经比较两种方法虽各具优势，但均能将水样中的丙烯酸很好地分离，前处理简便，有良好的线性、精密度和回收率，且两种方法对同一水样的检测结果基本一致。

薛锐（2015）建立了直接进样、电导检测工业废水中丙烯酸的方法。常规阴离子对该方法无干扰，丙烯酸的检出限为 0.02mg/L，样品加标回收率为 94.6%～103.8%。

本节通过色谱条件优化、干扰消除、质量控制研究，建立用离子色谱检测石化水中丙烯酸的方法。因乙酸、丙酸为石化废水中常见有机酸，故本方法在开发的同时包括了乙酸、丙酸检测方法。

2.3.2　材料与方法

1. 仪器与试剂

1）仪器

美国戴安公司 ICS-1000 离子色谱仪，含电导检测器、色谱工作站；辅助气体：高纯氮气，纯度 99.99%。

离子色谱仪参数为色谱柱：IonPac AS11-HC Analytical Column（4mm × 250 mm，用来分析复杂样品中大量的无机阴离子和有机酸阴离子）；电导检测器池温度：25℃；进样器加压：0.3MPa；流动相瓶加压：30kPa；进样体积：25μL；阴离子抑制器：Dionex AERS500；色谱柱温度、淋洗液浓度、淋洗液流速条件经优化研究而定。

2）主要试剂

主要试剂包括：乙酸钠（>99.0%）、丙酸（>99.0%）、丙烯酸（>99.5%）、50% NaOH 溶液（色谱级）。

2. 样品预处理

样品经 0.45μm 滤膜过滤后直接进样。

3. 色谱优化条件

Dionex IonPac AS11-HC（4mm×250mm）型阴离子分离柱；IonPac AS11-HC 型保护柱，进样量为 20μL，NaOH 淋洗液浓度为 5mmol/min，流速为 1mL/min；阴离子分离柱柱温为 30℃；抑制器电流为 13mA，电解池温度为 30℃。

4. 标准溶液配制

混合标准溶液：称取乙酸钠 2.0g，丙酸和丙烯酸分别移取 1007μL 和 951μL，用超纯水溶解后，定容在 1000mL 容量瓶中。该混合标准溶液中乙酸根的浓度为 2000mg/L，丙酸根和丙烯酸根的浓度均为 1000mg/L。

系列混合标准溶液：逐级稀释成一系列混合标准溶液，丙酸和丙烯酸的浓度为 0.5mg/L、1.0mg/L、2.0mg/L、5.0mg/L、10.0mg/L、15.0mg/L、20.0mg/L，乙酸根的浓度为 1.0mg/L、2.0mg/L、4.0mg/L、10.0mg/L、20.0mg/L、30.0mg/L、40.0mg/L。临用现配。

5. 质量控制

1）加标回收率

取实际水样 10mL，分别加入水样中组分浓度 0.8 倍、1.0 倍和 1.2 倍的单标标准溶液，将加标后的水样预处理后直接进行分析，根据测量值计算加标回收率。

2）精密度

用混合标准溶液配制 7 个平行标准混合试样，其中丙酸和丙烯酸质量浓度均为 5.0mg/L，乙酸根的质量浓度为 10.0mg/L，按最优色谱条件进行检测分析。根据测定结果计算各组分浓度的相对标准偏差（RSD），当各组分多次检测的相对标准偏差均小于 5%时，则该方法的精密度良好，符合分析要求。

3）方法检出限

用混合标准溶液配制 7 个平行标准混合试样，其中丙酸和丙烯酸质量浓度均为 5.0mg/L，乙酸根的质量浓度为 10.0mg/L，按最优色谱条件进行检测分析。

2.3.3 结果与讨论

1. 离子色谱条件优化

1）淋洗液浓度

淋洗液的浓度影响离子交换平衡和离子的保留时间。对乙酸、丙酸、丙烯酸同时进行检测则需选择合适浓度的淋洗液。不同淋洗液浓度下的离子色谱图如图 2-20 所示，出峰顺序分别为乙酸、丙酸、丙烯酸，20mmol/L 和 30mmol/L 的 NaOH 淋洗液浓度较高，使得出峰较近的乙酸和丙酸表现为合峰，表明淋洗液浓度越高，溶质离子的洗脱时间越短，色谱峰面积相应减小。而 10mmol/L 的 NaOH

淋洗液虽然三个峰都能分开，但是峰之间距离较近，很容易发生峰叠加的情况，不利于样品定量。而5mmol/L的NaOH淋洗液，三个峰之间都分得开且峰之间的距离适于样品定量，因此，NaOH淋洗液浓度选择5mmol/L。

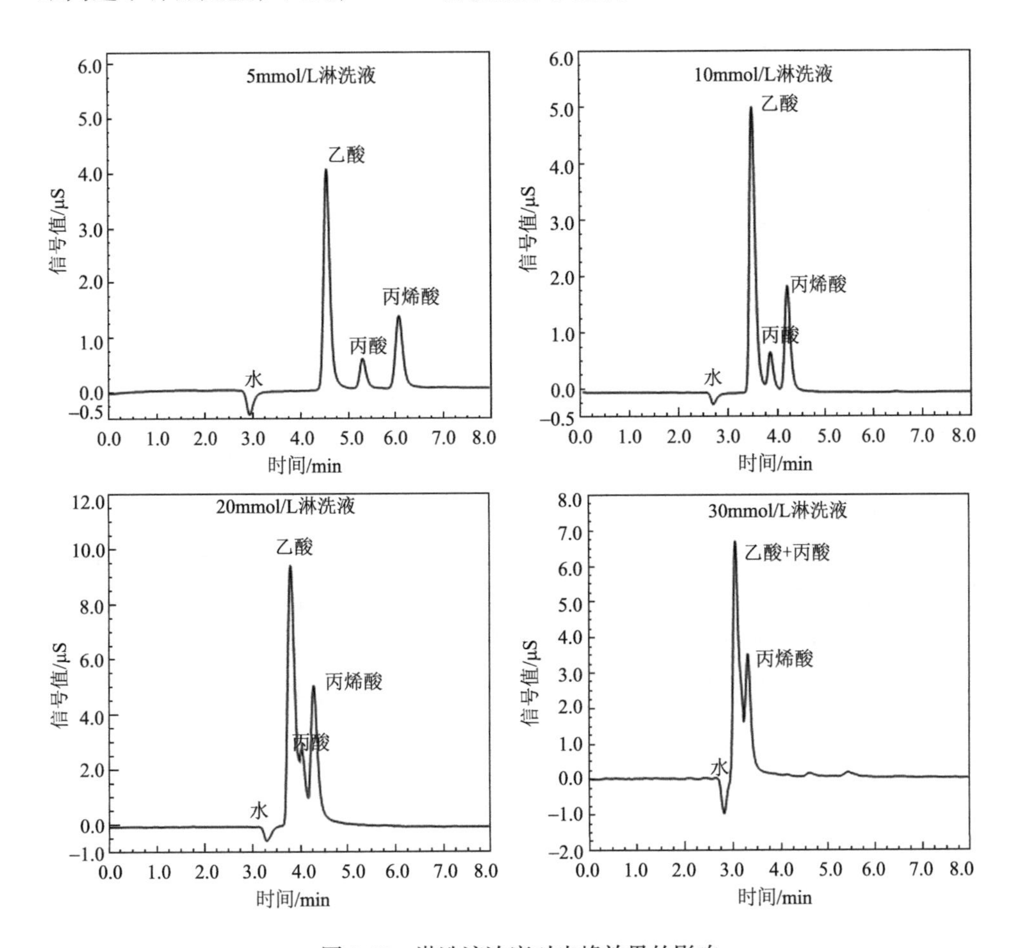

图2-20　淋洗液浓度对出峰效果的影响

2）淋洗液流速

不同淋洗液流速条件下的色谱图如图2-21所示。随着NaOH淋洗液流速越高，峰面积越小，出峰时间越早，分离度越差。淋洗液流速过高会使泵压力升高，降低色谱柱寿命；淋洗液流速过低致使出峰时间较长，且对抑制器不利。淋洗液的流速不仅影响保留时间，还对响应值和分离度有较大影响。综合考虑，选择淋洗液流速为1.0mL/min。

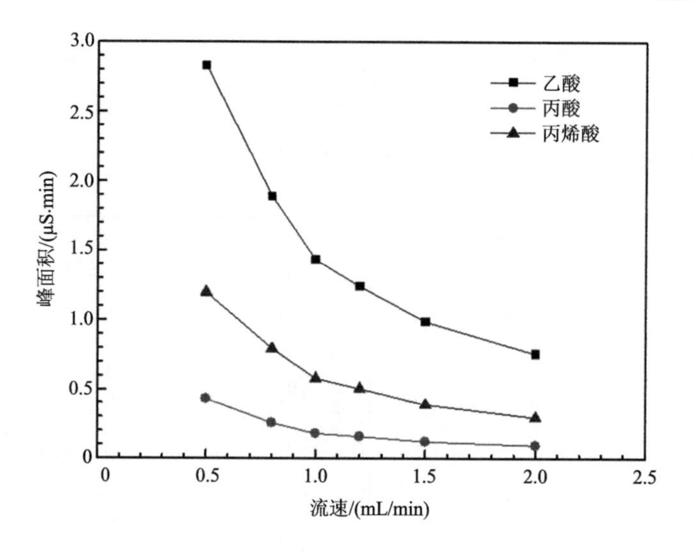

图 2-21　淋洗液流速对出峰效果的影响

3）柱温

阴离子分离柱柱温变化如图 2-22 所示。当淋洗液流速为 1mL/min，抑制器电流为 13mA，电解池温度为 32℃时，随着柱温升高，三种酸的保留时间均向后偏移，峰面积均逐渐增大，说明柱温越高，柱效越好。但是高温对阴离子分离柱的寿命不利，且峰面积增大的幅度很小，因此，选择柱温为 40℃。

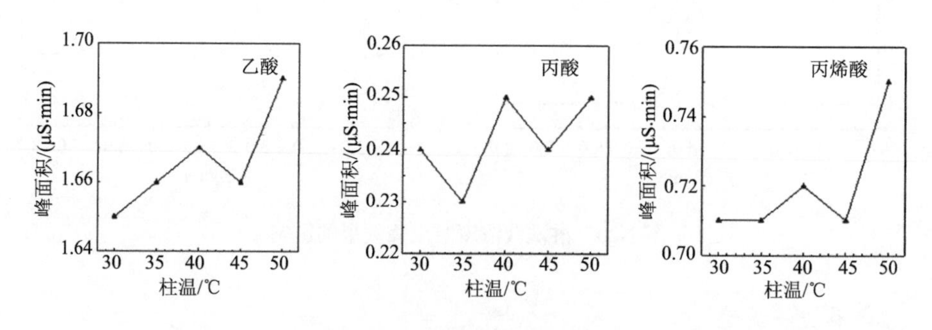

图 2-22　柱温对出峰效果的影响

4）抑制器电流

抑制器的作用效果有降低流动相的背景电导值，同时增加被测物的响应值。抑制器电流的优化有利于提高被测物的响应值以增大分离度。

抑制器电流的变化基本不影响保留时间。如图 2-23 所示，在电解池调节的温度范围内，随着抑制器电流的增大，峰面积逐渐增大。但是抑制器电流越大，基线的稳定性越差，影响检出下限，同时对抑制器的抑制膜有害，故选择 13mA 较利于样品中三种有机酸的检测。

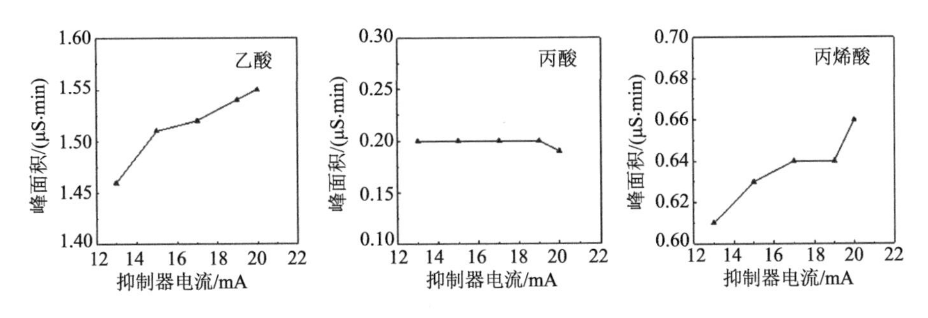

图 2-23　抑制器电流对出峰效果的影响

5）电解池温度

温度严重影响电解率，设置电解池的优化温度为 30℃、31℃、32℃、33℃、34℃，测定结果如图 2-24 所示。由图可知，电解池的温度变化与峰面积之间没有线性相关性。当电解池温度为 31℃时，乙酸、丙酸、丙烯酸的峰面积均达到最大，因此，选择电解池温度为 31℃。

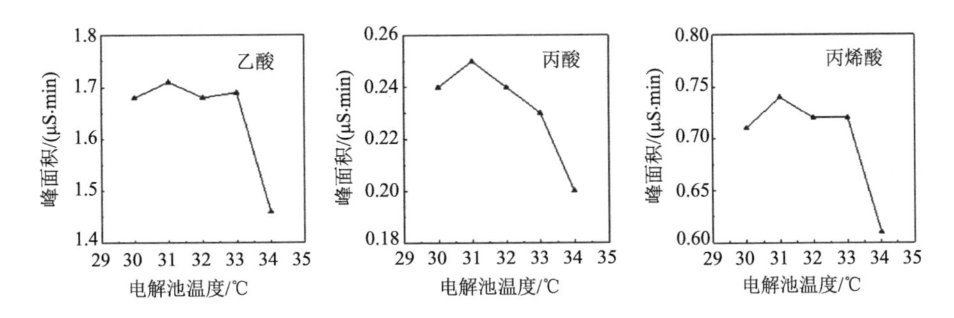

图 2-24　电解池温度对出峰效果的影响

6）无机离子干扰

在样品中加入 Cl^-、NO_2^-、SO_4^{2-}三种无机离子，经预处理后进行检测，来确定废水中可能存在的三种无机离子对有机酸的出峰是否有影响，测定结果如图 2-25 所示。由图可知，这三种无机离子不影响乙酸、丙酸、丙烯酸这三种酸的分离出峰。

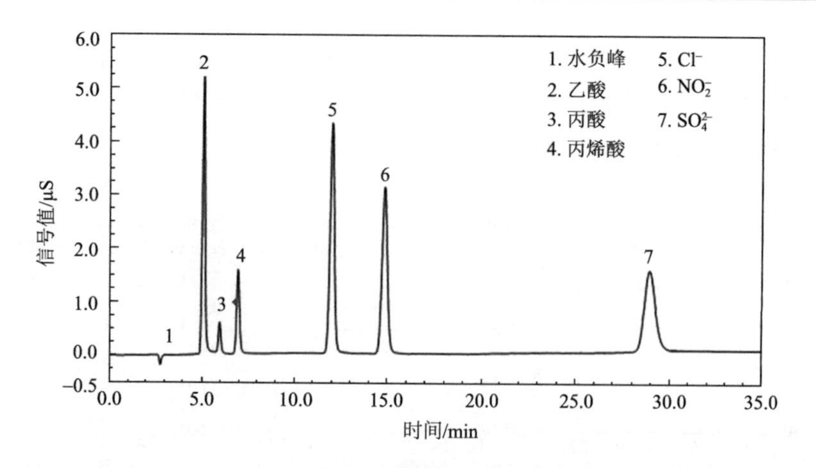

图 2-25　无机离子对丙烯酸等检测的影响

2. 校准曲线

将一系列低浓度混合标准溶液，按最优离子色谱条件进样，并进行分析，以峰面积 y 对浓度 x 进行线性拟合，得到的线性回归方程见表 2-18。

表 2-18　三种酸的线性方程和相关系数

化合物	校准曲线	相关系数
乙酸	$y = 0.0575x + 0.0235$	0.9994
丙酸	$y = 0.0674x – 0.0074$	0.9999
丙烯酸	$y = 0.0711x – 0.0241$	0.9994

在线性范围内，乙酸、丙酸、丙烯酸的峰面积与浓度的线性相关性 R^2 分别为 0.9994、0.9999、0.9994；峰面积与浓度的线性相关性 R^2 均大于 0.999，线性相关性良好。因此，选择峰面积与浓度的线性公式进行样品定量分析。

3. 质量控制

1）精密度

根据测定结果计算三种酸根浓度的相对标准偏差，如表 2-19 所示，乙酸、丙酸和丙烯酸的峰面积相对标准偏差均小于 0.3%，精密度良好。

表 2-19　方法精密度

化合物	平均值/（mg/L）	标准偏差/（mg/L）	相对标准偏差/%
乙酸	4.83	0.014	0.13
丙酸	4.92	0.009	0.19
丙烯酸	4.89	0.013	0.29

2）检出限

采用混合标准溶液配制 7 个平行标准混合试样，其中丙酸和丙烯酸质量浓度均为 5.0mg/L，乙酸质量浓度为 10.0mg/L，按最优色谱条件进行检测，计算出的检出限结果如表 2-20 所示，乙酸、丙酸、丙烯酸的检出限（LOD）为 0.03～0.04mg/L，测定下限（LOQ）为 0.12～0.16mg/L。

表 2-20　方法检出限与测定下限　（单位：mg/L）

化合物	LOD	LOQ
乙酸	0.04	0.16
丙酸	0.03	0.12
丙烯酸	0.04	0.16

3）加标回收率

采用实际废水加标测定加标回收率。按最优色谱条件进样，测定样品中乙酸、丙酸、丙烯酸浓度。将样品进行预处理，在样品中加入 0.8 倍、1.0 倍、1.2 倍样品浓度的三种酸，稀释后再次进行检测，根据测定结果进行加标回收率的计算。如表 2-21 所示，乙酸、丙酸、丙烯酸的加标回收率在 97.7%～101%之间。

表 2-21　加标回收率　（单位：%）

化合物	加标回收率			平均值
	5mg/L	10mg/L	15mg/L	
乙酸	95.6	97.9	99.6	97.7
丙酸	100.6	98.2	96.6	98.5
丙烯酸	98.7	99.5	103.0	101

2.3.4 小结

本节通过对离子色谱条件进行优化，建立了离子色谱法检测丙烯酸的方法。最优色谱条件：NaOH 淋洗液浓度为 5mmol/L，流速为 1.0mL/min；阴离子分离柱柱温为 40℃；抑制器电流为 13mA；电解池温度为 31℃。乙酸、丙酸、丙烯酸的校准曲线线性良好，R^2 分别为 0.9994、0.9999、0.9994；七次检测的相对标准偏差均低于 0.3%，测定下限在 0.12～0.16mg/L 内；加标回收率在 97.7%～101%之间。该方法灵敏度高、准确性好、操作简单。

2.4 环烷酸检测方法

环烷酸并不是单一化合物，而是有宽沸程范围、结构复杂的羧酸混合物的总称，其存在于环烷基原油和中间基中，主要集中在原油 200～420℃馏分范围内。环烷酸含有 n 个不同的饱和环，其分子式为 $C_nH_{2n+z}O_2$，其中 n 表示碳原子的个数，z 为–2，–4，…，–12 时，依次表示环烷酸分子中一个、两个或者六个饱和环。当 $z=-2$ 时，环烷酸为只含有一个饱和环的羧酸。在石油废水中一元环烷酸较为常见，其中以环戊甲酸、环己甲酸、环己乙酸、环己丙酸、环己丁酸作为典型环烷酸。

环烷酸难挥发、难降解，使得环烷酸废水处理难度大。环烷酸对水中的多种生物和植物造成有害的影响。近几年随着石化行业的发展，石化行业普遍面临着环烷酸污水难处理的问题，大部分炼油厂将未处理的环烷酸废水排放到环境中，其中环烷酸的含量一般在 100mg/L 左右，从而造成环境污染。

2.4.1 研究进展

目前，国内外环烷酸检测方法方面鲜有报道，包括液相色谱法、GC-MS 法，这两种方法主要是需要利用衍生剂将环烷酸中的羧基进行衍生化处理，其过程烦琐，衍生化时间一般为 1～2h，检测周期长。由于环烷酸属于有机酸类，而离子色谱法作为有机酸的快速检测方法被大量用于各种有机酸的检测。

离子色谱法原理主要是通过具有电荷功能的固定相和离子之间的静电作用，根据固定相与不同离子之间静电作用的差异性，不同离子的流动相洗脱时间不同，使得各离子进入检测器的时间不同，从而达到分离的目的。离子色谱法可同时检测不同种类的阳离子和阴离子，且具有灵敏度高、选择性好、分析快速的优点，从而得到广泛应用。潘丙珍等（2013）建立了离子色谱法检测酒类有机酸的方法。将有机酸用水稀释后，用0.45μm滤膜过滤，用于离子色谱法检测；在IonPac AS11阴离子柱、梯度洗脱、淋洗液为KOH、ASRS300型电导检测器条件下，11种有机酸的测定结果具有良好的线性范围，相关系数为0.99～0.9997；准确度好、精密度高，回收率为80%～120%，相对标准偏差在5.0%以下；检出限为0.015～0.152mg/L。刘静等（2012）建立了检测丹参中有机酸的离子色谱法。在IonPac AS11-HC型色谱柱、梯度洗脱、淋洗液为KOH、采用电导检测器的检测条件下，对5种有机酸有较好的分离效果，线性关系良好，相关系数为0.9996～0.9999，回收率为90%～105%。

综上所述，针对有机酸的检测多采用GC-MS法或离子色谱法，GC-MS法需要复杂的前处理过程，且样品回收率低，而离子色谱法无需样品前处理，操作简单、快速，而被广泛用于甲酸等有机酸的检测。本书以环戊甲酸、环己甲酸、环己乙酸、环己丙酸和环己丁酸5种典型环烷酸为研究对象，建立5种环烷酸同时检测的离子色谱法。

2.4.2　材料与方法

1. 仪器和试剂

1）仪器

美国戴安公司ICS-1000离子色谱仪，含电导检测器、色谱工作站；辅助气体：高纯氮气，纯度99.99%。

离子色谱仪参数为色谱柱：IonPac AS11-HC Analytical Column（4mm×250mm，用来分析复杂样品的无机阴离子和有机酸阴离子）；电导检测器池温度：25℃；进样器加压：0.3MPa；流动相瓶加压：30kPa；进样体积：25μL；阴离子抑制器：Dionex AERS500；色谱柱温度、淋洗液浓度、淋洗液流速条件经优化研究而定。

2）主要试剂

主要试剂包括：环戊甲酸（>99.5%）、环己甲酸（>98%）、环己乙酸（>97%）、环己丙酸（>98%）、环己丁酸（>98%）、丙酮（色谱纯）、异丙苯（色谱纯）、苯甲醛（色谱纯）、苯酚（色谱纯）。

2. 样品储备液的配制和保存方法

1）标准储备液的配制

准确量取环戊甲酸、环己甲酸、环己乙酸、环己丙酸和环己丁酸标准品各100.0mg，分别用甲醇定容到100mL，配制成1000mg/L环戊甲酸、环己甲酸、环己乙酸、环己丙酸和环己丁酸的标准储备液，将配制好的5种储备液置于4℃冰箱中，可保存一个月。

2）混合标准储备液

分别取1.0mL环戊甲酸标准储备液、环己甲酸标准储备液、环己乙酸标准储备液、环己丙酸标准储备液、环己丁酸标准储备液，用甲醇定容到10mL，配制成100mg/L的混合标准溶液。

2.4.3 结果与讨论

1. 典型环烷酸的检测

在进样量为20μL、NaOH淋洗液浓度为10mmol/L、温度为30℃、流速为1mL/min的条件下，对10mg/L混合标准溶液进行检测，5种环烷酸的色谱图见图2-26。

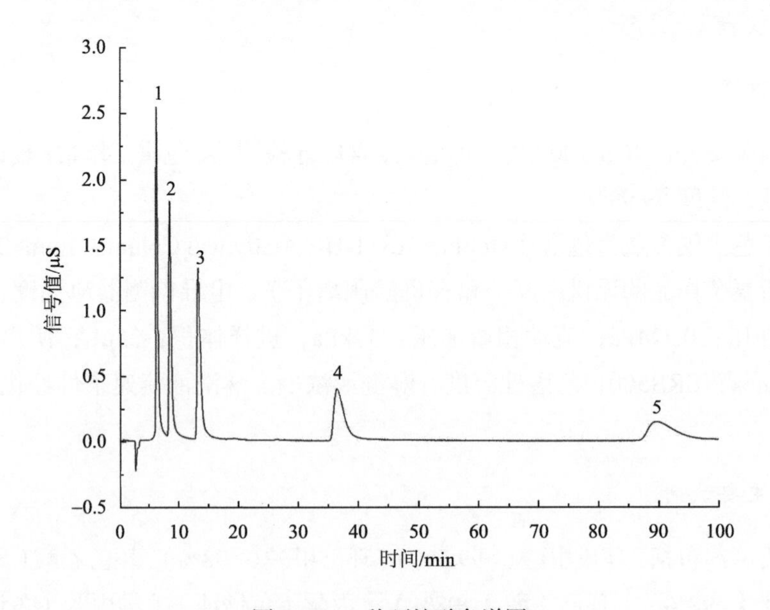

图2-26 5种环烷酸色谱图

1. 环戊甲酸；2. 环己甲酸；3. 环己乙酸；4. 环己丙酸；5. 环己丁酸

由图 2-26 可知，5 种有机酸出峰顺序分别为环戊甲酸、环己甲酸、环己乙酸、环己丙酸、环己丁酸，出峰时间分别为 6.290min、8.463min、13.093min、35.543min、86.893min。表明采用离子色谱法可同时检测环戊甲酸、环己甲酸、环己乙酸、环己丙酸、环己丁酸。

2. 无机离子影响

采用阴离子交换柱，无需考虑阳离子影响。在水样中分别加入氯离子、氟离子、硝酸根离子、硫酸根离子等石化废水中常见阴离子，考察水中常见阴离子对 5 种有机酸检测的影响。在进样量为 20μL、NaOH 淋洗液浓度为 10mmol/L、温度为 30℃、流速为 1mL/min 的条件下，样品溶液中各物质出峰情况见图 2-27。

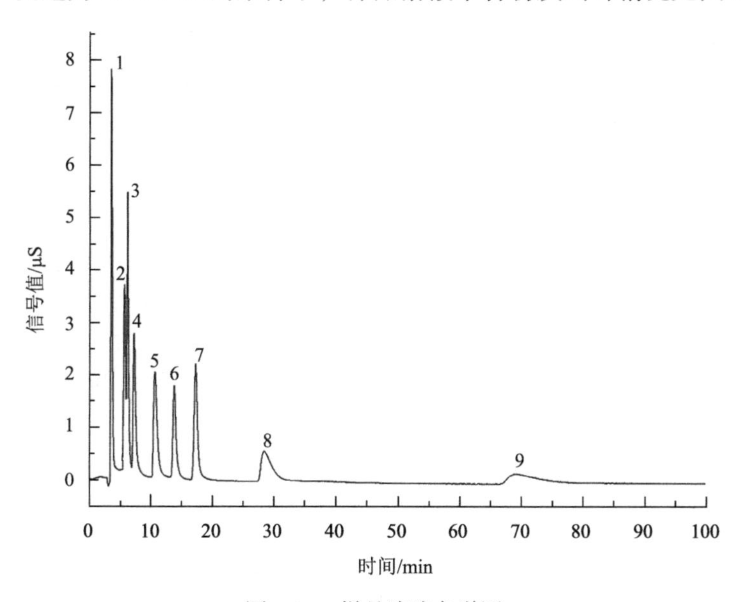

图 2-27　样品溶液色谱图

1. 氟离子；2. 环戊甲酸；3. 氯离子；4. 环己甲酸；5. 环己乙酸；6. 硝酸根离子；7. 硫酸根离子；8. 环己丙酸；9. 环己丁酸

由图 2-27 可知，各物质出峰顺序依次为氟离子、环戊甲酸、氯离子、环己甲酸、环己乙酸、硝酸根离子、硫酸根离子、环己丙酸、环己丁酸。其中环戊甲酸、环己甲酸、环己乙酸、环己丙酸、环己丁酸出峰时间依次为 5.51min、6.86min、10.35min、27.66min、66.95min。表明废水中常见无机阴离子的出峰时间可与 5 种环烷酸分开，为使所建方法条件达到最佳，后续研究将对色谱柱温度、淋洗液浓度、淋洗液流速条件进行优化。

3. 有机物的影响

炼油废水中含有醇类、酚类、醛类、酮类和苯系物等多种复杂有机物，本书在醇类、酚类、醛类、酮类和苯系物中分别选择一种代表性的物质（分别为甲醇、苯酚、苯甲醛、丙酮和异丙苯），考察废水中典型有机物对离子色谱法检测环戊甲酸、环己甲酸、环己乙酸、环己丙酸和环己丁酸的影响。在进样量为 20μL、温度为 30℃、NaOH 淋洗液浓度为 10mmol/L、流速为 1.0mL/min 条件下，分别检测 10mg/L、30mg/L、50mg/L 的样品溶液，其色谱图见图 2-28。

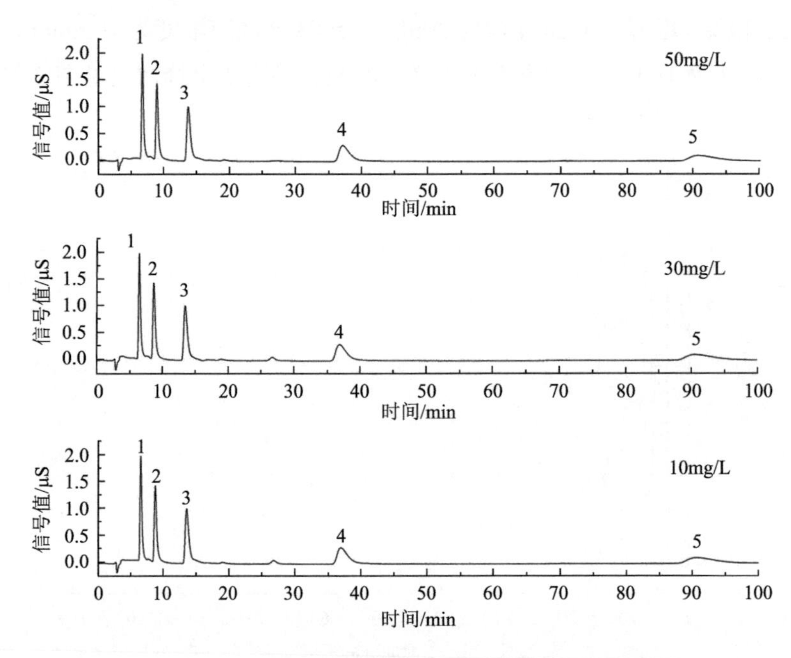

图 2-28　有机物对 5 种环烷酸的影响的色谱图

1. 环戊甲酸；2. 环己甲酸；3. 环己乙酸；4. 环己丙酸；5. 环己丁酸

由图 2-28 可知，当样品中有机物浓度变化时，环戊甲酸、环己甲酸、环己乙酸、环己丙酸和环己丁酸的出峰时间和峰面积几乎不变，由此可知，废水中典型有机物对 5 种环烷酸的检测几乎没有影响。

4. 离子色谱条件优化

1）淋洗液浓度的选择

根据色谱柱类型，本书采用氢氧化钠溶液为淋洗液，考察不同淋洗液浓度对各环烷酸出峰时间的影响。在进样量为 20μL，温度为 30℃，淋洗液流速为 1mL/min，淋洗液浓度分别为 5mmol/L、10mmol/L、15mmol/L、20mmol/L、30mmol/L 的条件下，各环烷酸出峰时间随淋洗液浓度变化情况如图 2-29 所示。

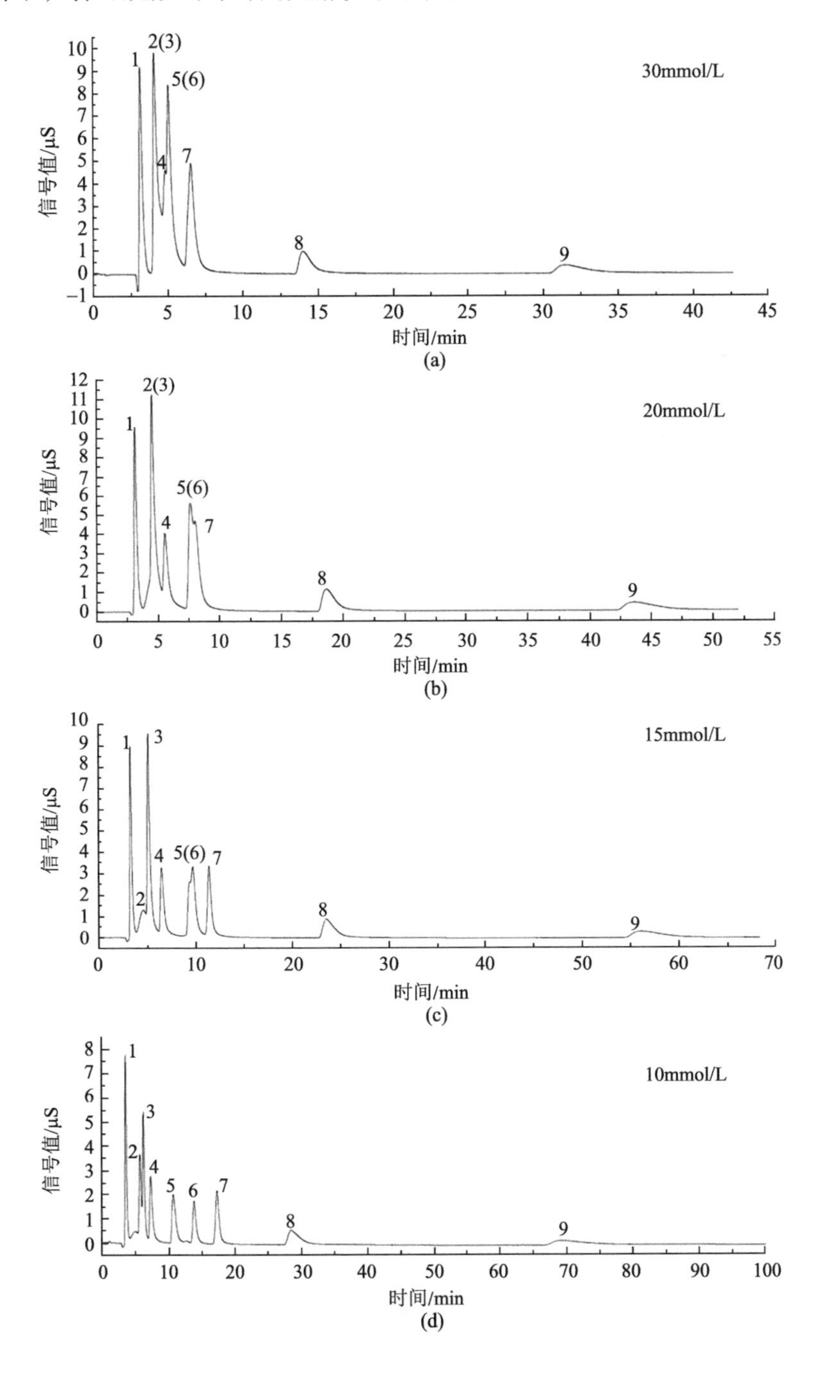

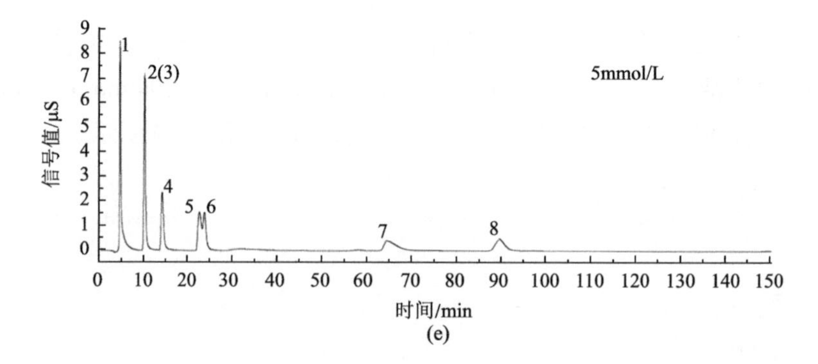

(e)

图 2-29 不同淋洗液浓度下 5 种环烷酸的色谱图

1. 氟离子；2. 环戊甲酸；3. 氯离子；4. 环己甲酸；5. 环己乙酸；
6. 硝酸根离子；7. 硫酸根离子；8. 环己丙酸；9. 环己丁酸

由图 2-29 可知，淋洗液浓度降低，各阴离子分离度提高，出峰时间延长，淋洗液浓度对各阴离子的分离度和出峰时间影响较大。综合考虑环戊甲酸、环己甲酸、环己乙酸、环己丙酸和环己丁酸的分离度和出峰时间，确定淋洗液浓度为 10mmol/L。

2）色谱柱温度的选择

在进样量为 20μL，NaOH 淋洗液浓度为 10mmol/L，淋洗液流速为 1mL/min，色谱柱温度分别为 45℃、40℃、35℃、30℃、15℃条件下，各环烷酸出峰时间随色谱柱温度变化情况如图 2-30 所示。

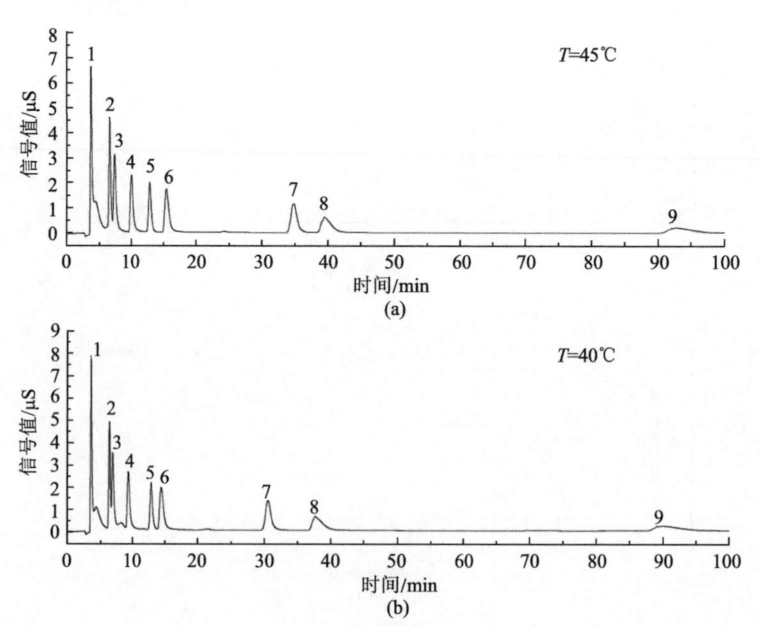

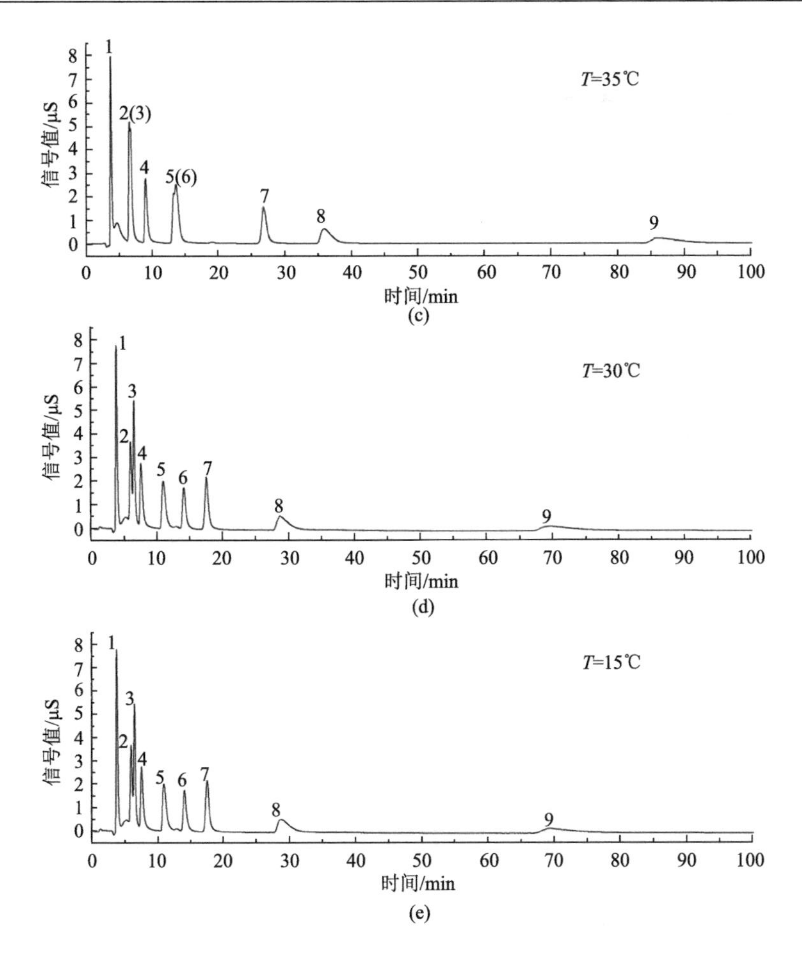

图2-30　不同色谱柱温度下5种环烷酸的色谱图

1. 氟离子；2. 环戊甲酸；3. 氯离子；4. 环己甲酸；5. 环己乙酸；
6. 硝酸根离子；7. 硫酸根离子；8. 环己丙酸；9. 环己丁酸

由图2-30可知，色谱柱温度降低，5种环烷酸出峰时间缩短，故色谱柱温度影响阴离子的分离度和出峰时间。综合考虑环戊甲酸、环己甲酸、环己乙酸、环己丙酸和环己丁酸的分离度和出峰时间，确定色谱柱温度为15℃。

3）淋洗液流速的选择

在进样量为20μL，温度为15℃，NaOH淋洗液浓度为10mmol/L，淋洗液流速分别为2.0mL/min、1.8mL/min、1.5mL/min、1.2mL/min、1.0mL/min和0.8mL/min的条件下，各环烷酸出峰时间随淋洗液流速变化情况如图2-31所示。

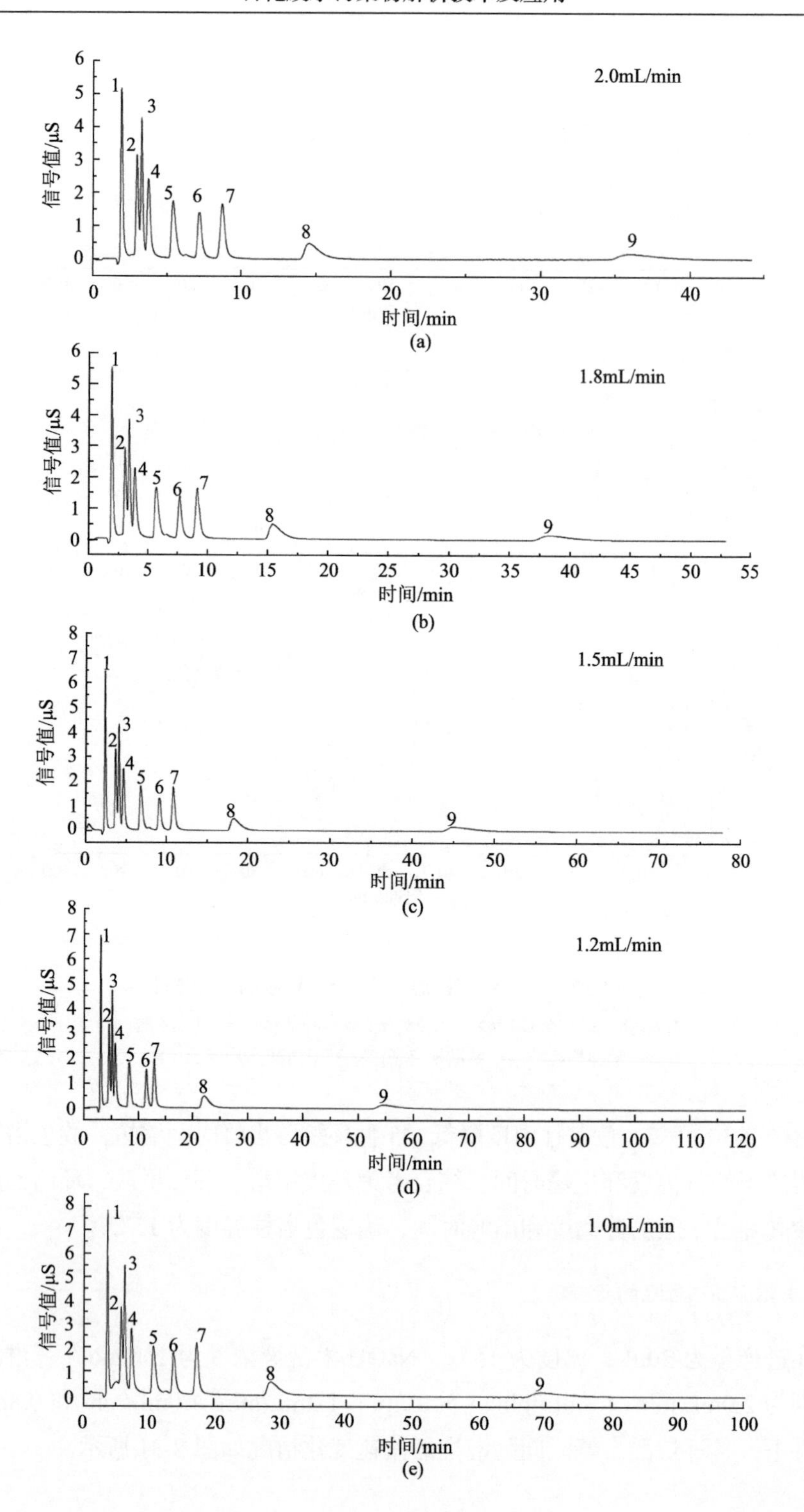

2.0mL/min
信号值/μS
时间/min
(a)
1.8mL/min
信号值/μS
时间/min
(b)
1.5mL/min
信号值/μS
时间/min
(c)
1.2mL/min
信号值/μS
时间/min
(d)
1.0mL/min
信号值/μS
时间/min
(e)

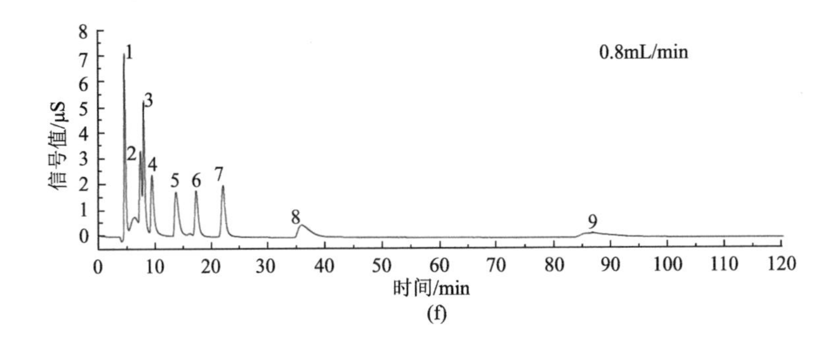

(f)

图 2-31　不同淋洗液流速下 5 种环烷酸的色谱图

1. 氟离子；2. 环戊甲酸；3. 氯离子；4. 环己甲酸；5. 环己乙酸；
6. 硝酸根离子；7. 硫酸根离子；8. 环己丙酸；9. 环己丁酸

由图 2-31 可知，淋洗液流速降低，5 种环烷酸出峰时间延长，对其分离度影响较小，故淋洗液流速主要影响阴离子的出峰时间。综合考虑环戊甲酸、环己甲酸、环己乙酸、环己丙酸和环己丁酸的分离度和出峰时间，确定淋洗液流速为 2.0mL/min。

5. 校准曲线的建立

标准溶液的配制：分别取混合标准溶液 2.5mL、2.0mL、1.5mL、1.0mL、0.5mL 和 0.1mL 于 10mL 容量瓶中，用超纯水定容至刻度线，得到不同的标准溶液浓度依次为 25.00mg/L、20.00mg/L、15.00mg/L、10.00mg/L、5.00mg/L、1.00mg/L。

在进样量为 20μL，温度为 15℃，淋洗液浓度为 10mmol/L，流速为 2.0mL/min 的条件下，分别检测浓度为 25.00mg/L、20.00mg/L、15.00mg/L、10.00mg/L、5.00mg/L、1.00mg/L 标准溶液，记录不同浓度对应的峰面积。

5 种环烷酸的色谱峰面积（y）对其质量浓度（x）进行线性回归，校准曲线见图 2-32。

环戊甲酸、环己甲酸、环己乙酸、环己丙酸和环己丁酸的校准曲线线性方程见表 2-22。

由表 2-22 可知，环戊甲酸、环己甲酸、环己乙酸、环己丙酸和环己丁酸的校准曲线线性良好，线性范围在 0～25mg/L 之间。

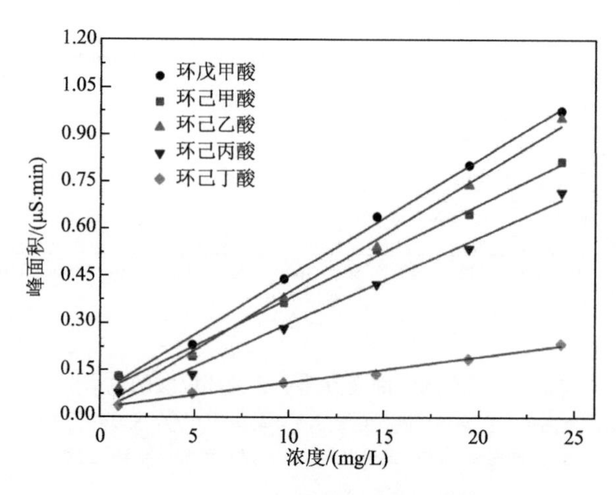

图 2-32　5 种环烷酸的校准曲线图

表 2-22　5 种环烷酸的校准曲线

化合物	线性方程	R^2
环戊甲酸	y=0.0374x+0.0564	0.9974
环己甲酸	y=0.0302x+0.0563	0.9942
环己乙酸	y=0.0371x+0.0065	0.9960
环己丙酸	y=0.0277x+0.0002	0.9922
环己丁酸	y=0.0082x+0.0077	0.9927

6. 质量控制

1）精密度

用标准溶液分别配制 6 个组分质量浓度为 20mg/L 的混标平行样品，在进样量为 20μL、温度为 15℃、淋洗液浓度为 10mmol/L、流速为 2.0mL/min 的条件下，分别进行检测，根据测定结果计算方法精密度。该方法检测 5 种环烷酸的相对标准偏差均小于 3%，表明该检测方法的精密度良好。结果见表 2-23。

表 2-23　方法精密度

化合物	平均值/（mg/L）	标准偏差/（mg/L）	相对标准偏差/%
环戊甲酸	20.59	0.35	1.7
环己甲酸	19.75	0.35	1.8
环己乙酸	20.29	0.33	1.6
环己丙酸	19.89	0.43	2.2
环己丁酸	19.87	0.42	2.1

2）检出限

基于在试验进行分析的相关标准，根据信号的强弱情况，使用信噪比（N）表示最小信号，3N 表示仪器检出限 LOD，9N 表示方法测定下限 LOQ，检出限结果见表 2-24。

$$N=H_n/H \tag{2-2}$$

式中，H_n 为基线噪声（不少于 30min 的基线）；H 为检测离子峰高。

表 2-24　方法检出限与测定下限

化合物	LOD	LOQ
环戊甲酸	8.9	27
环己甲酸	9.6	29
环己乙酸	9.1	27
环己丙酸	32	96
环己丁酸	99	297

3）加标回收率

采用实际废水加标测定加标回收率。依次向实际废水样品中，加入 100mg/L 标准溶液 0.5mL、1mL、1.5mL。在进样量为 20μL，温度为 15℃，淋洗液浓度为 10mmol/L，流速为 2.0mL/min 条件下，进行色谱分析，计算加标回收率。结果表明，5 种环烷酸的加标回收率在 94.3%～97.1%之间，结果见表 2-25。

表 2-25　加标回收率　（单位：%）

化合物	加标回收率			平均值
	5mg/L	10mg/L	15mg/L	
环戊甲酸	97.2	93.4	92.3	94.3
环己甲酸	96.1	103	92.1	97.1
环己乙酸	93.7	94.4	97.5	95.2
环己丙酸	96.3	95.6	92.9	94.9
环己丁酸	95.2	94.6	91.8	93.9

2.4.4　小结

本节通过对离子色谱条件进行优化，建立了离子色谱法同时检测环戊甲酸、环己甲酸、环己乙酸、环己丙酸和环己丁酸 5 种环烷酸的方法。优化色谱条件为进样量 20μL，色谱柱温度 15℃，淋洗液浓度 10mmol/L，淋洗液流速 2.0mL/min。水中常见无机离子、有机物对环戊甲酸、环己甲酸、环己乙酸、环己丙酸和环己丁酸的检测无影响。环戊甲酸、环己甲酸、环己乙酸、环己丙酸和环己丁酸的方法测定下限分别为 27μg/L、29μg/L、27μg/L、96μg/L 和 297μg/L，相对标准偏差均小于 3%，加标回收率在 94.3%～97.1%之间。该方法灵敏度高、准确性好、操作简单，可作环烷酸的检测方法。

2.5　戊二醛检测方法

2.5.1　研究进展

戊二醛是一种高效杀菌消毒剂、组织固化剂、蛋白质交联剂和优良的鞣革剂，广泛应用于制革工业、食品、微生物工业、石油开采以及有机合成等领域。

戊二醛具有明显的黏膜毒性和皮肤刺激性，接触戊二醛的人员可出现不同程度的喷嚏、头痛、流泪、皮疹和慢性咳嗽。它对小动物有突变异种作用，因此被视为致癌物。1978 年 9 月美国国家癌症研究所（National Cancer Institute，NCI）对戊二醛的致癌性进行了生物检查。目前，英国健康有害物质管理条例将戊二醛列为管控的化学物质，对于必须暴露于戊二醛工作环境中的职业，其安全接触浓度为 0.2mg/m^3。欧盟日用消费品生态标签中，戊二醛被列为禁止使用的有毒或有害物。

有关戊二醛的检测方法的研究较多，主要有分光光度法、气相色谱法、液相色谱法等。

1. 分光光度法

目前，国内对戊二醛的检测报道中，使用紫外-可见分光光度计的检测方法最为常见。王岩和高勇（2005）在 234nm 波长下、张进东和张海军（1993）在 281.60nm 波长下，使用紫外分光光度法检测戊二醛消毒液含量。结果表明，戊二醛溶液浓度在一定范围内与吸收度有良好的线性关系，该法回收率较好，相对偏差较小，在酸性条件下影响较小，但碱性条件下影响较大。也有学者建立了利用戊二醛在一定条件下与其他物质反应后，再使用紫外-可见分光光度计进行检测的方法。结果表明，一定范围内线性良好且灵敏度高，可排除其他杂质的干扰，测定下限可达

2μg/mL 水平。分光光度法检测戊二醛方便迅速，仪器较为常见，操作比较简单。

2. 气相色谱法

目前有报道使用气相色谱法对戊二醛含量进行检测。韩津生等（2003）利用气相色谱仪检测消毒液中的戊二醛。结果显示，该方法选择性强，灵敏度高，操作简便，分析速度快，样品不经分离可直接测定。杨德红等（2000）用气相色谱法检测合成样品中的戊二醛，用气相色谱法对以叔丁醇为溶剂，过氧化氢水溶液一步催化氧化环戊烯制备所得戊二醛的合成样品进行了定性、定量分析。采用PEG-20M 的毛细管柱，以丁酸丁酯为内标物，用该法分离各组分，色谱峰的分离度均大于 2，其相对误差在±2%以内。该方法具有快速、准确、干扰少、样品不经前处理可直接进样等优点。但是，该方法测定下限高，不适宜环境样品中低浓度检测要求。

3. 液相色谱法

宋新和董连杰（2004）利用高效液相色谱法快速检测戊二醛消毒液的含量，也取得满意的结果。对 2%戊二醛消毒液样品进行 6 次检测， RSD 为 1.675%，平均回收率达 97.7%。液相色谱法使用的仪器设备相对较为昂贵，对检测人员有一定的要求，但检出限低，准确度和灵敏度较高。

本书采用使用最普遍、操作最简单、最经济的分光光度法，建立了石化废水中戊二醛的检测方法。

2.5.2　材料与方法

1. 仪器和主要试剂

1）主要仪器

主要仪器包括：紫外-可见分光光度计（N4 型）、超纯水仪（Mili-Q 型）、分析天平（XS105 Dual Range 型）。

2）主要试剂

主要试剂包括：戊二醛标准溶液（50%）、酚试剂（MBTH，分析纯）、硫酸高铁铵（分析纯）。

2. 溶液的配制

戊二醛标准储备液（5000mg/L）：精确量取 50%戊二醛标准溶液 0.95mL 于 100mL 容量瓶中并定容，研究表明，浓度在 20%以上的戊二醛溶液稀释时结构会发生变化，因此此标准储备液需放置 30min 后使用。

戊二醛标准应用液（10mg/L）：取 2mL 戊二醛标准储备液于 1000mL 的容量瓶中并定容。

MBTH 溶液配制：精确称取 0.1g MBTH 于 100mL 容量瓶中并定容，现配现用。

硫酸高铁铵溶液配制：精确称取 1.0g 硫酸高铁铵于 100mL 烧杯中，用 50.0mL 0.10mol/L 的盐酸溶解，然后转移至 100mL 容量瓶中稀释并定容至刻度线。

3. 试验方法

取戊二醛标准应用液 5.0mL 于 25mL 具塞比色管中；加入 5.0mL MBTH 溶液，于 30℃水浴恒温振荡器中静置 15min，其间摇晃 2 次；再加入 4.5mL 硫酸高铁铵溶液，定容至刻度线，摇匀，于 40℃水浴恒温振荡器中静置 40min；取出冷却至室温，在波长 604nm 处，以去离子水为空白，用比色皿测其吸光度。

4. 测试方法的性能指标

1）校准曲线

在最佳试验条件下，按照试验方法，加入不同量的戊二醛溶液，经显色后，测定其吸光度。并以戊二醛浓度为横坐标，吸光度值为纵坐标，绘制校准曲线。

2）质量控制

（1）方法的精密度。

向 7 个具塞比色管中添加等量的戊二醛标准应用液，使其中戊二醛浓度均为 0.2mg/L，以最佳试验条件进行测试，利用测定的结果计算待测物质不同组分的相对标准偏差（RSD）。

（2）方法的检出限。

利用该方法能够测定戊二醛的最低浓度，为该方法的检出限。

（3）方法的回收率。

根据采集的石化废水中各物质的实际浓度，向废水中加入不同量的戊二醛标准应用液，使最终戊二醛浓度处于低、中和高三个浓度组，每个加标浓度要进行三组平行样的测试，利用该方法进行测试和分析，得到该方法的加标回收率。

2.5.3　结果与讨论

1. 测试条件的优化

1）吸收波长

移取5.0mL戊二醛标准应用液于25mL具塞比色管中，按照试验方法进行操作，在波长500～700nm范围内测定该戊二醛溶液的吸光度，试验结果如图2-33所示。由图可知，不同波长下测定的戊二醛溶液吸光度不同，在波长604nm处的吸光度最大，因此，选取604nm为该方法的吸光度。

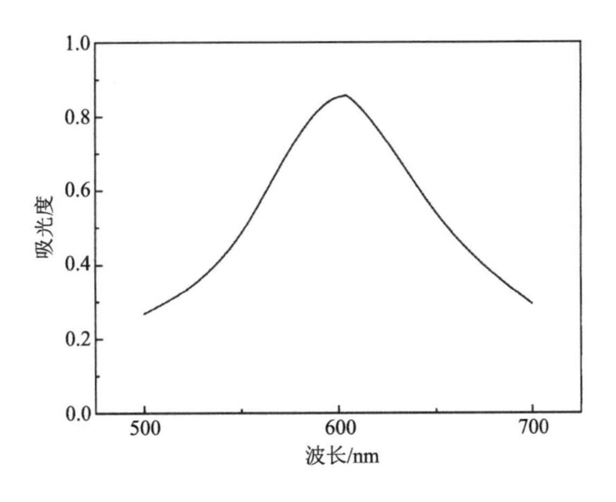

图2-33　戊二醛在波长500～700nm处的吸光度

2）MBTH的用量

取6支25mL具塞比色管，加入10mg/L戊二醛标准应用液5.0mL，按照试验方法，改变MBTH溶液的加入量，然后在波长604nm处，以去离子水为空白，用比色皿测其吸光度，试验结果如图2-34所示。由图可知，MBTH加入量为5mL时，吸光度最大，因此，选择5mL为该方法MBTH的加入量。

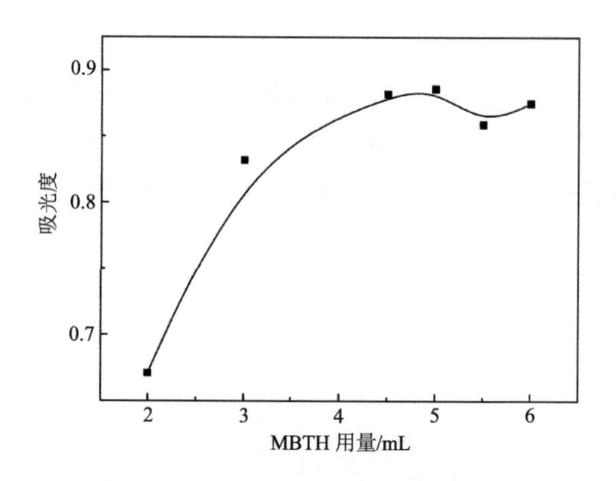

图 2-34　不同 MBTH 用量的吸光度

3）硫酸高铁铵用量

取 7 支 25mL 具塞比色管，分别加入戊二醛标准应用液 5.0mL，按照试验方法，改变硫酸高铁铵溶液的加入量，然后在波长 604nm 处，以去离子水为空白，用比色皿测其吸光度，试验结果如图 2-35 所示。吸光度随硫酸高铁铵溶液量的增加，呈现先增大后减小的趋势，吸光度最大值时的硫酸高铁铵加入量为 4.5mL，因此选择 4.5mL 为该方法的硫酸高铁铵溶液加入量。

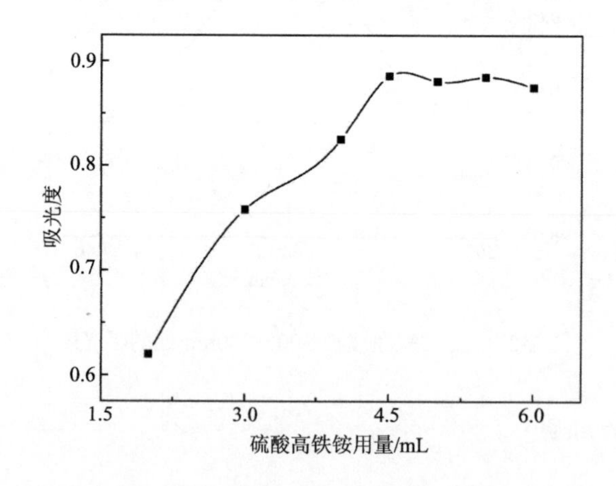

图 2-35　不同硫酸高铁铵用量的吸光度

4）盐酸的用量

取 0.10mol/L 的盐酸 10.0mL、20.0mL、30.0mL、40.0mL、50.0mL、60.0mL、

70.0mL、80.0mL，分别溶解 1.0g 硫酸高铁铵，并转移至 100mL 容量瓶中定容，配成不同酸度的硫酸高铁铵溶液。取 8 支 25mL 具塞比色管，分别加入 10mg/L 的戊二醛标准应用液 5.0mL，按照试验方法，在波长 604nm 处，以去离子水为空白，用比色皿测其吸光度，试验结果如图 2-36 所示。由图可知，随着盐酸用量的增加，吸光度呈现先增大后减小的趋势，当盐酸用量为 50mL 时吸光度最大，因此，选择 50mL 为该方法盐酸的用量。

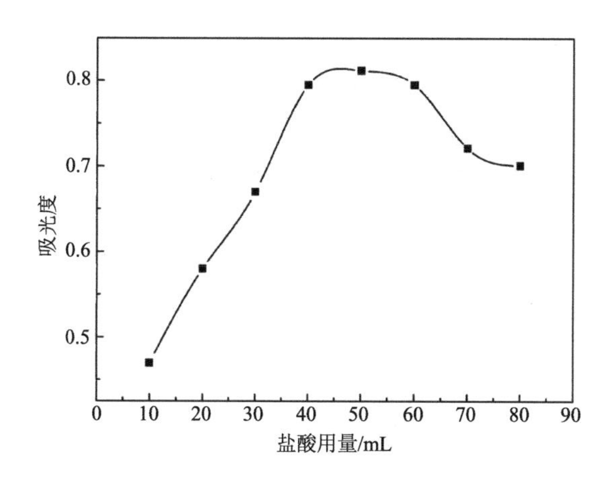

图 2-36　不同盐酸用量的吸光度

5）MBTH 加入后放置温度

取戊二醛标准应用液 5mL，按照试验方法，加入 MBTH 溶液后的放置温度分别设置为 20℃、25℃、30℃、35℃、40℃、45℃和 50℃，按照试验方法进行操作，之后在波长 604nm 处，测试其吸光度，试验结果如图 2-37 所示。加入 MBTH 后随放置温度升高，吸光度呈现先增大后减小的趋势，当温度为 30℃时吸光度最大，因此，选取 30℃为该方法加入 MBTH 后的放置温度。

6）MBTH 加入后放置时间

取戊二醛标准应用液 5mL，按照试验方法，加入 MBTH 溶液后的放置时间分别设置为 5min、10min、15min、20min 和 25min，按照试验方法进行操作，之后在波长 604nm 处，测试其吸光度，试验结果如图 2-38 所示。由图可知，随着放置时间的增长，吸光度呈现先增加后平稳的趋势，当放置时间为 15min 时吸光度最大，因此，选取 15min 为该方法加入 MBTH 后的放置时间。

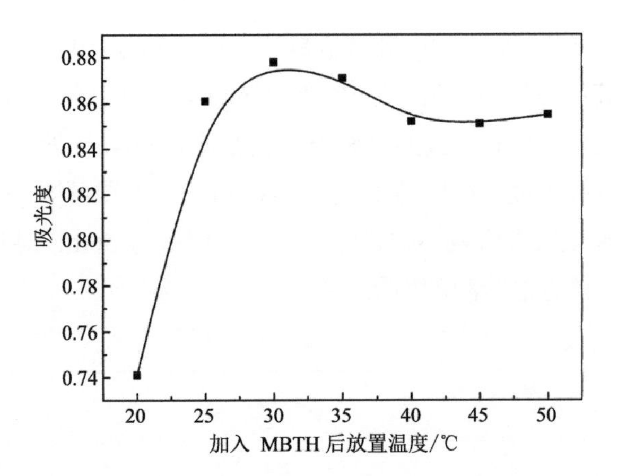

图 2-37　加入 MBTH 后不同放置温度下的吸光度

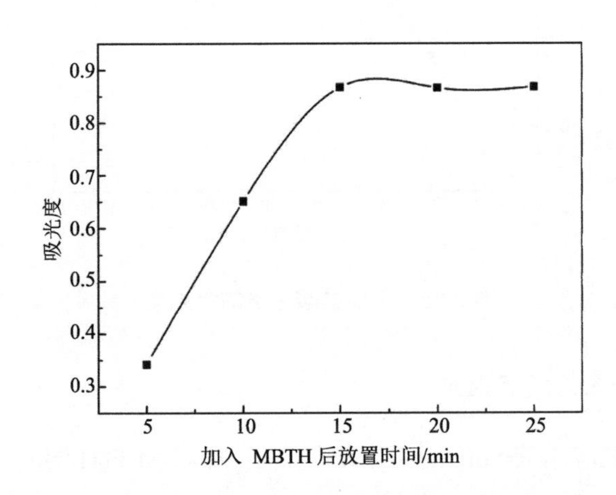

图 2-38　加入 MBTH 后不同放置时间下的吸光度

7）显色温度

取戊二醛标准应用液 5mL，按照实验方法，加入硫酸高铁铵溶液后的显色温度分别设置为 25℃、30℃、35℃、40℃、45℃和 50℃，按照试验方法进行操作，之后在波长 604nm 处，测试其吸光度，试验结果如图 2-39 所示。由图可知，随着显色温度的增加，吸光度呈现先增加后稳定的趋势，当显色温度为 40℃时吸光度最大，因此，选取 40℃为该方法的显色温度。

8）显色时间

取戊二醛标准应用液 5mL，按照试验方法，加入硫酸高铁铵溶液后的显色时间分别设置为10min、20min、30min、40min、50min和60min，按照试验方法进行操作，之后在波长604nm处，测试其吸光度，试验结果如图2-40所示。由图可知，随着显色时间的增长，吸光度呈现先增加后稳定的趋势，当显色时间为40min时吸光度最大，因此，选取40min为该方法的显色时间。

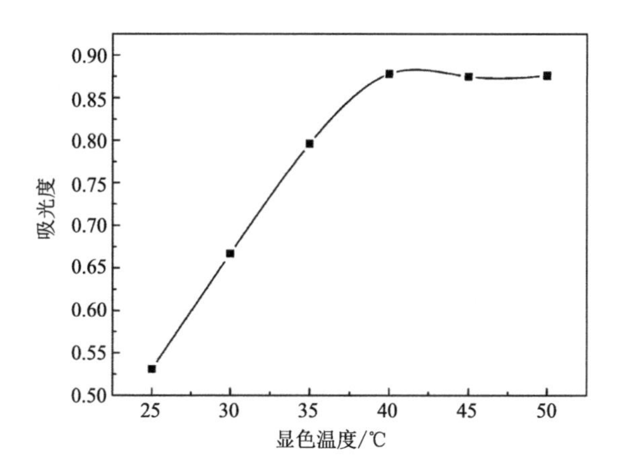

图2-39　不同显色温度下的吸光度

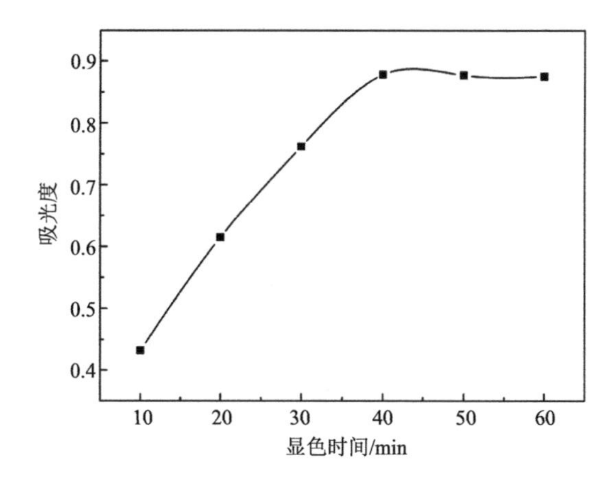

图2-40　不同显色时间下的吸光度

2. 校准曲线的建立

向25mL具塞比色管中分别加入不同量的戊二醛标准应用液，使具塞比色管中戊二醛的浓度分别为0.005mg/L、0.02mg/L、0.04mg/L、0.1mg/L、0.4mg/L、0.6mg/L、0.8mg/L、1.0mg/L，经显色后，测定其吸光度。以戊二醛浓度为横坐标，吸光度为纵坐标，绘制校准曲线，如图 2-41 所示。戊二醛溶液在 0.005～1.0mg/L 范围内有较好的线性关系，线性回归方程为 $y = 0.501x + 0.0361$，相关性 R^2 为 0.9910。

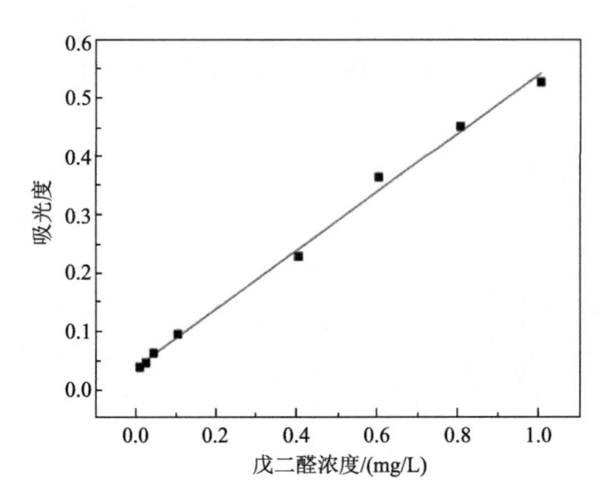

图 2-41　戊二醛浓度与吸光度的校准曲线

3. 质量控制

1）精密度

向体系中加入一定量的戊二醛标准应用液，使得其中戊二醛的浓度为 0.20mg/L，按照优化出的方法平行检测 7 次，根据得到的结果，对各目标物的平均质量浓度、标准偏差（SD）和相对标准偏差（RSD）进行计算，计算结果如表 2-26 所示，戊二醛的相对标准偏差值小于 3%。

表 2-26　方法精密度

化合物	平均值/（mg/L）	标准偏差/（mg/L）	相对标准偏差/%
戊二醛	0.184	0.005	2.6

2）检出限

通过对戊二醛不同浓度的吸光度进行检测，能够测得戊二醛的最低浓度为 0.005mg/L，因此该方法的检出限为 0.005mg/L。

3）加标回收率

向体系中加入一定量的戊二醛标准应用液，使得其中戊二醛的浓度分别为 0.08mg/L、0.20mg/L、0.80mg/L，每个浓度做三组平行样，利用该方法对其进行测试，该石化废水的加标回收率见表 2-27。由表可知，该方法戊二醛的平均加标回收率为 92.1%，因此该方法的加标回收率良好。

表 2-27　加标回收率　（单位：%）

化合物	加标回收率			平均值
	0.08mg/L	0.2mg/L	0.8mg/L	
戊二醛	97.0	92.8	86.4	92.1

2.5.4　小结

主要针对戊二醛进行了检测方法的研究，其中包括试验方法的条件优化以及质量控制。建立了分光光度法检测石化废水中戊二醛的检测方法。

本方法的操作条件为取戊二醛标准应用液 5.0mL 于 25mL 具塞比色管中；加入 5.0mL MBTH 溶液，于 30℃水浴恒温振荡器中静置 15min，其间摇晃 2 次；再加入 4.5mL 硫酸高铁铵溶液，定容至刻度线，摇匀，于 40℃水浴恒温振荡器中静置 40min；之后取出冷却至室温，然后在波长 604nm 处，以去离子水为空白，用比色皿测其吸光度。

采用分光光度法对石化废水中戊二醛含量进行分析。戊二醛在线性范围内的线性关系良好，R^2 为 0.9910；该方法测试石化废水中戊二醛的相对标准偏差小于 3%；方法的检出限为 0.005mg/L；方法的平均回收率为 92.1%。

2.6　水合肼检测方法

2.6.1　研究进展

水合肼（$N_2H_4 \cdot H_2O$）又称水合联氨，具有强碱性和吸湿性。纯品为无色透明的油状液体，有淡氨味，在湿空气中冒烟。水合肼液体以二聚物形式存在，与水和乙醇混溶，不溶于乙醚和氯仿；它能侵蚀玻璃、橡胶、皮革、软木等，在高温下分解成 N_2、NH_3 和 H_2；水合肼还原性极强，与卤素、HNO_3、$KMnO_4$ 等激烈反应，在空气中可吸收 CO_2，产生烟雾。水合肼及其衍生物产品在许多工业应用中得到广泛的使用，用作还原剂、抗氧剂，用于制取医药、发泡剂等。

水合肼的半数致死量（兔，静脉）为 25mg/kg，有剧毒，强烈侵蚀皮肤及破坏体内的酶，急性中毒时，可损害中枢神经系统，多数情况下能致死。在体内主要影响碳水化合物和脂肪的新陈代谢功能。具有溶血性质，其蒸气能侵蚀黏膜，并导致头昏；刺激眼睛，使眼睛红肿、化脓。损害肝脏，使血糖降低、血液缺水，并引起贫血。空气中肼（N_2H_4）的最高允许浓度为0.1mg/m^3。吸入蒸气对上呼吸道、鼻腔有刺激性；接触皮肤引起过敏，具有腐蚀性，能导致烧伤；还可能致癌。大鼠经口半数致死量为129mg/kg。

已有水合肼的检测方法包括：分光光度法、气相色谱法、电化学法。

分光光度法：在《生活饮用水标准检验方法 第8部分：有机物指标》（GB/T 5750.8—2023）中，水合肼检测方法为对二甲氨基苯甲醛分光光度法，原理是在酸性条件下，水样中的肼与对二甲氨基苯甲醛作用，生成黄色醌式结构的对二甲氨基苄连氮，比色定量测定。

电化学法：自组装聚苯胺/贵金属纳米复合材料对肼表现出良好、稳定的高电催化活性。运用循环伏安法（cyclic voltammetry，CV）和紫外-可见吸收监控膜的生长过程，用电镜扫描多层膜的形貌结构。制备的PANI/Pt多层膜对肼的检测线性范围为1～2000μmol/L，检出限可达2μmol/L（0.04μg/L）；制备的PANI/Pd多层膜对肼的检测线性范围为0.1～2000μmol/L，其检出限达到0.1μmol/L（0.02μg/L），比其他金属如Pt、Au、Ag等纳米修饰表面呈现出更高的电化学催化活性。二者均可达到肼类物质的检测要求。

气相色谱法：气相色谱对水合肼的分析一般采用直接法和衍生化法。直接法采用热导检测器（thermal conductivity detector，TCD），但热导检测器灵敏度有限；另外，由于水合肼是强碱性化合物，对于色谱柱的选择也有较高的要求。衍生化法一般采用2,4-二硝基苯甲醛或乙酰丙酮作为衍生化试剂。胡平和赵世民（2017）通过研究影响水样中水合肼的糠醛衍生化物的衍生化、萃取及气相色谱的分离和氮磷检测器（nitrogen-phosphorus detector，NPD）的检测条件，建立了糠醛衍生化-液液萃取-气相色谱法检测水中水合肼的新方法。

电化学法需要使用特制的电极，气相色谱法需要先对样品进行衍生化处理，检测过程烦琐，对二甲氨基苯甲醛分光光度法为《生活饮用水标准检验方法 第8部分：有机物指标》（GB/T 5750.8—2023）中推荐的检测生活饮用水及其水源水中水合肼的方法，操作简单，且技术成熟，易于推广。但工业废水特别是石化废水成分复杂，含污染物种类多，分光光度法能否直接用于石化废水中水合肼的检测尚需进一步研究。本节以典型石化废水为基质，通过样品加标回收率等质控指标验证了分光光度法测定水合肼方法在石化废水中的可行性。

2.6.2　材料与方法

1. 仪器和试剂

1）主要仪器

主要仪器包括：紫外-可见分光光度计（N4 型）、超纯水仪（Mili-Q 型）、分析天平（XS105 Dual Range 型）。

2）主要试剂

主要试剂包括：对二甲氨基苯甲醛（分析纯）、盐酸肼（分析纯）、乙醇（分析纯）、盐酸（分析纯）。

2. 溶液的配制

0.2mol/L HCl 溶液：取 500mL 烧杯，放入 400mL 水，加入 36%的盐酸 10mL，用玻璃棒搅拌均匀，转入 1L 的容量瓶内，将烧杯用超纯水冲洗三次，三次冲洗后的超纯水转入容量瓶内，再用超纯水定容至刻度，将容量瓶倒置三次摇匀，转至蓝盖瓶，密封置于 4℃冰箱保存待用。

对二甲氨基苯甲醛溶液：用量筒分别量取 400mL 95%乙醇和 40mL 36%盐酸转入 500mL 烧杯内，用天平称取 4g 对二甲氨基苯甲醛固体，放入烧杯内，用玻璃棒搅拌均匀后，转入棕色瓶内，放置 4℃冰箱保存备用。

100mg/L N_2H_4溶液：用天平称取 0.328g 氨基磺酸氨放入 500mL 烧杯中，用移液枪量取 10mL 36%盐酸溶液转入烧杯中，加入适量 500mL 水，搅拌均匀后转入 1L 容量瓶，将烧杯冲洗三次，且三次冲洗后的超纯水转入容量瓶内，再用超纯水定容至刻度，将容量瓶倒置三次摇匀，转至试剂瓶，密封置于 4℃冰箱保存待用。

1mg/L N_2H_4溶液：用移液管吸取 10mL 100mg/L N_2H_4溶液转入 1L 容量瓶内，用移液枪吸取 10mL 36%盐酸溶液至容量瓶内，加入超纯水至刻度，将容量瓶倒置三次摇匀，转至试剂瓶，密封置于 4℃冰箱保存待用。

3. 样品采集与处理

（1）样品采集与储存均用玻璃瓶，采集样品后加酸或碱调至中性后，24h 内完成测定。

（2）若水样内含有微小颗粒，需用快速滤纸去除或者离心分离后再使用。

4. 校准曲线

取 5 个 50mL 具塞比色管，分别加入 1mg/L N_2H_4 溶液 0mL、0.05mL、1.00mL、1.50mL、2.00mL、3.00mL，加入 0.12mol/L 盐酸溶液至 50mL 刻度，再加入对二甲氨基苯甲醛溶液 10mL，加塞倒置三次混匀，静置 20min，用 10mm 比色皿以超纯水为参比，在 458nm 处测吸光度。以水合肼的浓度为横坐标，以减掉空白值的吸光度为纵坐标，进行线性拟合得到线性方程和相关系数。

5. 样品测定

取水样 25mL 置于 50mL 具塞比色管内，加入 0.12mol/L 盐酸溶液至 50mL 刻度，加塞倒置三次混匀，加入对二甲氨基苯甲醛溶液 10mL，加塞倒置三次混匀，静置 20min，用 10mm 比色皿以超纯水为参比，在 458nm 处测吸光度。

2.6.3　结果与讨论

1. 测试条件优化

1）检测波长优化

取 25mL 0.5mg/L 的水合肼溶液置于 50mL 具塞比色管内，加入 0.12mol/L 盐酸溶液至 50mL 刻度，加入对二甲氨基苯甲醛溶液 10mL，加塞倒置若干次混匀，静置 20min，在不同波长下用紫外-可见分光光度计测定吸光度，确定吸光度最强的波长。不同波长下吸光度的变化如图 2-42 所示。

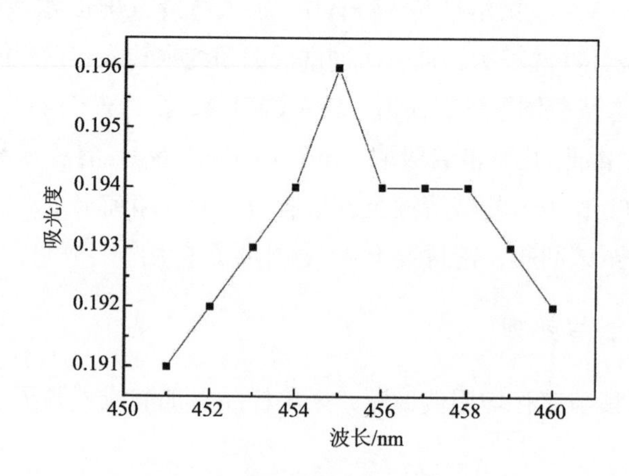

图 2-42　不同波长下水合肼的吸光度

选择 451～460nm 的波长范围，以 1nm 波长的变化为检测波长，根据图 2-42 可以看出，随着波长的增加，吸光度增大，在 455nm 的波长下达到最大的吸光度 0.196，之后随着波长增大吸光度下降。因此，后续选择在 455nm 的检测波长下进行水合肼其他测试条件的优化。

2）显色剂用量

取 5 份 25mL 0.5mg/L 水合肼溶液置于 50mL 具塞比色管内，加入 0.12mol/L 盐酸溶液至 50mL 刻度，分别加入对二甲氨基苯甲醛溶液 5mL、8mL、10mL、15mL、20mL，加塞倒置若干次混匀，静置 20min，以超纯水为参比，使用紫外-可见分光光度计在 455nm 波长下测定吸光度。水合肼在不同显色剂用量下吸光度的变化如图 2-43 所示。

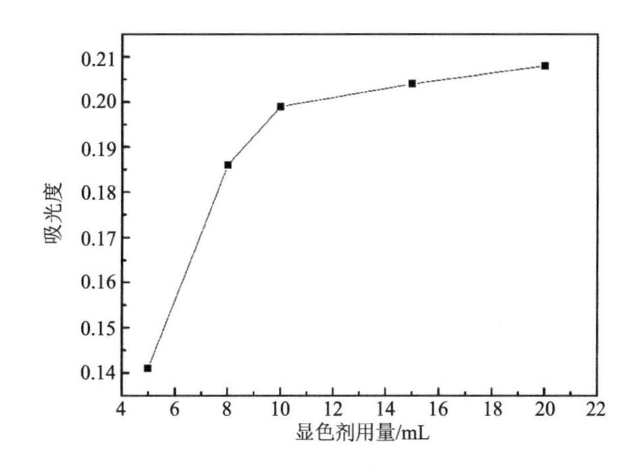

图 2-43　水合肼吸光度随显色剂用量的变化图

由图 2-43 可知，随着显色剂用量的增加，水合肼的吸光度逐渐增大。显色剂用量在 20mL 时，所测定的吸光度达到最大（0.208），因此，后续选择加入 20mL 对二甲氨基苯甲醛溶液为最佳显色剂用量。

3）显色反应时间

取 5 份 25mL 0.5mg/L 水合肼溶液置于 50mL 具塞比色管内，加入 0.12mol/L 盐酸溶液至 50mL 刻度，加入对二甲氨基苯甲醛溶液 20mL，加塞倒置若干次混匀，分别静置 5min、10min、15min、20min、25min，以超纯水为参比，在 455nm 波长下测定吸光度。水合肼所测定的吸光度随显色时间的变化如图 2-44 所示。

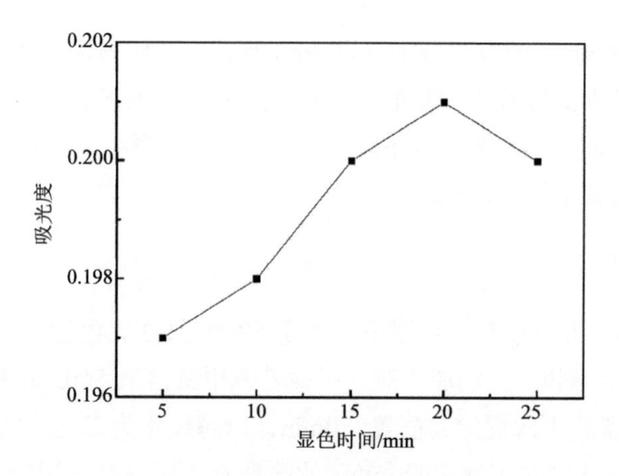

图 2-44　吸光度随显色时间的变化

由图 2-44 可知，随显色时间的增加，吸光度增大。显色时间为 25min 时，吸光度与显色时间 15min 时相同，都为 0.200；显色时间为 20min 时，吸光度为 0.201，此时所测定的吸光度最大，即最佳显色时间为 20min。

2. 水合肼的标线

按上述校准曲线步骤，绘制水合肼质量浓度测定的校准曲线拟合图，见图 2-45。由图 2-45 可知，水合肼质量浓度的校准曲线方程为 $y = 1.4661x + 0.0003$，$R^2 = 0.9997$。

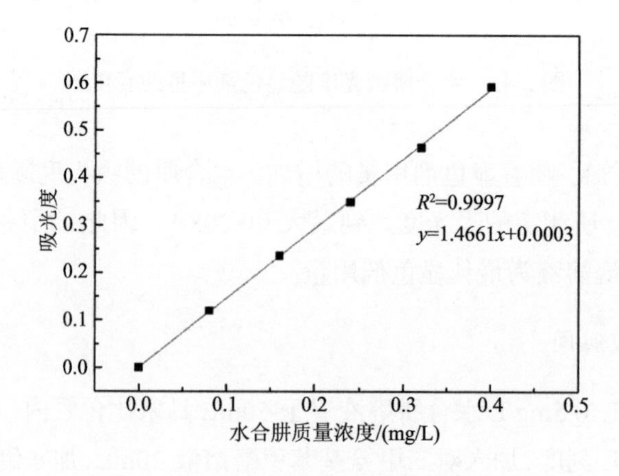

图 2-45　水合肼质量浓度的校准曲线拟合图

3. 结果处理

$$c(N_2H_4 \cdot H_2O) = 2 \times \frac{m \times 1.56}{V} \tag{2-3}$$

式中，c（$N_2H_4 \cdot H_2O$）为水样中水合肼（以 $N_2H_4 \cdot H_2O$ 计）的质量浓度，mg/L；m 为从校准曲线上查得水样中肼（以 N_2H_4 计）的质量，μg；V 为水样体积，mL；1.56 为 1 mol 肼（N_2H_4）相当于 1 mol 水合肼（$N_2H_4 \cdot H_2O$）的质量换算系数。

4. 质量控制

分别从精密度、检出限、加标回收率三个指标考察对二甲氨基苯甲醛分光光度法测定石化废水中的水合肼的适用性。

1）精密度

以不同石化园区综合污水处理厂进水为对象，分别制备 7 个样品，采用 2.6.2 小节中的方法进行检测。根据测定结果计算方法精密度，结果见表 2-28。该方法检测二沉池出水相对标准偏差均小于 5%，表明该方法的精密度良好。

表 2-28　方法精密度

化合物	平均值/（mg/L）	标准偏差/（mg/L）	相对标准偏差/%
水合肼	0.156	0.008	4.9

2）检出限

通过对不同浓度肼溶液的吸光度进行检测，可测定的水合肼的最低浓度为 0.002mg/L，因此该方法的检出限为 0.002mg/L，测试区间为 0.002～0.12mg/L。

3）加标回收率

以不同石化园区综合污水处理厂进水为基质，分别向其中添加 0.2mg/L、1.0mg/L、1.4mg/L 水合肼溶液。采用 2.6.2 小节中的方法进行检测，计算加标回收率，结果见表 2-29。结果表明，水合肼的平均加标回收率为 90.6%。

表 2-29　基质加标回收率　（单位：%）

化合物	加标回收率			平均加标回收率
	0.2mg/L	1.0mg/L	1.4mg/L	
水合肼	87.7	88.5	95.5	90.6

2.6.4 小结

（1）以不同来源石化园区废水为基质，考察了对二甲基苯甲醛分光光度法检测石化废水中水合肼的适用性。结果表明，方法的精密度为4.9%，方法检出限为0.002mg/L，测试区间为 0.002～0.12mg/L，基质加标回收率为 90.6%，可用于石化废水中水合肼的检测。

（2）利用分光光度法检测水合肼，原理是在酸性条件下，水合肼和对二甲基苯甲醛相互作用，生成对二甲氨基苄连氮黄色化合物。因此，石化废水带有颜色时会对分光光度法产生干扰，当石化废水颜色明显时，不宜采用此方法进行检测。

2.7 本 章 小 结

本章针对石化废水污染物排放现状不明、现行石化行业水污染排放标准尚有十余种特征污染物缺乏标准检测方法的问题，介绍了部分有机特征污染物检测方法研发情况，包括：石化废水中双酚 A、α-萘酚、β-萘酚、邻苯二甲酸二乙酯、二（2-乙基己基）己二酸酯同时检测的液液萃取/气相色谱-质谱法；石化废水中五氯丙烷、二溴乙烯、乙醛、丙烯醛、苯甲醚、四乙基铅同时检测的吹扫捕集/气相色谱-质谱法；石化废水中丙烯酸、环烷酸测定的离子色谱法；石化废水中戊二醛、水合肼测定的分光光度法。这些方法都可为现行水污染物排放标准的实施提供重要的技术支持。

参 考 文 献

陈莎, 曹莹, 苏粤, 等. 2009. 微波萃取气相色谱法测定底泥中邻苯二甲酸酯[J]. 北京工业大学学报, 35(4): 498-503.

陈志锋, 孙利, 雍炜, 等. 2006. 溶解沉淀-气相色谱法测定聚氯乙烯食品保鲜膜中增塑剂己二酸二(2-乙基)己酯(DEHA)含量[J]. 中国卫生检验杂志, 16(7): 772-774.

丁亚平, 吴庆生, 朱仁斌. 1998. 导数荧光光谱法同时测定 α-萘酚和 β-萘酚异构体的研究[J]. 安徽农业大学学报, 25(3): 310-312.

董军, 栾天罡, 邹世春, 等. 2006. 珠江三角洲淡水养殖沉积物及鱼体中 DDTs 和 PAHs 的残留与风险分析[J]. 生态环境, 15(4): 693-696.

樊苑牧, 贺小雨, 俞雪钧, 等. 2009. 气相色谱-质谱联用对纺织品中 16 种含氯酚及邻苯基苯酚、β-萘酚残留量的测定[J]. 分析测试学报, 28(7): 794-798.

高永刚, 张艳艳, 高建国, 等. 2012. 衍生化气相色谱-质谱法测定玩具和食品接触材料中双酚A[J]. 色谱, 30(10): 1017-1020.

韩津生, 袁爱红, 刘香葵, 等. 2003. 气相色谱法测定消毒液中戊二醛含量[J]. 中国消毒学杂志, 20(3): 224-225.

何芸菁. 2013. 顶空-气相色谱法测定水中乙醛、丙烯醛和丙烯腈[J]. 福建分析测试, 22(6): 46-48.

胡平, 赵世民. 2017. 糠醛衍生化-气相色谱(NPD)法测定水中水合肼[J]. 地球与环境, 45(2): 242-246.

姜俊, 佟克兴, 黄玉成, 等. 2007. PVC 保鲜膜中己二酸二乙基己基酯的气相色谱法测定[J]. 分析仪器, 3: 38-39.

黎俊宏, 李贵荣, 唐宏兵, 等. 2011. 反相高效液相色谱法测定尿中 α-萘酚、β-萘酚、对硝基酚和间硝基酚[J]. 光谱实验室, 28(2): 782-786.

李改枝, 刘颖, 赵慧, 等. 2000. 黄河水中邻苯二甲酸二乙酯的去除行为研究[J]. 内蒙古石油化工, 26(4): 32-33.

林兴桃, 王小逸, 陈明, 等. 2004. 固相萃取高效液相色谱法测定水中邻苯二甲酸酯类环境激素[J]. 环境科学研究, 17(5): 71-74.

刘超, 李来生, 王上文, 等. 2007. 液相色谱-电喷雾质谱联用法测定饮料中的邻苯二甲酸酯[J]. 色谱, 25(5): 766-767.

刘静, 李静, 聂黎行, 等. 2012. 离子色谱法同时测定注射用丹参(冻干)中有机酸和无机阴离子[J]. 药物分析杂志, 32(10): 1774-1777.

刘青, 王灿, 赵长春, 等. 2009. 浊点萃取分离富集荧光光度法测定水中 α-萘酚[J]. 环境监测管理与技术, 21(2): 34-36.

刘秋文, 陈金娥, 任光明, 等. 2012. 荧光法研究有序介质中 β-萘酚的敏化/猝灭作用[J]. 忻州师范学院学报, 28(2): 5-7.

苗万强. 2014. 液相微萃取-气质联用法测定扎龙水样中增塑剂[J]. 黑龙江环境通报, 38(4): 48-50.

牛增元, 叶曦雯, 房丽萍, 等. 2006. 固相萃取-气相色谱法测定纺织品中的邻苯二甲酸酯类环境激素[J]. 色谱, 24(5): 503-507.

潘丙珍, 刘青, 庞世琦, 等. 2013. 离子色谱法测定酒中的有机酸和无机阴离子[J]. 现代食品科技, 29(4): 876-880.

任健敏, 刘玉娣, 邝静雯, 等. 2009. 伏安法测定水中 β-萘酚[J]. 环境科学与技术, 32(8): 109-111.

宋俊密, 吕康乐, 张国祯, 等. 2016. 液相色谱和离子色谱测定地表水中丙烯酸的方法比较[J]. 甘肃科技, 32(18): 61-63.

宋新, 董连杰. 2004. 高效液相色谱法快速分析戊二醛消毒液的含量[J]. 河南预防医学杂志, 15(2): 80-81.

隋海山, 戚威, 王立娟. 2015. 高效液相色谱法检测盐酸度洛西汀肠溶胶囊中 α-萘酚杂质[J]. 中国药业, 24(24): 156-158.

孙伟, 韩军英. 2003. α-萘酚的电化学性质及示差脉冲伏安法测定[J]. 化学分析计量, 12(4): 10-12.

谭新良, 赵瑜, 杨华武. 2010. 高效液相色谱法同时测定食品添加剂中水杨酸、β-萘酚和马兜铃酸含量[J]. 湖南科技大学学报(自然科学版), 25(1): 111-113.

王成云, 张伟亚, 杨左军. 2006. PVC 食品包装膜中增塑剂 DEHA 的迁移行为[J]. 塑料助剂, 4(4): 22-25.

王岩, 高勇. 2005. 紫外分光光度法测定戊二醛的含量[J]. 辽宁医学杂志, 4: 190.

王炎, 李宣东. 2002. 同时测定 α-萘酚和 β-萘酚的毛细管区带电泳法[J]. 分析测试学报, 21(6): 65-66.

王英, 王永生, 曹晓娟, 等. 2009. 高效液相色谱-紫外检测法测定尿中 α-萘酚、β-萘酚和 1-羟基芘[J]. 中国卫生检验杂志, 19(3): 565-566.

魏立菲, 李逸, 刘胜玉. 2014. 吹扫捕集-气相色谱-质谱联用法测定饮用水中痕量 1,2-二溴乙烯与五氯丙烷[J]. 水资源保护, 30(5): 73-76.

吴景武, 张伟亚, 刘丽, 等. 2006. 气相色谱-质谱法测定 PVC 食品保鲜膜中 DEHA 等己二酸酯类增塑剂[J]. 中国卫生检验杂志, 16(7): 817-818.

吴银菊, 瞿白露, 莫婷, 等. 2015. 吹扫捕集-气相色谱法测定水中四乙基铅[J]. 中国环境监测, 31(5): 120-123.

谢永洪, 郑昌杰, 杨坪, 等. 2011. 离子色谱法同时测定水中的甲酸、乙酸、丙烯酸和氯乙酸[J]. 四川环境, 30(3): 24-28.

谢云, 王玉萍, 彭盘英. 2003. 电位滴定法测定乙醇/水混合体系中 α-萘酚与 β-萘酚的离解常数[J]. 南京师范大学学报(工程技术版), 3(4): 18-20.

薛锐. 2015. 离子色谱法测定工业废水中丙烯酸[J]. 污染防治技术, 28(6): 61-62.

杨德红, 严莲荷, 叶静娴. 2000. 用气相色谱法测定合成样品中的戊二醛[J]. 精细石油化工, 1: 55-56.

杨红梅, 王永生, 黎俊宏, 等. 2013. 三维荧光法测定人尿中 1-羟基芘、β-萘酚和 9-羟基菲[J]. 应用化工, 42(8): 1532-1537.

于光, 迂君, 杨楠. 2008. 气相色谱-质谱法测定水源水中的 4 种邻苯二甲酸酯[J]. 中国卫生检验杂志, 18(9): 1751-1752.

于杰, 周静, 江澜, 等. 2017. 高效液相色谱荧光法测定食品包装材料中双酚 A 及双酚 S 的迁移量[J]. 粮食与食品工业, 24(3): 61-64.

虞柯洁, 周耀明, 童红武, 等. 2012. 高效液相色谱法测定染发剂中 α-萘酚[J]. 理化检验(化学分册), 48(8): 977-978.

张国祯, 李丹丹, 马可婧. 2016. 高效液相色谱法测定水中 α-萘酚和 β-萘酚[J]. 甘肃科技, 32(18): 47-49.

张海容, 赵州. 2005. 荧光法测定两种小分子醇与 α-萘酚、β-环糊精三元包结物常数[J]. 光谱实验室, 22(5): 901-904.

张进东, 张海军. 1993. 紫外分光光度法测定戊二醛消毒液含量[J]. 中国医院药学杂志, 6: 40.

张君才, 赵媛媛. 2010. 流动注射双安培法测定 α-萘酚[J]. 分析试验室, 29(12): 66-69.

张伟亚, 王成云, 刘丽. 2007. 固相微萃取气相色谱-质谱法测定塑料浸泡液中己二酸酯类增塑剂的溶出量[J]. 塑料科技, 2: 74-78.

张燕, 钱杰峰, 刘兰侠, 等. 2012. 水中二溴乙烯的静态顶空-气相色谱分析方法研究[J]. 中国卫生检验杂志, 22(5): 998-999.

赵慧琴, 刘斌, 张燕. 2015. 吹扫捕集/气相色谱-质谱法测定水中苯甲醚和 8 种苯系物的多组分分析方法验证[J]. 医学动物防制, 31(7): 818-820.

周宏艳, 罗斌, 王菁. 2015. 高效液相色谱法测定盐酸度洛西汀肠溶胶囊中 α-萘酚杂质含量[J]. 中国药业, 24(11): 53-55.

周桦, 张晓炜. 1998. 气相色谱法测定化妆品中 α-萘酚[J]. 中国公共卫生，14(2): 78.

Del O M, Zafra A, Jurado A B, et al. 2000. Determination of bisphenol A（BPA）in the presence of phenol by first-derivative fluorescence following micro liquid-liquid extraction（MLLE）[J]. Talanta, 50(6): 1141-1148.

Liu H C, Den W, Chan S F, et al. 2008. Analysis of trace contamination of phthalate esters in ultrapure water using a modified solid-phase extraction procedure and automated thermal desorption-gas chromatography/mass spectrometry[J]. Journal of Chromatography A, 1188(2): 286-294.

Selvaraj K K, Shanmugam G, Sampath S, et al. 2014. GC-MS determination of bisphenol A and alkylphenol ethoxylates in river water from India and their ecotoxicological risk assessment[J]. Ecotoxicology & Environmental Safety, 99(1): 13-20.

Watanabe T, Yamamoto H, Inoue K, et al. 2001. Development of sensitive high-performance liquid chromatography with fluorescence detection using 4-(4,5-diphenyl-1*H*-imidazol-2-yl)-benzoyl chloride as a labeling reagent for determination of bisphenol A in plasma samples [J]. Journal of Chromatography B, 762(1): 1-7.

Xu J, Liang P, Zhang T. 2007. Dynamic liquid-phase microextraction of three phthalate esters from water samples and determination by gas chromatography[J]. Analytica Chimica Acta, 597(1): 1-5.

Zhao R S, Wang X, Yuan J P. 2008. Investigation of feasibility of bamboo charcoal as solid-phase extraction adsorbent for the enrichment and determination of four phthalate esters in environmental water samples[J]. Journal of Chromatography A, 1183(1-2): 15-20.

第3章　炼油装置废水污染物解析

3.1　常减压装置

3.1.1　装置简介

常减压装置以原油为主要原料，主要产品有石脑油、柴油、蜡油、渣油等。

1. 装置工艺流程

原油换热升温后经电脱盐系统脱水、脱盐，再经加热后入初馏塔处理，塔顶馏出物经冷凝分离后得到不凝气体瓦斯及石脑油，塔底油再经加热后送入常压塔。常压塔塔顶馏出物冷凝分离后得到瓦斯气体及石脑油，侧线产物经汽提塔汽提后获得相应馏分，即溶剂油、轻柴油、重柴油，塔底油经加热后入减压塔。减压塔塔顶馏出物经分离后得到不凝气体瓦斯及柴油，侧线产物柴油与减顶柴油一并出装，侧线产物蜡油作催化裂化、加氢原料，塔底渣油作催化、焦化原料或去罐区。典型常减压装置工艺流程简图如图3-1所示。

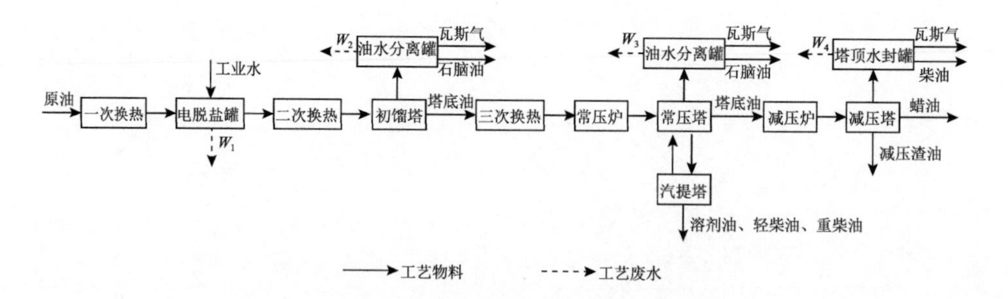

图3-1　常减压装置工艺流程及废水产生节点图

W_1～W_4代表含义同表3-1

2. 物料平衡和水平衡分析

1）物料平衡

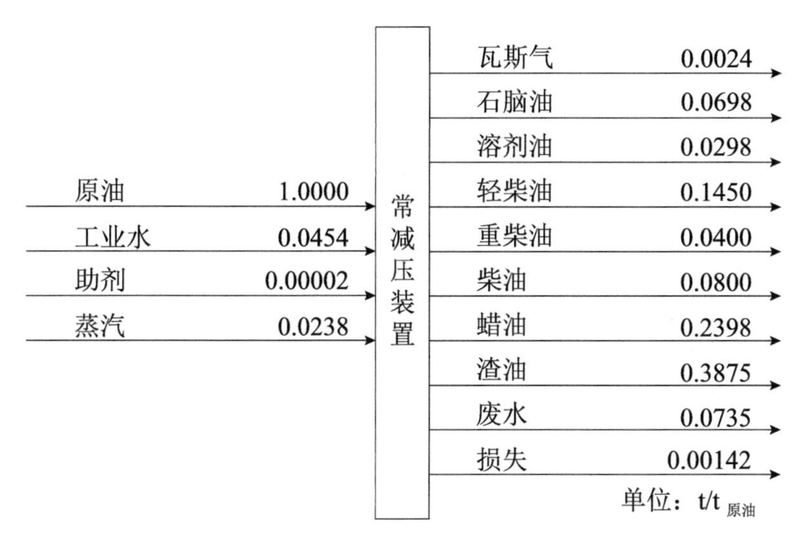

2）水平衡

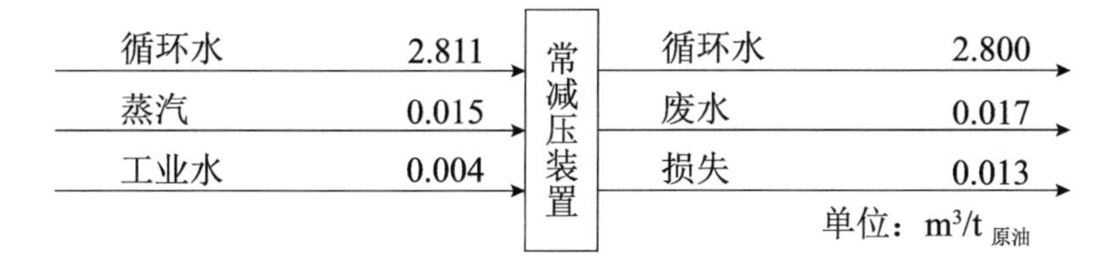

3.1.2 废水水量

常减压装置废水产生/排放情况如表 3-1 所示：电脱盐系统废水 0.048$m^3/t_{原油}$；初馏塔塔顶油水分离罐废水 0.006$m^3/t_{原油}$；常压塔塔顶油水分离罐废水 0.009$m^3/t_{原油}$；减压塔塔顶水封罐废水 0.011$m^3/t_{原油}$；机泵冷却水 0.004$m^3/t_{原油}$；蒸汽凝液间歇排放，折算平均值为 0.013$m^3/t_{原油}$。

表 3-1　常减压装置废水产生/排放情况

排水节点	排放系数/（$m^3/t_{原油}$）	排放规律	备注
电脱盐系统废水 W_1	0.048	连续	电脱盐系统注入新鲜水或净化水，脱除原油中水分并溶解其中 NaCl、$CaCl_2$、$MgCl_2$ 等盐类，以避免对炼油装置产生腐蚀等危害，罐底脱出含油污水

续表

排水节点	排放系数/（$m^3/t_{原油}$）	排放规律	备注
初馏塔塔顶油水分离罐废水 W_2	0.006	连续	原油中残留水分气化进入油水分离器冷凝分离产生污水，同时吹入蒸汽冷凝生成污水
常压塔塔顶油水分离罐废水 W_3	0.009	连续	原油中残留水分气化进入油水分离器冷凝分离产生污水，同时吹入蒸汽冷凝生成污水
减压塔塔顶水封罐废水 W_4	0.011	连续	原油中残留水分气化进入油水分离器冷凝分离产生污水，同时吹入蒸汽及抽真空蒸汽冷凝生成污水
机泵冷却水 W_5	0.004	连续	装置运行过程中各机泵需冷却降温，以保证设备正常运转
蒸汽凝液 W_6	0.013	间歇	—

3.1.3　废水水质

1. 常规指标

常减压装置总排口废水常规指标监测结果见表 3-2。

表 3-2　常减压装置总排口废水常规指标监测结果

水质指标	数值	水质指标	数值
pH	6.31～7.80	氨氮/（mg/L）	20.8～34.3
COD/（mg/L）	341～921	SS/（mg/L）	6～56
BOD_5/（mg/L）	222	全盐量/（mg/L）	66～195
TOC/（mg/L）	106～291	石油类/（mg/L）	43.1～185
TN/（mg/L）	34.6～50.2	挥发酚/（mg/L）	22.1～35.8
TP/（mg/L）	0.08～0.24	硫化物/（mg/L）	0.32～7.56
总镍/（mg/L）	0.005	总铅/（mg/L）	未检出

注：不包含含硫废水。

2. 特征污染物

常减压装置总排口废水特征污染物排放清单见表 3-3。

表3-3　常减压装置总排口废水特征污染物排放清单　（单位：mg/L）

特征污染物	含量	特征污染物	含量
苯	1.460～6.031	邻二甲苯	0.196～2.407
甲苯	2.557～6.626	对二甲苯	0.162～1.453
乙苯	0.208～0.348	间二甲苯	0.056～1.223

注：不包含含硫废水。

3. 主要污染指标

采用等标污染负荷法对常减压装置主要污染物进行分析，直接排放时，常减压装置主要污染指标为挥发酚含量和五日生化需氧量；间接排放时，常减压装置主要污染指标为挥发酚含量。

3.2　催化裂化装置

3.2.1　装置简介

催化裂化装置以常减压装置减压渣油、常压渣油、热蜡油及延迟焦化装置焦化蜡油为主要原料，采用高温催化裂化工艺，干气、液化气脱硫采用乙醇胺湿法脱硫，主要产品有汽油、柴油、液化气，副产品有干气和油浆。

1. 装置工艺流程

原料油经换热升温后喷入提升管反应器，在高温催化剂作用下迅速升温、气化并发生催化裂化反应，生成高温油气混合物送入分馏塔分离，油浆部分循环、部分送出装置，轻柴油部分送出、部分送入再吸收塔作吸收剂；塔顶油气经油气分离器分离，气体送气压机升压生成压缩富气后与粗汽油一同送入稳定单元经多次吸收、分离后分别得干气、液化气、汽油。

裂化反应后表面积炭的待生催化剂送入再生器，经过燃烧去掉表面积炭后返回至反应器重新参与反应，烧焦生成的烟气经旋风分离器除去少量催化剂后进入烟气轮机做功带动主风机提供烧焦所需，再经余热炉进一步回收热量后排入烟囱。

典型催化裂化装置工艺流程简图如图 3-2 所示。

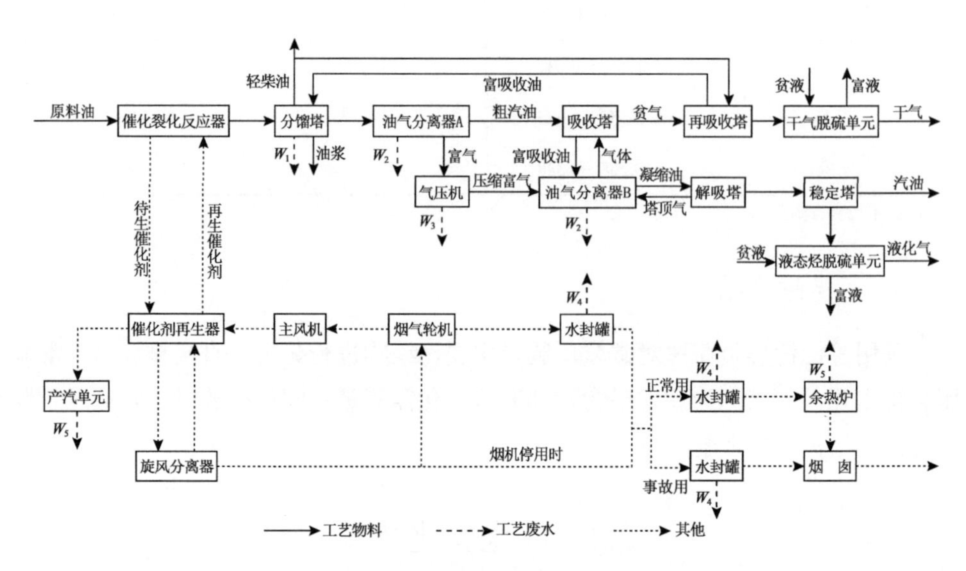

图 3-2　催化裂化装置工艺流程及废水产生节点图

W_1～W_5 代表含义同表 3-4

2. 物料平衡和水平衡分析

1）物料平衡

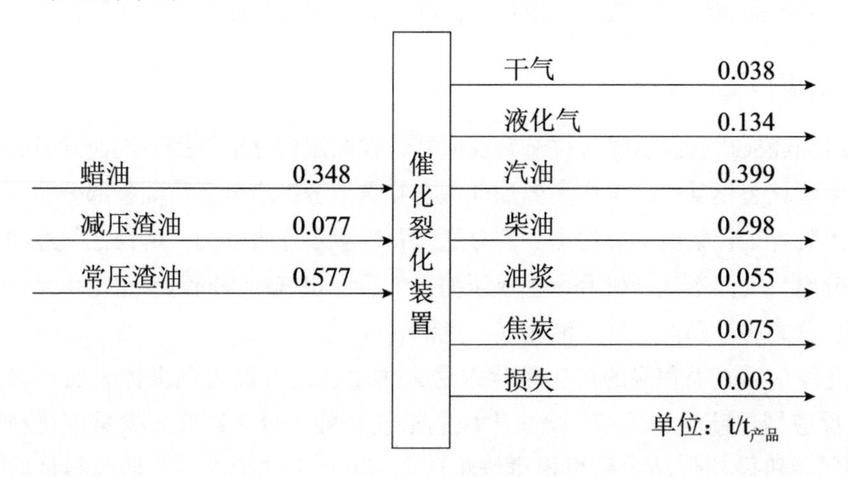

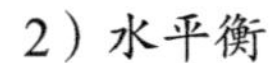

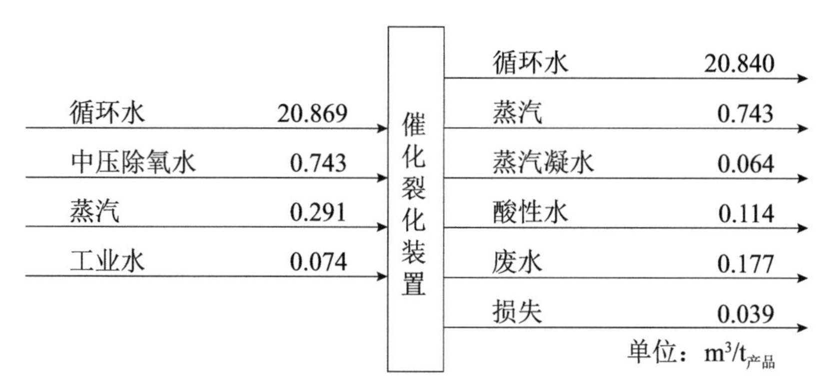

3.2.2　废水水量

催化裂化装置废水产生/排放情况如表 3-4 所示：油浆外甩水槽溢流废水 0.017$m^3/t_{产品}$、油气分离器废水 0.114$m^3/t_{产品}$、气压机汽轮泵机泵冷却水 0.011$m^3/t_{产品}$、水封罐溢流废水 0.074$m^3/t_{产品}$、汽包采样冷凝水及脱污水 0.043$m^3/t_{产品}$、机泵冷却水及蒸汽凝液 0.031$m^3/t_{产品}$。

表 3-4　催化裂化装置废水产生/排放情况

排水节点	排放系数/（$m^3/t_{产品}$）	排放规律	备注
油浆外甩水槽溢流废水 W_1	0.017	连续	油浆冷却出装过程中油浆冷却器溢流废水
油气分离器废水 W_2	0.114	连续	分馏塔中蒸汽使轻质油气化后生成油气混合物进入油水分离器分离出酸性水
气压机汽轮泵机泵冷却水 W_3	0.011	连续	—
水封罐溢流废水 W_4	0.074	连续	—
汽包采样冷凝水及脱污水 W_5	0.043	连续	余热产汽过程中各相关设备产生的含盐污水
机泵冷却水及蒸汽凝液 W_6	0.031	间歇	—

3.2.3　废水水质

1. 常规指标

催化裂化装置总排口废水常规指标监测结果见表 3-5。

表 3-5 催化裂化装置总排口废水常规指标监测结果

水质指标	数值	水质指标	数值
pH	6.39～7.13	氨氮/（mg/L）	0.212～0.841
COD/（mg/L）	12.3～213	SS/（mg/L）	13～20
BOD_5/（mg/L）	2.12	全盐量/（mg/L）	60～330
TOC/（mg/L）	4.17～71.3	石油类/（mg/L）	0.94～3.81
TN/（mg/L）	3.01～4.82	挥发酚/（mg/L）	0.026～0.433
TP/（mg/L）	0.10～0.77	硫化物/（mg/L）	0.14～1.45

注：不包含含硫废水。

2. 特征污染物

催化裂化装置总排口废水特征污染物排放清单见表 3-6。

表 3-6 催化裂化装置总排口废水特征污染物排放清单 （单位：mg/L）

特征污染物	含量	特征污染物	含量
苯	0.002～0.008	对二甲苯	未检出～0.001
甲苯	未检出～0.005	间二甲苯	未检出～0.001
乙苯	未检出～0.001		

注：不包含含硫废水。

3. 主要污染指标

采用等标污染负荷法对催化裂化装置主要污染物进行分析，直接排放时，催化裂化装置主要污染指标为硫化物含量、石油类含量、总磷含量、挥发酚含量、悬浮物含量、化学需氧量；间接排放时，催化裂化装置主要污染指标为硫化物含量、挥发酚含量、石油类含量。

3.3 联合芳烃装置

3.3.1 装置简介

联合芳烃装置以常减压装置直馏石脑油、加氢裂化装置加氢裂化重石脑油、乙烯装置乙烯加氢裂解汽油为主要原料，主要产品为苯、甲苯、混二甲苯、邻二甲苯，副产品为富氢、液化气、拔头油、重芳烃、抽余油等。

1. 装置工艺流程

从石脑油与抽提单元来的加氢抽余油经加氢预处理单元加氢精制并汽提后进入铂重整单元进行重整反应，使环烷烃脱氢生成芳烃、烷烃异构化脱氢生成芳烃，同时得到富氢。反应生成重整油经脱丁烷塔脱除轻组分后再经脱庚烷塔 A 脱出 C_5～C_7 馏分送入抽提单元，塔底液与脱庚烷塔 B 塔底液进入白土塔 A 经白土吸附除去微量烯烃后，再与甲苯塔塔底液一同进入二甲苯塔，塔顶蒸出混二甲苯部分送往罐区、部分送往异构化反应，塔底液送往邻二甲苯塔分离出邻二甲苯后，入重芳烃塔处理，塔顶馏分送往歧化反应，塔底液作重芳烃副产品出装置。

来自重整单元脱庚烷塔 C_5～C_7 馏分与乙烯裂解汽油分别经环丁砜抽提处理后，加氢裂解汽油抽余油送往加氢预处理单元作补充原料、重整抽余油送出装置。抽提物经白土塔 B 处理后送往苯塔分离出苯，塔底液进入甲苯塔处理，部分甲苯出装置、甲苯混合液送往歧化反应、塔底液送往二甲苯塔。

来自抽提单元的甲苯混合液与重芳烃塔塔顶馏分经歧化和转烷基化反应后再经汽提处理，轻组分送往重整单元脱丁烷塔，重组分去往抽提单元白土塔 B。

来自二甲苯塔的混二甲苯经异构化反应后送往脱庚烷塔脱除轻组分入脱丁烷塔，塔底液经白土塔 A 处理后送往二甲苯塔。

典型联合芳烃装置工艺流程简图如图 3-3 所示。

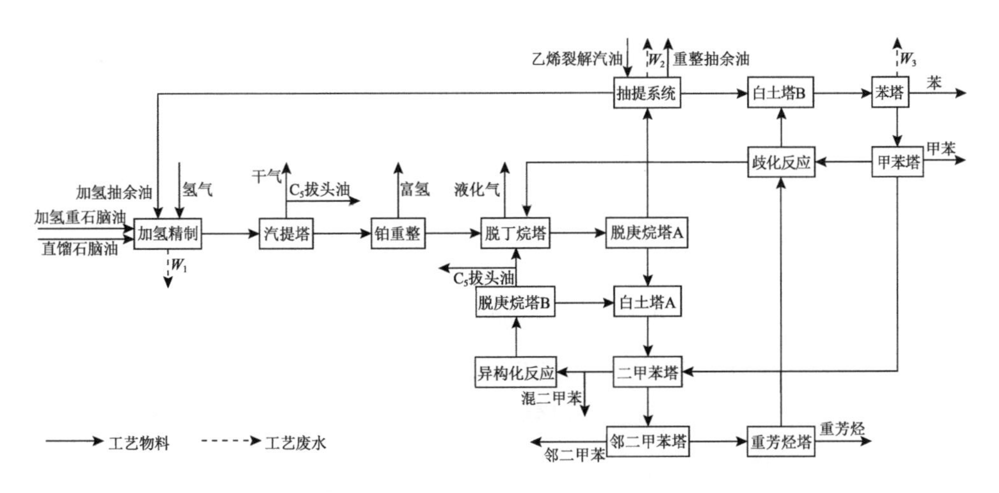

图 3-3　联合芳烃装置工艺流程及废水产生节点图

W_1～W_3 代表含义同表 3-7

2. 物料平衡与水平衡

1）物料平衡

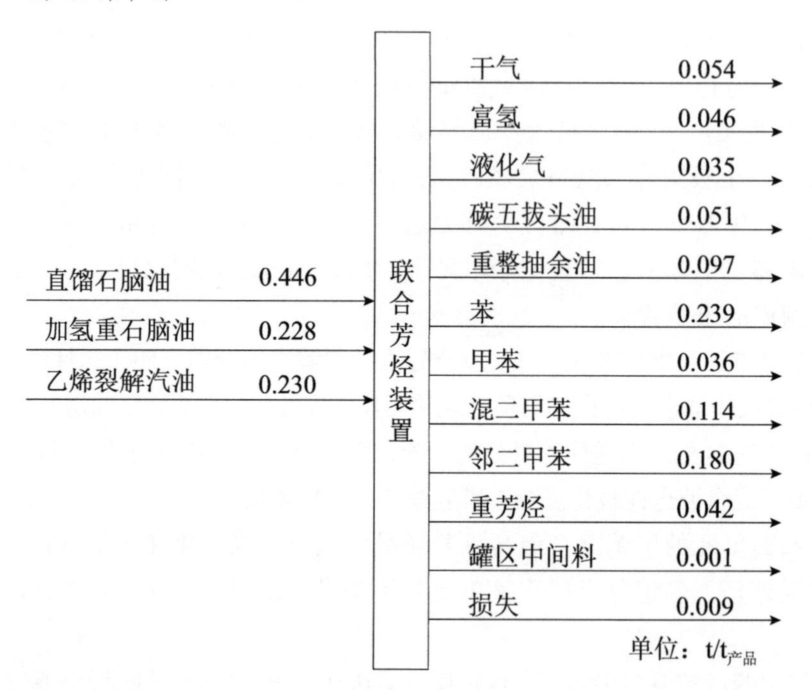

2）水平衡

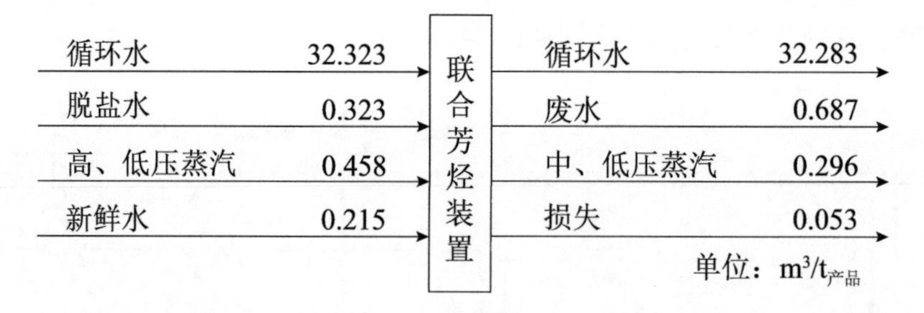

3.3.2　废水水量

联合芳烃装置废水产生/排放情况如表 3-7 所示：加氢精制单元酸性废水 $0.12m^3/t_{产品}$；环丁砜抽提单元酸性废水 $0.1m^3/t_{产品}$；苯塔单元酸性废水 $0.067m^3/t_{产品}$；机泵冷却水 $0.2m^3/t_{产品}$；蒸汽凝液 $0.14m^3/t_{产品}$，间歇排放；原料罐区、中间灌区排水 $0.05m^3/t_{产品}$，间歇排放。

表 3-7　联合芳烃装置废水产生/排放情况

排水节点	排放系数/（$m^3/t_{产品}$）	排放规律	备注
加氢精制单元酸性废水 W_1	0.12	连续	原料油经加氢处理后产生硫化物再经水洗，以除去其中杂质及硫化物
环丁砜抽提单元酸性废水 W_2	0.1	连续	原料油经环丁砜抽提溶剂萃取后，再经水洗，获得芳烃混合物，同时产生含硫废水
苯塔单元酸性废水 W_3	0.067	连续	环丁砜抽提单元芳烃经水洗后，少量水分随芳烃夹带至苯塔再经分离排出
机泵冷却水 W_4	0.2	连续	—
蒸汽凝液 W_5	0.14	间歇	—
原料罐区、中间灌区排水 W_6	0.05	间歇	—

3.3.3　废水水质

1. 常规指标

联合芳烃装置总排口废水常规指标监测结果见表 3-8。

表 3-8　联合芳烃装置总排口废水常规指标监测结果

水质指标	数值	水质指标	数值
pH	6.83～7.27	氨氮/（mg/L）	0.29～0.834
COD/（mg/L）	21.7～167	SS/（mg/L）	11～25.0
BOD_5/（mg/L）	4.19	全盐量/（mg/L）	100～340
TOC/（mg/L）	6～46.1	石油类/（mg/L）	42.2～57.7
TN/（mg/L）	0.6～3.5	挥发酚/（mg/L）	0.59～19.7
TP/（mg/L）	0.11～1.57	硫化物/（mg/L）	0.16～0.68

注：不包含含硫废水。

2. 特征污染物

联合芳烃装置总排口废水特征污染物排放清单见表 3-9。

表 3-9　联合芳烃装置总排口废水特征污染物排放清单　（单位：mg/L）

特征污染物	含量	特征污染物	含量
苯	6.549～10.138	间二甲苯	未检出～0.430
甲苯	18.559～26.660	对二甲苯	0.189～1.040
乙苯	0.030～0.104	邻二甲苯	未检出～0.253

注：不包含含硫废水。

3. 主要污染指标

采用等标污染负荷法对联合芳烃装置主要污染物进行分析，直接排放时，联合芳烃装置主要污染指标为甲苯含量、挥发酚含量、苯含量；间接排放时，联合芳烃装置主要污染指标为甲苯含量、苯含量、挥发酚含量。

3.4 加氢裂化装置

3.4.1 装置简介

加氢裂化装置以常减压装置减压蜡油、延迟焦化装置焦化蜡油为主要原料，利用联合芳烃装置氢气，采用双剂串联一次通过的加氢裂化工艺，主要产品为加氢干气、尾油、柴油、重石脑油及轻石脑油。

1. 装置工艺流程

原料油经过滤、脱水后与氢气加热炉出口循环氢混合进入精制反应器，在催化剂作用下进行加氢精制反应，以使原料中的含硫、氮和氧等化合物转化为硫化氢、氨和水，并使芳烃、烯烃加氢饱和后送入裂化反应器发生裂化反应，反应流出物进入高压分离器，顶部分离出循环氢进入氢气加热炉，下部抽出反应生成油进入低压分离器闪蒸出干气，再经脱硫化氢塔脱除酸性气体后送入分馏单元分离出轻石脑油、柴油、重石脑油和尾油。典型加氢裂化装置工艺流程简图如图 3-4 所示。

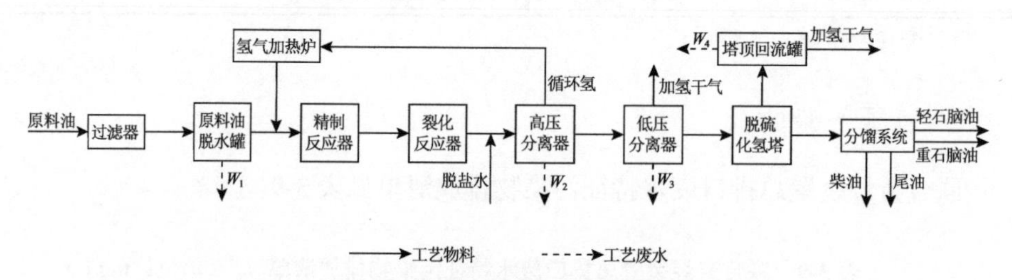

图 3-4 加氢裂化装置工艺流程及废水产生节点图

W_1～W_4代表含义同表 3-10

2. 物料平衡和水平衡分析

1）物料平衡

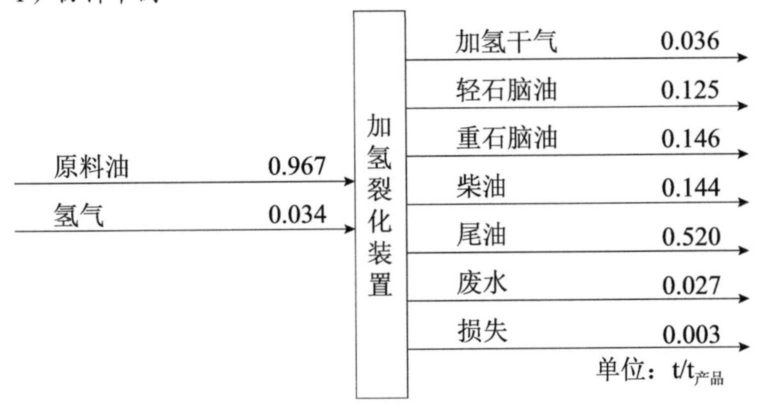

2）水平衡

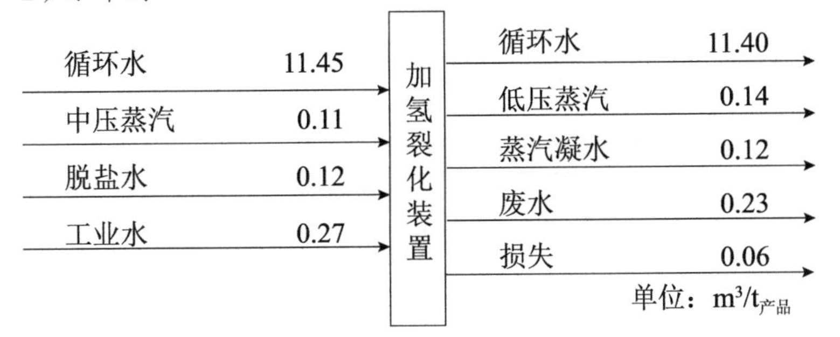

3.4.2 废水水量

加氢裂化装置废水产生/排放情况如表3-10所示：高压分离器、低压分离器、脱硫化氢塔塔顶回流罐排出含硫废水，流量分别为 $0.058m^3/t_{产品}$、$0.004m^3/t_{产品}$、$0.001m^3/t_{产品}$；原料油脱水罐废水 $0.027m^3/t_{产品}$；机泵冷却水 $0.027m^3/t_{产品}$；压缩机气封冷却水 $0.111m^3/t_{产品}$；蒸汽凝液 $0.027m^3/t_{产品}$，间歇排放。

表3-10　加氢裂化装置废水产生/排放情况

排水节点	排放系数/（$m^3/t_{产品}$）	排放规律	备注
原料油脱水罐废水 W_1	0.027	连续	脱除原料油中所含游离水
高压分离器废水 W_2	0.058	连续	原料油经加氢精制反应使其中所含硫、氮、氧等化合物转化为硫化氢、氨和水，反应物再经裂化反应并降温后注入脱盐水洗涤以防铵盐沉积，注水洗后的反应物经冷却后进入高压分离器进行油、气、水三相分离，得到含硫污水

续表

排水节点	排放系数/（$m^3/t_{产品}$）	排放规律	备注
低压分离器废水 W_3	0.004	连续	高压分离器流出反应物再经低压分离器进一步分离，得到含硫污水
脱硫化氢塔塔顶回流罐废水 W_4	0.001	连续	脱硫化氢塔进料中夹带溶解的水分经塔顶回流罐分离，得到含硫污水
机泵冷却水 W_5	0.027	连续	装置运行过程中各机泵冷却产生废水
压缩机气封冷却水 W_6	0.111	连续	氢气压缩机运转过程中气封冷却产生废水
蒸汽凝液 W_7	0.027	间歇	—

3.4.3 废水水质

1. 常规指标

加氢裂化装置总排口废水常规指标监测结果见表 3-11。

表 3-11 加氢裂化装置总排口废水常规指标监测结果

水质指标	数值	水质指标	数值
pH	6.91～7.27	氨氮/（mg/L）	0.12～3.47
COD/（mg/L）	10.0～22.3	SS/（mg/L）	4～19
BOD_5/（mg/L）	0.72	全盐量/（mg/L）	270～800
TOC/（mg/L）	5.95～10.1	石油类/（mg/L）	0.6～1.62
TN/（mg/L）	7.3～12.6	挥发酚/（mg/L）	0.03～0.353
TP/（mg/L）	0.85～1.25	硫化物/（mg/L）	0.16～7.71

注：不包含含硫废水。

2. 特征污染物

加氢裂化装置总排口废水特征污染物排放清单见表 3-12。

表 3-12 加氢裂化装置总排口废水特征污染物排放清单 （单位：mg/L）

特征污染物	含量
甲苯	未检出～0.009

注：不包含含硫废水。

3. 主要污染指标

采用等标污染负荷法对加氢裂化装置主要污染物进行分析，直接排放时，加氢裂化装置主要污染指标为总磷含量、总有机碳含量、硫化物含量、挥发酚含量、化学需氧量、石油类含量、总氮含量；间接排放时，加氢裂化装置主要污染指标为硫化物含量、挥发酚含量、石油类含量。

3.5 柴油加氢装置

3.5.1 装置简介

柴油加氢装置以催化柴油、延迟焦化装置焦化柴油和焦化汽油的混合油为原料，采用中国石油化工股份有限公司北京石油化工研究院加氢精制工艺，产品为精制柴油、粗汽油、加氢干气。

1. 装置工艺流程

原料油经过滤后与氢气混合送加热炉加热后进入加氢反应器，在催化剂作用下进行加氢反应，以使原料中的含硫、氮和氧等化合物转化为硫化氢、氨和水，并使芳烃、烯烃加氢饱和，反应流出物进入高压分离器，顶部分离出循环氢进入氢气压缩机，下部抽出反应生成油进入低压分离器闪蒸出加氢干气，再经脱硫化氢塔脱出加氢干气后送入分馏单元分离得精制柴油、粗汽油。典型柴油加氢装置工艺流程简图如图 3-5 所示。

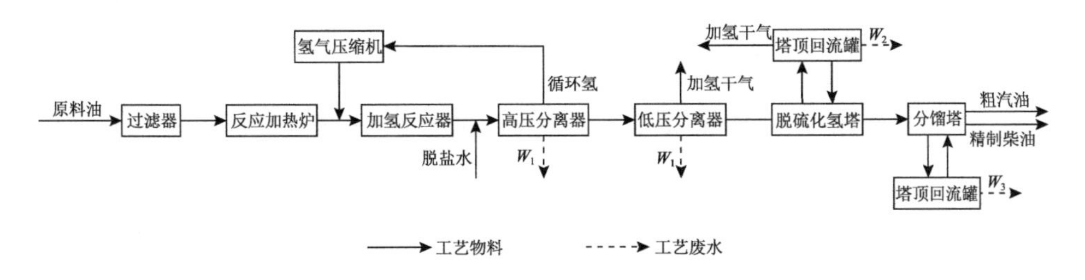

图 3-5 柴油加氢装置工艺流程及废水产生节点图

W_1～W_3代表含义同表 3-13

2. 物料平衡和水平衡分析

1）物料平衡

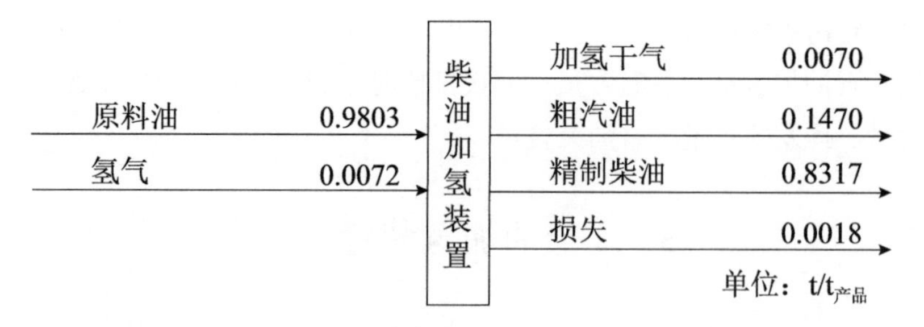

2）水平衡

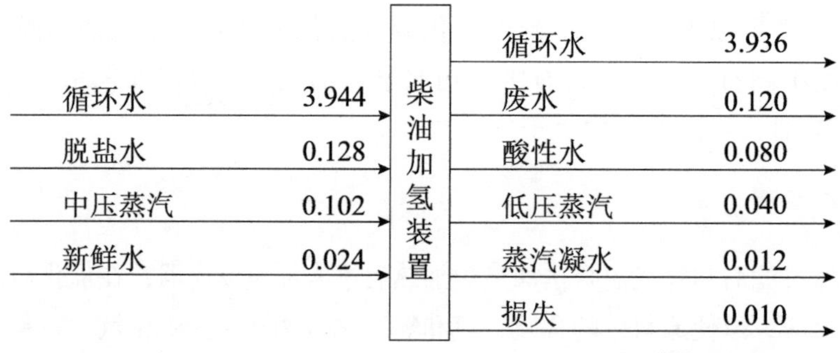

3.5.2 废水水量

柴油加氢装置废水产生/排放情况如表 3-13 所示：高、低压分离器废水 0.056m³/t 产品；脱硫化氢塔塔顶回流罐废水 0.024m³/t 产品；分馏塔塔顶回流罐废水 0.072m³/t 产品；机泵冷却水 0.024m³/t 产品；蒸汽凝液 0.024m³/t 产品，间歇排放。

表 3-13　柴油加氢装置废水产生/排放情况

排水节点	排放系数/（m³/t 产品）	排放规律	备注
高、低压分离器废水 W_1	0.056	连续	原料油经加氢精制反应使其中所含硫、氮、氧等化合物转化为硫化氢、氨和水，反应物再经裂化反应并降温后注入脱盐水洗涤以防铵盐沉积，注水洗后的反应物经冷却后进入高压分离器进行油、气、水三相分离，得到含硫污水；高压分离器流出反应物再经低压分离器进一步分离，得到含硫污水
脱硫化氢塔塔顶回流罐废水 W_2	0.024	连续	脱硫化氢塔进料中夹带溶解的水分经塔顶回流罐分离，得到含硫污水

续表

排水节点	排放系数/（$m^3/t_{产品}$）	排放规律	备注
分馏塔塔顶回流罐废水 W_3	0.072	连续	脱硫化氢汽提塔油相物料进入分馏塔，经蒸汽汽提处理后，油气入塔顶回流罐分离出废水
机泵冷却水 W_4	0.024	连续	—
蒸汽凝液 W_5	0.024	间歇	—

3.5.3　废水水质

1. 常规指标

柴油加氢装置各节点废水常规指标监测结果见表 3-14 和表 3-15。

表 3-14　分馏塔塔顶回流罐废水常规指标监测结果

水质指标	数值	水质指标	数值
pH	6.71～7.8	TP/（mg/L）	0.01～0.04
COD/（mg/L）	10～72.2	氨氮/（mg/L）	0.173～1.33
BOD_5/（mg/L）	1.17	SS/（mg/L）	5～11
TOC/（mg/L）	4.82～70.1	全盐量/（mg/L）	32～70
TN/（mg/L）	1.1～2.5	挥发酚/（mg/L）	1.62～52.1

表 3-15　柴油加氢装置总排口废水常规指标监测结果

水质指标	数值	水质指标	数值
pH	6.42～7.53	氨氮/（mg/L）	0.548～1.26
COD/（mg/L）	21.9～547	SS/（mg/L）	21～71
BOD_5/（mg/L）	2.53	全盐量/（mg/L）	60～338
TOC/（mg/L）	12.1～61.1	石油类/（mg/L）	2.32～14.8
TN/（mg/L）	7.5～11.5	挥发酚/（mg/L）	0.041～0.25
TP/（mg/L）	1.51～2.69	硫化物/（mg/L）	0.08～0.75

注：不包含含硫废水。

2. 特征污染物

柴油加氢装置各节点总排口废水特征污染物监测结果见表 3-16 和表 3-17。

表 3-16 分馏塔塔顶回流罐废水特征污染物监测结果 （单位：mg/L）

特征污染物	含量	特征污染物	含量
苯	1.200～2.330	间二甲苯	未检出～0.838
甲苯	2.370～4.750	对二甲苯	未检出～0.348
乙苯	0.059～0.122	邻二甲苯	未检出～0.958

表 3-17 柴油加氢装置总排口废水特征污染物监测结果 （单位：mg/L）

特征污染物	含量	特征污染物	含量
苯	未检出～0.152	间二甲苯	未检出～0.082
甲苯	未检出～0.375	对二甲苯	未检出～0.100
乙苯	未检出～0.014	邻二甲苯	未检出～0.037

注：不包含含硫废水。

3. 主要污染指标

采用等标污染负荷法对柴油加氢装置主要污染物进行分析，直接排放时，柴油加氢装置主要污染指标为总磷含量、化学需氧量、石油类含量、总有机碳含量、悬浮物含量、甲苯含量；间接排放时，柴油加氢装置主要污染指标为甲苯含量、石油类含量、苯含量、挥发酚含量、硫化物含量。

3.6 延迟焦化装置

3.6.1 装置简介

延迟焦化装置以常减压装置减压渣油为原料，产品有干气、液化气、汽油、柴油、轻蜡油、重蜡油及焦炭。

1. 装置工艺流程

原料渣油经加热后送入焦炭塔进行裂解、缩合反应，生成焦炭和油气，高温油气自焦炭塔顶入分馏塔分离出产物轻蜡油、重蜡油、柴油及混合油气。油气再经塔顶进料平衡罐分离，粗汽油送吸收塔，富气经压缩机压缩后送入进料平衡罐再次分离出油、气后经稳定单元多次吸收、分离后得到干气、液化气、汽油。干气经脱硫后，液化气经脱硫、脱硫醇后出装置，同时脱硫塔富液经溶剂再生后返回脱硫塔。

焦炭塔冷焦产生的大量蒸汽及少量油气进入接触冷却塔冷却后，重油返回焦炭塔，塔顶油气入油气分离罐，分离出污油入污油收集罐，污水入切焦水池。同时冷焦水送至冷焦水油水分离罐油水分离后，冷焦水入冷焦水储罐储存、回用，油相再经冷焦水沉降罐沉降分离后，污油送污油收集罐，水送入冷焦水储罐。

典型延迟焦化装置工艺流程简图如图3-6所示。

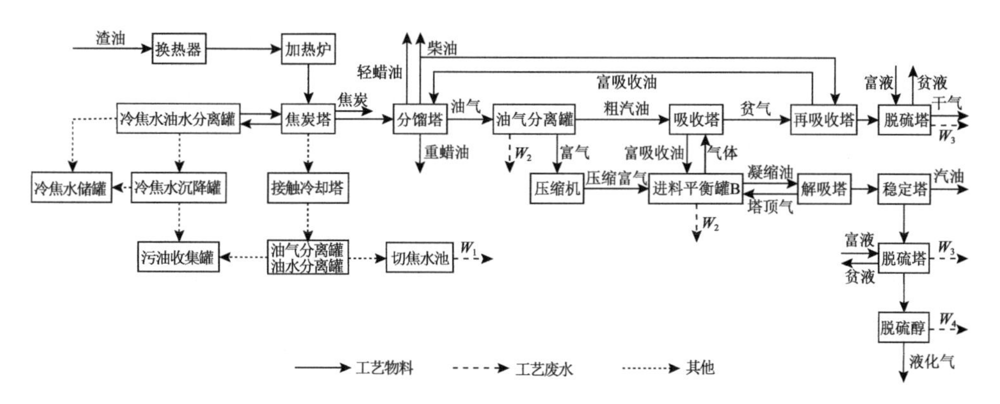

图3-6　延迟焦化装置工艺流程及废水产生节点图

W_1～W_4代表含义同表3-18

2. 物料平衡和水平衡分析

1）物料平衡

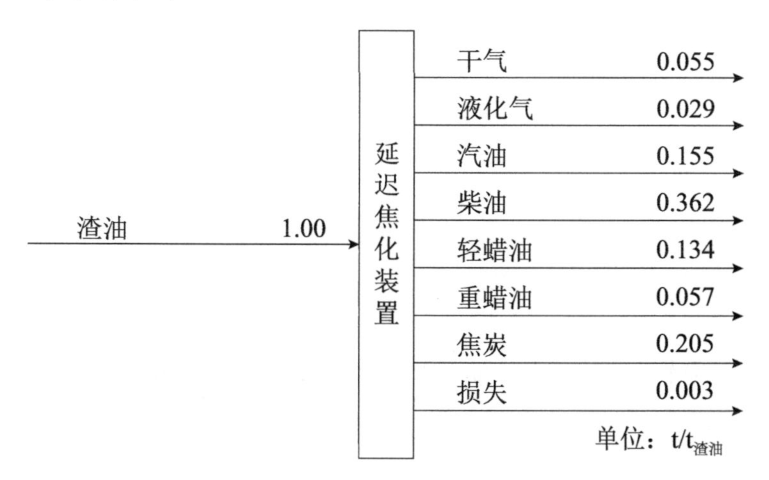

2）水平衡

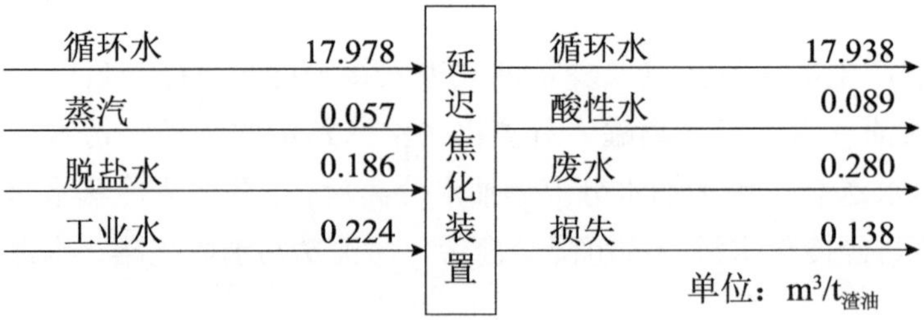

输入	数值		输出	数值
循环水	17.978	延迟焦化装置	循环水	17.938
蒸汽	0.057		酸性水	0.089
脱盐水	0.186		废水	0.280
工业水	0.224		损失	0.138

单位：$m^3/t_{渣油}$

3.6.2　废水水量

延迟焦化装置废水产生/排放情况如表 3-18 所示：切焦水池废水 0.208$m^3/t_{渣油}$；稳定系统酸性废水 0.096$m^3/t_{渣油}$；脱硫单元废水 0.032$m^3/t_{渣油}$；脱硫醇废碱液 0.00008$m^3/t_{渣油}$，间歇排水；机泵冷却水 0.016$m^3/t_{渣油}$；蒸汽凝液 0.024$m^3/t_{渣油}$，间歇排水。

表 3-18　延迟焦化装置废水产生/排放情况

排水节点	排放系数/（$m^3/t_{渣油}$）	排放规律	备注
切焦水池废水 W_1	0.208	连续	焦炭塔吹气、冷焦时产生的大量蒸汽及少量油气进入接触冷却塔洗涤冷却后，塔顶蒸汽及轻质油气再经接触冷却，进入接触冷却塔顶油气分离罐，分离出污油和污水
稳定系统酸性废水 W_2	0.096	连续	分馏塔中蒸汽使轻质油气化后生成油气混合物依次进入分馏塔塔顶油气分离罐、压缩机出口进料平衡罐分离出酸性水
脱硫单元废水 W_3	0.032	连续	干气、液化气经脱硫处理后再经水洗除去微量碱
脱硫醇废碱液 W_4	0.00008	间歇	液化气与 10%碱液混合脱硫醇后，碱液循环使用，同时部分碱渣与碱液沉降分离排出
机泵冷却水 W_5	0.016	连续	—
蒸汽凝液 W_6	0.024	间歇	—

3.6.3　废水水质

1. 常规指标

延迟焦化装置各节点废水常规指标监测结果见表 3-19～表 3-21。

表 3-19　切焦水池废水常规指标监测结果

水质指标	数值	水质指标	数值
pH	7.03～8.14	TP/（mg/L）	0.08～0.15
COD/（mg/L）	171～275	氨氮/（mg/L）	25.9～31.8
BOD_5/（mg/L）	89.1	SS/（mg/L）	13～90
TOC/（mg/L）	60.9～111	全盐量/（mg/L）	40～48
TN/（mg/L）	14.4～37.2	挥发酚/（mg/L）	18.8～33.4

表 3-20　脱硫单元废水常规指标监测结果

水质指标	数值	水质指标	数值
pH	7.39～9.14	TP/（mg/L）	0.01～0.26
COD/（mg/L）	225～387	氨氮/（mg/L）	0.466～1.73
BOD_5/（mg/L）	181	SS/（mg/L）	4～11
TOC/（mg/L）	61.7～103	全盐量/（mg/L）	40～387
TN/（mg/L）	2.7～9.8	挥发酚/（mg/L）	0.078～0.155

表 3-21　延迟焦化装置总排口废水常规指标监测结果

水质指标	数值	水质指标	数值
pH	6.47～7.28	氨氮/（mg/L）	1.86～33
COD/（mg/L）	74.1～345	SS/（mg/L）	16～55
BOD_5/（mg/L）	69	全盐量/（mg/L）	115～460
TOC/（mg/L）	22～111	石油类/（mg/L）	1.74～139
TN/（mg/L）	5.5～27.5	挥发酚/（mg/L）	0.23～2.17
TP/（mg/L）	0.06～3.92	硫化物/（mg/L）	0.24～2.25

注：不包含含硫废水。

2. 特征污染物

延迟焦化装置各节点废水特征污染物监测结果见表 3-22～表 3-23。

表 3-22　切焦水池废水特征污染物监测结果　（单位：mg/L）

特征污染物	含量	特征污染物	含量
苯	未检出～0.001	甲苯	未检出～0.001

表 3-23　延迟焦化装置总排口废水特征污染物监测结果　（单位：mg/L）

特征污染物	含量	特征污染物	含量
苯	未检出～0.002	邻二甲苯	未检出～0.013
甲苯	未检出～0.079	对二甲苯	未检出～0.018
乙苯	未检出～0.003	间二甲苯	未检出～0.005

注：不包含含硫废水。

3. 主要污染指标

采用等标污染负荷法对延迟焦化装置主要污染物进行分析，直接排放时，延迟焦化装置主要污染指标为苯并[a]芘含量、石油类含量、五日生化需氧量；间接排放时，延迟焦化装置主要污染指标为苯并[a]芘含量。

3.7　烃重组装置

3.7.1　装置简介

烃重组装置以汽油加氢装置重汽油（＞80℃）为原料，采用北京金伟晖工程技术有限公司 HR™烃重组专利技术，生产高辛烷值组分（混合芳烃）、化工轻油和低凝柴油。

1. 装置工艺流程

原料重汽油经抽提塔抽提处理后，塔顶抽余油送水洗塔水洗后进入切割塔单元处理得低凝柴油、化工轻油，塔底液富溶剂与水洗塔来的汽提水送至回收塔分离，塔底液贫溶剂部分返回抽提塔，部分去往溶剂再生单元再生，塔顶高辛烷值组分部分送至抽提塔作反洗液、部分出装置。典型烃重组装置工艺流程简图如图 3-7 所示。

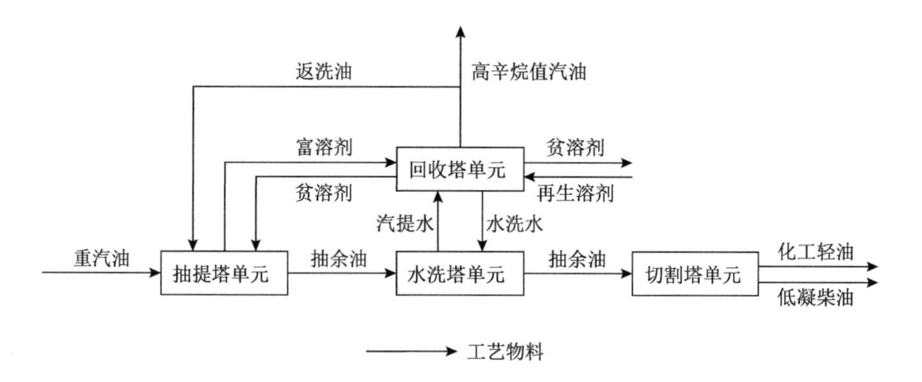

图 3-7　烃重组装置工艺流程及废水产生节点图

2. 物料平衡和水平衡分析

1）物料平衡

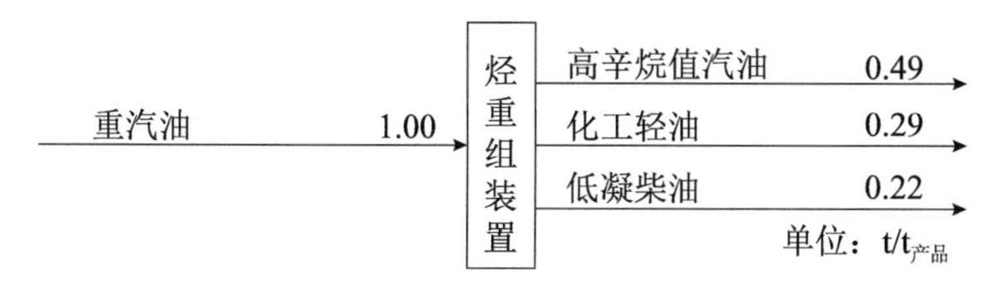

2）水平衡

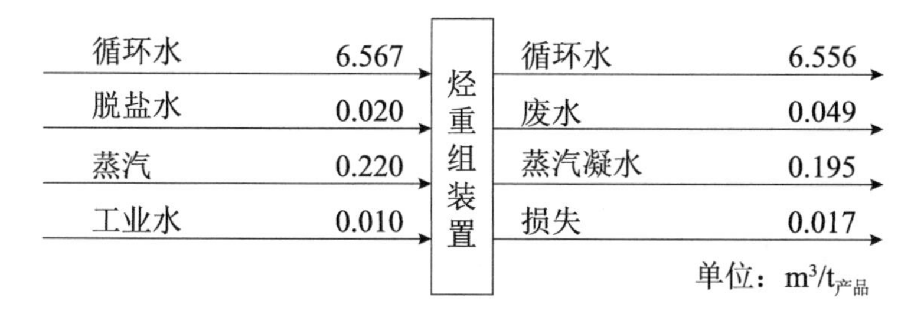

3.7.2　废水水量

烃重组装置废水产生/排放情况如表 3-24 所示：液环真空泵冷却水 0.02$m^3/t_{产品}$，机泵冷却水 0.01$m^3/t_{产品}$，蒸汽凝液 0.02$m^3/t_{产品}$。

表 3-24　烃重组装置废水产生/排放情况

排水节点	排放系数/（$m^3/t_{产品}$）	排放规律
液环真空泵冷却水 W_1	0.02	连续

续表

排水节点	排放系数/（$m^3/t_{产品}$）	排放规律
机泵冷却水 W_2	0.01	连续
蒸汽凝液 W_3	0.02	连续

3.7.3 废水水质

1. 常规指标

烃重组装置总排口废水常规指标监测结果见表3-25。

表3-25　烃重组装置总排口废水常规指标监测结果

水质指标	数值	水质指标	数值
pH	6.73～7.26	氨氮/（mg/L）	0.371～1.55
COD/（mg/L）	113～328	SS/（mg/L）	5.0～9.0
BOD_5/（mg/L）	1.75	全盐量/（mg/L）	168～586
TOC/（mg/L）	5.21～638	石油类/（mg/L）	10.3～24.1
TN/（mg/L）	3.3～8.5	挥发酚/（mg/L）	0.01～0.589
TP/（mg/L）	0.04～0.2	硫化物/（mg/L）	0.056～0.7

注：不包含含硫废水。

2. 特征污染物

烃重组装置总排口废水特征污染物排放清单见表3-26。

表3-26　烃重组装置总排口废水特征污染物排放清单　（单位：mg/L）

特征污染物	含量	特征污染物	含量
苯	未检出～0.013	邻二甲苯	未检出～0.059
甲苯	未检出～0.032	间二甲苯	未检出～0.028
乙苯	未检出～0.002	对二甲苯	未检出～0.058

注：不包含含硫废水。

3. 主要污染指标

采用等标污染负荷法对烃重组装置主要污染物进行分析，直接排放时，烃重组装置主要污染指标为石油类含量、总有机碳含量、挥发酚含量、硫化物含量、化学需氧量；间接排放时，烃重组装置主要污染指标为硫化物含量、挥发酚含量、石油类含量、对二甲苯含量。

3.8　汽油加氢装置

3.8.1　装置简介

汽油加氢装置以催化裂化装置催化汽油为原料，采用法国 Axens 公司汽油选择性加氢专利技术，主要产品为轻汽油、重汽油。

1. 装置工艺流程

原料催化汽油与氢气混合进入选择性加氢反应器反应后，反应生成物送入分馏塔分离得燃料气、轻汽油，塔底液与来自循环氢压缩机的循环氢混合，在加氢脱硫反应器催化剂作用下进行加氢脱硫、烯烃饱和等反应后进入稳定塔处理得酸性气、重汽油。同时加氢脱硫反应器分离出气体送往胺吸收塔经贫胺液吸收后，生成燃料气出装置，塔底排出富胺液，脱硫气体与氢气混合后入循环氢压缩机压缩后循环使用。典型汽油加氢装置工艺流程简图如图 3-8 所示。

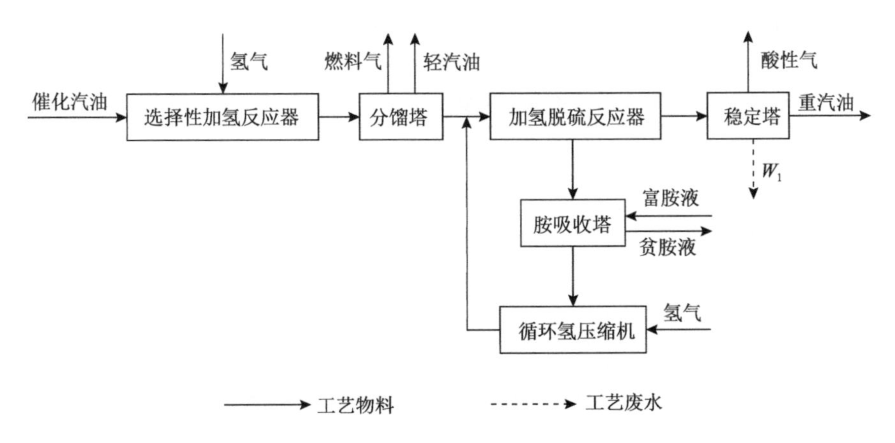

图 3-8　汽油加氢装置工艺流程及废水产生节点图

W_1 为管道清洗废水

2. 物料平衡和水平衡分析

1）物料平衡

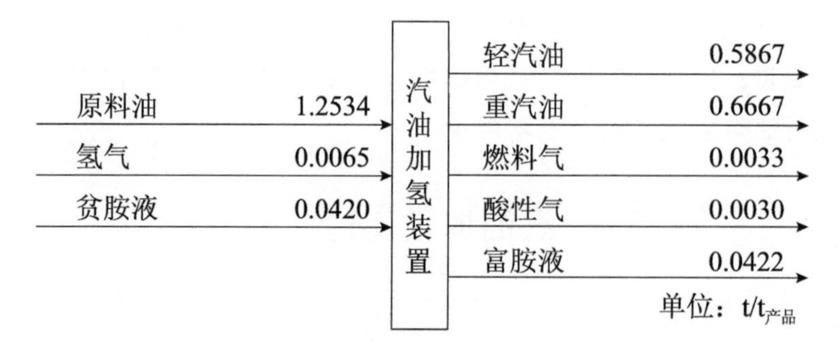

2）水平衡

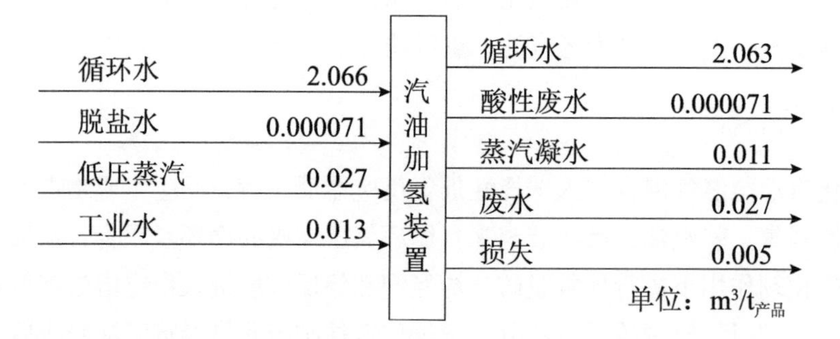

3.8.2 废水水量

汽油加氢装置废水产生/排放情况如表3-27所示：管道清洗废水0.00007m^3/t$_{产品}$，间歇排放；机泵冷却水0.013m^3/t$_{产品}$；蒸汽凝液0.013m^3/t$_{产品}$，间歇排放。

表3-27　汽油加氢装置废水产生/排放情况

排水节点	排放系数/（m^3/t$_{产品}$）	排放规律	备注
管道清洗废水 W_1	0.00007	间歇	为防止反应生成的铵盐在低温下结晶堵塞管道和反应产物空冷器管束，在反应产物空冷器前注入除盐水以洗去铵盐
机泵冷却水 W_2	0.013	连续	—
蒸汽凝液 W_3	0.013	间歇	—

3.8.3　废水水质

1. 常规指标

汽油加氢装置总排口废水常规指标监测结果见表 3-28。

表 3-28　汽油加氢装置总排口废水常规指标监测结果

水质指标	数值	水质指标	数值
pH	6.58～6.98	氨氮/（mg/L）	0.575～2.97
COD/（mg/L）	18.1～36.1	SS/（mg/L）	4～11
BOD_5/（mg/L）	3.23	全盐量/（mg/L）	244～558
TOC/（mg/L）	1.56～51	石油类/（mg/L）	1.17～3.38
TN/（mg/L）	4.2～11.6	挥发酚/（mg/L）	0.05～0.331
TP/（mg/L）	0.04～0.2	硫化物/（mg/L）	0.04～0.7

注：不包含含硫废水。

2. 特征污染物

汽油加氢装置总排口废水特征污染物排放清单见表 3-29。

表 3-29　汽油加氢装置总排口废水特征污染物排放清单　（单位：mg/L）

特征污染物	含量	特征污染物	含量
苯	未检出～0.038	对二甲苯	未检出～0.006
甲苯	未检出～0.012	间二甲苯	未检出～0.015
乙苯	未检出～0.002	邻二甲苯	未检出～0.003

注：不包含含硫废水。

3. 主要污染指标

采用等标污染负荷法对汽油加氢装置主要污染物进行分析，直接排放时，汽油加氢装置主要污染指标为总有机碳含量、挥发酚含量、石油类含量、化学需氧量、硫化物含量、五日生化需氧量、氨氮含量、苯含量；间接排放时，汽油加氢装置主要污染指标为挥发酚含量、苯含量、硫化物含量、石油类含量、甲苯含量。

3.9 硫磺回收装置

3.9.1 装置简介

硫磺回收装置以厂内上游常减压、催化裂化等装置产生的酸性废水及催化裂化装置干气脱硫系统和延迟焦化装置脱硫系统产生含高浓度硫化氢的甲基二乙醇胺溶液（富液）为主要原料，采用硫化氢与空气部分燃烧方法及二级转化克劳斯（Claus）制硫工艺，主要产品有硫磺、液氨。

1. 装置工艺流程

硫磺回收装置由溶剂再生单元、酸性水汽提单元、硫磺回收单元组成。

1）溶剂再生单元

催化干气脱硫系统及延迟焦化脱硫系统来的含有高浓度硫化氢的甲基二乙醇胺溶液（富液）经过闪蒸罐闪蒸出轻烃后，进入溶剂再生塔汽提得到高浓度硫化氢气体送硫磺回收单元，同时得到贫液溶剂甲基二乙醇胺溶液。

2）酸性水汽提单元

酸性水经原料水脱气罐、原料水罐脱除轻油气、轻污油后进入汽提塔汽提处理，得到高浓度粗氨气经精制后生成液氨，塔底排出净化水，塔顶酸性气送至硫磺回收单元。

3）硫磺回收单元

自溶剂再生单元来的硫化氢和酸性水汽提单元来的酸性气混合进入酸性气分液罐分液，酸性水定期送至酸性水汽提单元原料水罐，酸性气入燃烧炉燃烧产生高温过程气经冷却降温后进入反应器在 Claus 催化剂作用下，硫化氢与二氧化硫发生反应生成硫磺。反应产生的尾气送入急冷塔冷却后产生酸性水送至酸性水汽提单元，经急冷后的尾气经尾气吸收塔吸收后送至尾气焚烧炉。

典型硫磺回收装置工艺流程简图如图 3-9 所示。

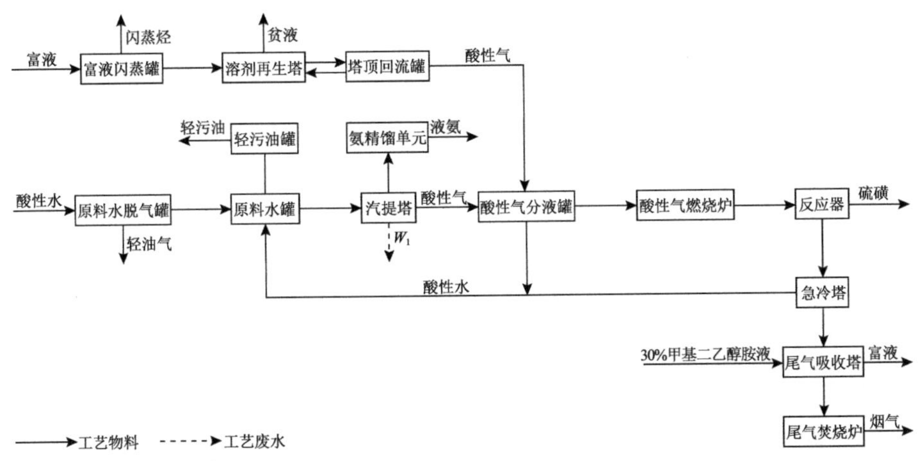

图 3-9　硫磺回收装置工艺流程及废水产生节点图

W_1为汽提塔净化水

2. 物料平衡和水平衡分析

1）物料平衡

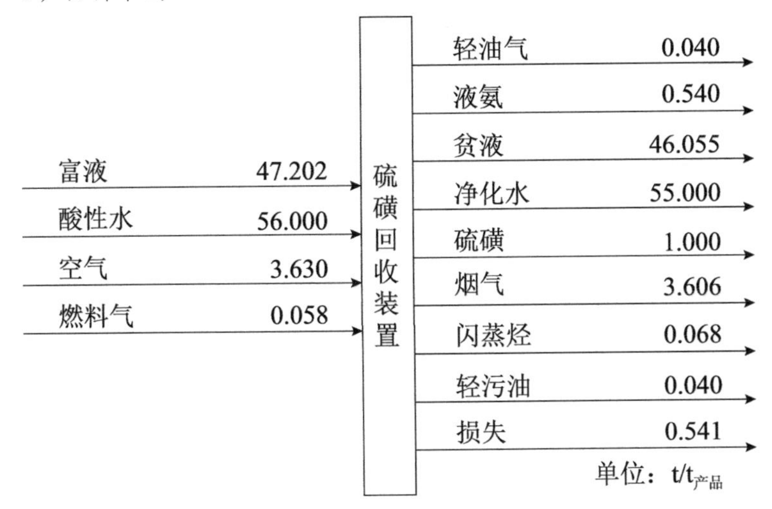

2）水平衡

输入		硫磺回收装置	输出	
循环水	430.00		循环水	428.80
低压蒸汽	9.60		蒸气凝水	10.40
脱盐水	2.40		废水	1.60
工业水	1.92		损失	3.12

单位：$m^3/t_{产品}$

3.9.2 废水水量

硫磺回收装置废水产生/排放情况如表 3-30 所示：汽提塔净化水 20m^3/t$_{产品}$，机泵冷却水 0.8m^3/t$_{产品}$，蒸汽凝液 0.8m^3/t$_{产品}$。

表 3-30 硫磺回收装置废水产生/排放情况

排水节点	排放系数/（m^3/t$_{产品}$）	排放规律	备注
汽提塔净化水 W_1	20	连续	来自其他装置的酸性废水经酸性水汽提单元处理后排水
机泵冷却水 W_2	0.8	间歇	—
蒸汽凝液 W_3	0.8	间歇	—

3.9.3 废水水质

1. 常规指标

硫磺回收装置各节点废水常规指标监测结果见表 3-31～表 3-33。

表 3-31 汽提塔进水（酸性水）常规指标监测结果

水质指标	数值	水质指标	数值
pH	10.21～10.44	TP/（mg/L）	5.37～16.3
COD/（mg/L）	34400～39200	氨氮/（mg/L）	11600～12900
BOD_5/（mg/L）	18800	SS/（mg/L）	9～19
TOC/（mg/L）	5550～6240	全盐量/（mg/L）	95～260
TN/（mg/L）	12500～23600	挥发酚/（mg/L）	0.129～0.272

表 3-32 汽提塔净化水常规指标监测结果

水质指标	数值	水质指标	数值
pH	8.26～8.83	TP/（mg/L）	0.12～1.36
COD/（mg/L）	628～750	氨氮/（mg/L）	27.2～34.1
BOD_5/（mg/L）	342	SS/（mg/L）	4～6
TOC/（mg/L）	227～234	全盐量/（mg/L）	4～152
TN/（mg/L）	40.5～47.1	挥发酚/（mg/L）	118～169

表 3-33　硫磺回收装置总排口废水常规指标监测结果

水质指标	数值	水质指标	数值
pH	8.75～8.80	氨氮/（mg/L）	38.7～43.9
COD/（mg/L）	163～571	SS/（mg/L）	7～17.0
BOD_5/（mg/L）	347	全盐量/（mg/L）	105～445
TOC/（mg/L）	119～190	石油类/（mg/L）	1.39～23.3
TN/（mg/L）	51.4～58.4	挥发酚/（mg/L）	38.9～121
TP/（mg/L）	0.43～1.39	硫化物/（mg/L）	0.44～5.06

2. 特征污染物

硫磺回收装置各节点废水特征污染物排放清单见表 3-34～表 3-36。

表 3-34　汽提塔进水（酸性水）废水特征污染物排放清单　（单位：mg/L）

特征污染物	含量	特征污染物	含量
苯	4.270～11.280	甲苯	3.561～18.100
乙苯	0.283～0.520	邻二甲苯	1.856～11.820
间二甲苯	未检出～3.460	萘	0.009～0.024
对二甲苯	0.494～1.710	苯胺	未检出～0.171

表 3-35　汽提塔净化水废水特征污染物排放清单　（单位：mg/L）

特征污染物	含量
苯胺	未检出～0.042

表 3-36　硫磺回收装置总排口废水特征污染物排放清单　（单位：mg/L）

特征污染物	含量	特征污染物	含量
苯	0.005～0.015	苯胺	0.243～50.352
甲苯	未检出～0.0182	邻二甲苯	未检出～0.013
对二甲苯	未检出～0.011	萘	未检出～0.002
乙苯	未检出～0.001	异丙苯	0.015～0.030

3. 主要污染指标

采用等标污染负荷法对硫磺回收装置主要污染物进行分析，直接排放时，硫磺回收装置主要污染指标为挥发酚含量、五日生化需氧量等；间接排放时，硫磺回收装置主要污染指标为挥发酚含量。

第 4 章　有机原料生产装置废水污染物解析

4.1　乙 烯 装 置

4.1.1　装置简介

乙烯装置以石脑油、轻柴油、加氢尾油、液化气为主要原料，生产乙烯、丙烯、C_4、加氢汽油、H_2 等产品。

1. 装置工艺流程

原料经预热后进入裂解炉裂解产生裂解气并经热量交换、急冷器降温冷却后进入油洗塔分离，侧线采出裂解柴油，塔釜采出裂解燃料油部分送出、部分用于原料预热或发生低压稀释蒸汽，塔顶采出含氢、气态烃、裂解汽油以及稀释蒸汽和酸性气体的裂解气送入水洗塔后再次冷却，稀释蒸汽冷凝水与裂解汽油由塔底排出进入油水分离器分离出水部分用于水洗塔急冷循环水、部分送至稀释蒸汽发生器，裂解汽油经脱 C_5 塔、脱 C_9 塔脱除 C_5、C_9 组分后加氢产生加氢汽油。裂解气自水洗塔塔顶去往压缩机压缩后入碱洗塔脱除酸性气体，再经干燥器干燥后送入脱乙烷塔脱出 C_2 以下组分，再经脱丙烷塔等一系列后续分离过程分别产出丙烯、丙烷、C_4 及 C_5 以上组分，C_2 以下组分经深冷单元分离出甲烷、H_2 后再经乙烯精馏塔分离得乙烷、乙烯，C_5 以上组分送汽油加氢单元脱除 C_5、C_9 后加氢产生加氢汽油。

典型乙烯装置工艺流程简图如图 4-1 所示。

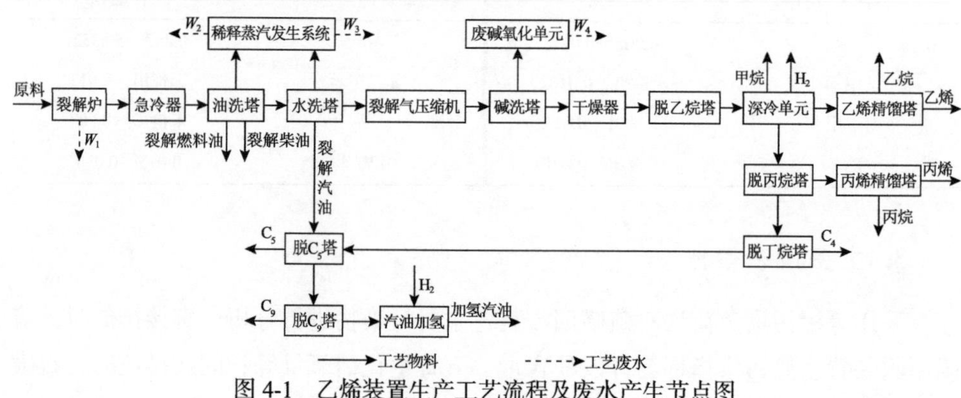

图 4-1　乙烯装置生产工艺流程及废水产生节点图

W_1~W_4 代表含义同表 4-1

2. 物料平衡和水平衡分析

1）物料平衡

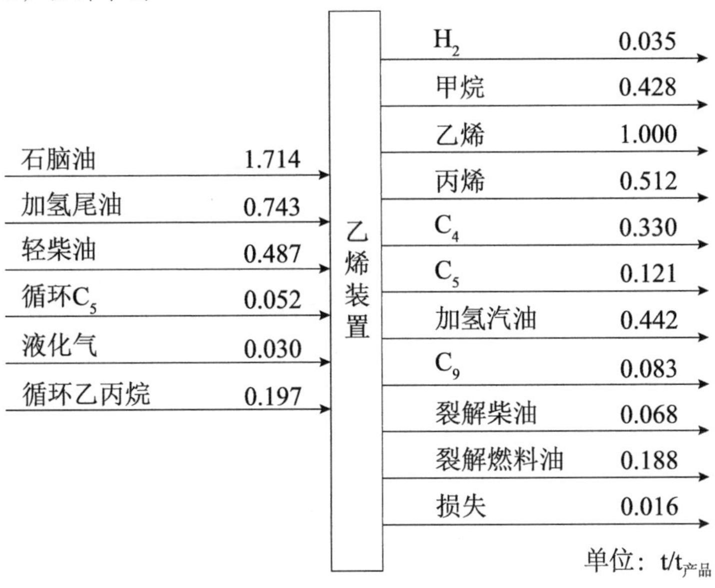

2）水平衡

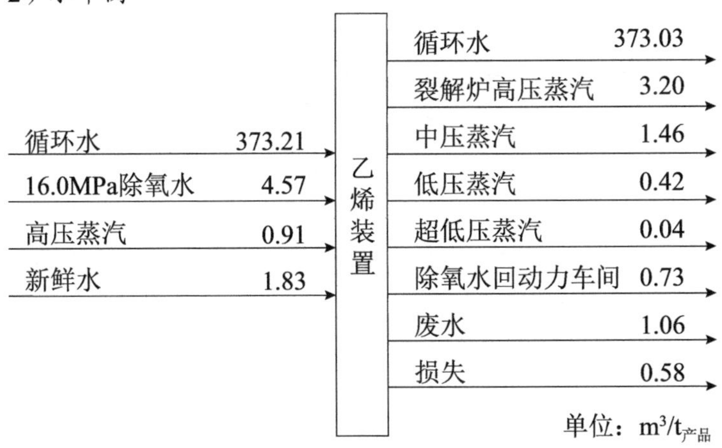

4.1.2　废水水量

乙烯装置废水产生/排放情况如表 4-1 所示：裂解炉汽包排污水 $0.034m^3/t_{产品}$，新区蒸汽发生系统排水 $0.17m^3/t_{产品}$，老区蒸汽发生系统排水 $0.23m^3/t_{产品}$，废碱氧化单元排水 $0.05m^3/t_{产品}$，大火炬水封罐排污 $0.01m^3/t_{产品}$。

表 4-1　乙烯装置废水产生/排放情况

排水节点	排放系数/（$m^3/t_{产品}$）	排放规律	备注
裂解炉汽包排污水 W_1	0.034	连续	为保证锅炉蒸汽品质，需连续排出废水
新区蒸汽发生系统排水 W_2	0.17	连续	裂解气经油洗、水洗后余热进入稀释蒸汽发生系统产生蒸汽，在此过程中排出污水
老区蒸汽发生系统排水 W_3	0.23	连续	裂解气经油洗、水洗后余热进入稀释蒸汽发生系统产生蒸汽，在此过程中排出污水
废碱氧化单元排水 W_4	0.05	连续	碱洗塔排出的废碱液进入废碱氧化单元，首先在废碱汽提塔将废碱中的轻组分进行汽提，然后在废碱沉降罐中将废碱液中所含的重油进行沉降分离；最后废碱液通过废碱氧化反应器的氧化和用酸中和将废碱液的 pH 处理到控制指标范围内后排放
大火炬水封罐排污 W_5	0.01	连续	—

4.1.3　废水水质

1. 常规指标

乙烯装置总排口废水常规指标监测结果见表 4-2。

表 4-2　乙烯装置总排口废水常规指标监测结果

水质指标	数值	水质指标	数值
pH	9.15～9.84	TP/（mg/L）	0.27～0.40
COD/（mg/L）	329～660	氨氮/（mg/L）	1.21～5.36
BOD_5/（mg/L）	38	SS/（mg/L）	115～588
TOC/（mg/L）	113～230	全盐量/（mg/L）	360～4270
TN/（mg/L）	7.16～9.35	挥发酚/（mg/L）	33.3～45.6
石油类/（mg/L）	48.2～55.4		

2. 特征污染物

乙烯装置总排口废水特征污染物排放清单见表 4-3。

表 4-3　乙烯装置总排口废水特征污染物排放清单　（单位：mg/L）

特征污染物	含量	特征污染物	含量
苯	0.145～1.955	异丙苯	0.006～0.179
甲苯	0.196～1.202	乙苯	0.007～0.055

续表

特征污染物	含量	特征污染物	含量
对二甲苯	0.025～0.211	邻二甲苯	未检出～0.205
苯乙烯	0.072～1.788	萘	0.003～0.081
间二甲苯	0.027～0.346		

3. 主要污染指标

采用等标污染负荷法对乙烯装置主要污染物进行分析，直接排放时，乙烯装置主要污染指标为挥发酚含量、苯含量、石油类含量、化学需氧量；间接排放时，乙烯装置主要污染指标为挥发酚含量、苯含量、甲苯含量。

4.2　环氧乙烷装置

4.2.1　装置简介

环氧乙烷装置以乙烯、氧气为原料，生产环氧乙烷。

1. 装置工艺流程

原料乙烯和氧气按一定比例混合后送入反应器，通过控制一定反应温度和压力使其中的乙烯经催化剂作用部分氧化，生成环氧乙烷并副产二氧化碳和水；经脱碳单元脱除 CO_2 后送入环氧乙烷吸收塔吸收；再经汽提、再吸收使浓度提高到 11.6%（质量分数）的环氧乙烷水溶液；提浓后的环氧乙烷水溶液经脱水、脱醛、脱二氧化碳后得到浓度为 99.99%（质量分数）的环氧乙烷产品。典型环氧乙烷装置工艺流程简图如图 4-2 所示。

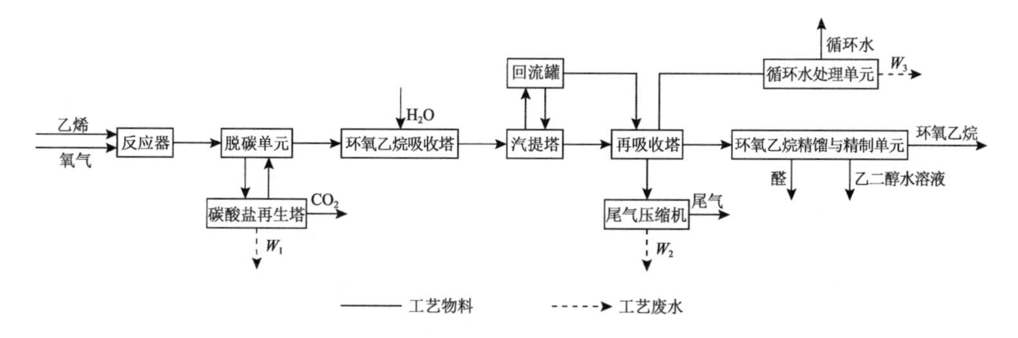

图 4-2　环氧乙烷装置生产工艺流程及废水产生节点图

W_1~W_3 代表含义同表 4-4

2. 物料平衡和水平衡分析

1）物料平衡

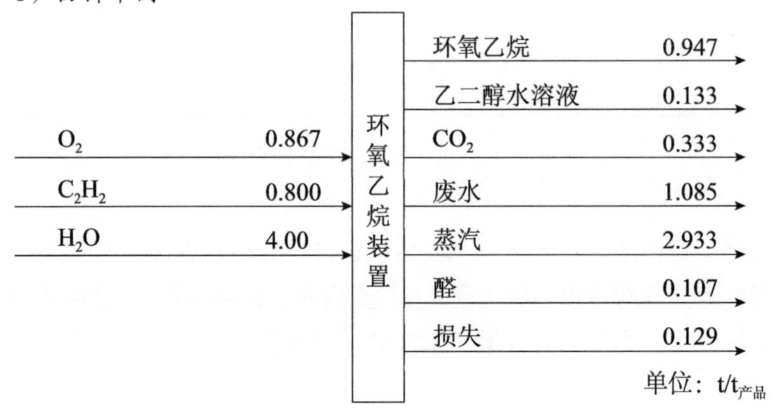

2）水平衡

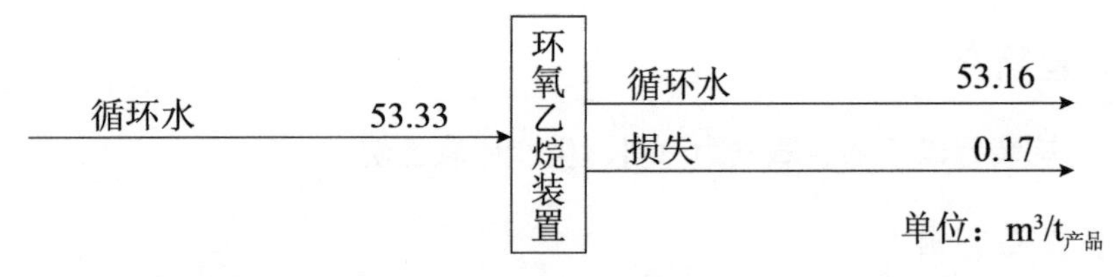

4.2.2 废水水量

环氧乙烷装置废水产生/排放情况如表4-4所示：再生塔冷凝器冷凝废水0.4m³/t产品，尾气压缩机分离罐废水0.004m³/t产品，工艺循环水处理单元废水0.13m³/t产品，低压蒸汽凝水溢流0.13m³/t产品，脱氧槽排污水0.4m³/t产品。

表4-4　环氧乙烷装置废水产生/排放情况

排水节点	排放系数/（m³/t产品）	排放规律	备注
再生塔冷凝器冷凝废水 W_1	0.4	连续	脱碳单元碳酸盐再生产生含醇废水
尾气压缩机分离罐废水 W_2	0.004	连续	再吸收塔未能吸收的尾气输送至尾气压缩机经压缩后，不凝气体排出，同时产生废水
工艺循环水处理单元废水 W_3	0.13	连续	再吸收塔产生的工艺废水经工艺循环水处理单元处理后回收利用，工艺循环水处理单元定期再生产生废水
低压蒸汽凝水溢流 W_4	0.13	连续	—
脱氧槽排污水 W_5	0.4	连续	—

4.2.3 废水水质

1. 常规指标

环氧乙烷装置总排口废水常规指标监测结果见表 4-5。

表 4-5　环氧乙烷装置总排口废水常规指标监测结果

水质指标	数值	水质指标	数值
pH	6.05～6.8	TP/（mg/L）	0.76～1.33
COD/（mg/L）	33.7～86.3	氨氮/（mg/L）	1.33～5.54
TOC/（mg/L）	17.3～26.5	SS/（mg/L）	12～32
TN/（mg/L）	2.20～3.84	全盐量/（mg/L）	260～350

2. 特征污染物

环氧乙烷装置总排口废水未检出特征污染物。

3. 主要污染指标

采用等标污染负荷法对环氧乙烷装置主要污染物进行分析，直接排放时，环氧乙烷装置主要污染指标为总有机碳含量、总磷含量、化学需氧量、五日生化需氧量、挥发酚含量、悬浮物含量；间接排放时，环氧乙烷装置主要污染指标为挥发酚含量、石油类含量。

4.3　乙二醇装置

4.3.1 装置简介

乙二醇装置以乙烯、氧气为原料，生产乙二醇，同时生成中间产物环氧乙烷，副产物多乙二醇。

1. 装置工艺流程

原料乙烯和氧气按一定比例混合后送入反应器，在一定的温度和压力下经催化剂作用反应产生环氧乙烷和少量二氧化碳，经脱碳单元脱除 CO_2 后送入环氧乙烷吸收塔吸收，生成环氧乙烷水溶液经汽提塔、再吸收塔解吸与再吸收后送入乙二醇反应器反应生成乙二醇溶液，在经六效蒸发提浓后进入脱醛塔脱醛、脱水塔脱水后进入乙二醇塔分离得到产品乙二醇、副产物多乙二醇。典型乙二醇装置工艺流程简图如图 4-3 所示。

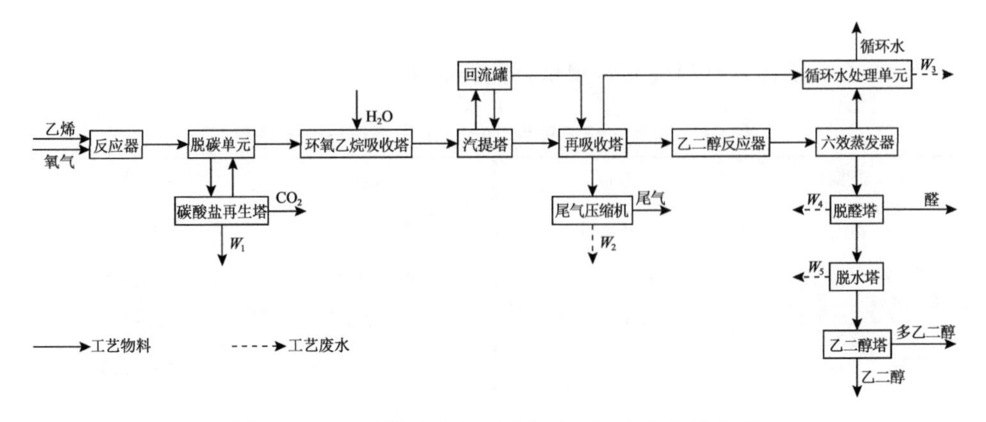

图 4-3　乙二醇装置生产工艺流程及废水产生节点图

W_1~W_5代表含义同表 4-6

2. 物料平衡和水平衡分析

1）物料平衡

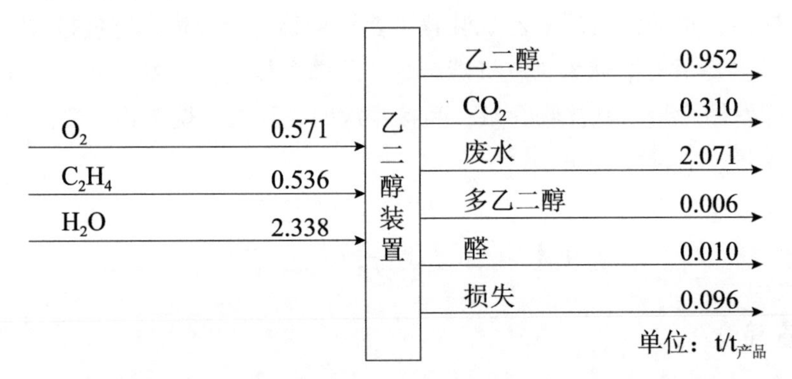

2）水平衡

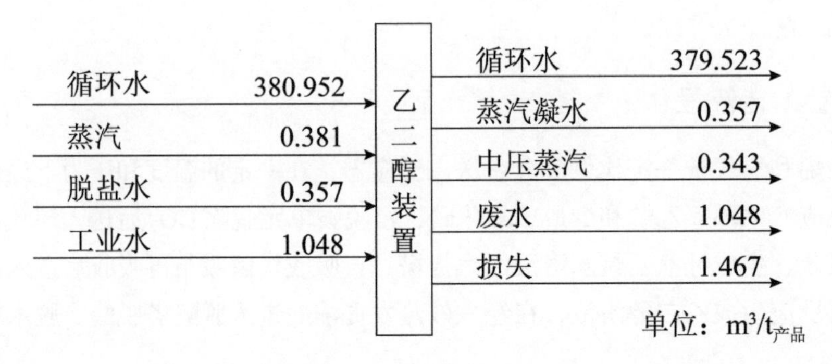

4.3.2　废水水量

乙二醇装置废水产生/排放情况如表4-6所示：再生塔冷凝器冷凝废水0.62m³/t产品，尾气压缩机缓冲罐凝液废水0.024m³/t产品，工艺循环水处理单元废水0.24m³/t产品，脱醛塔冷凝器凝液废水0.1m³/t产品，脱水塔凝液槽排污1.1m³/t产品，排污冷却器废水0.1m³/t产品，3#水场反冲洗水0.48m³/t产品，F-540罐循环水污废水0.48m³/t产品。

表4-6　乙二醇装置废水产生/排放情况

排水节点	排放系数/（m³/t产品）	排放规律	备注
再生塔冷凝器冷凝废水 W_1	0.62	连续	脱碳单元碳酸盐再生产生含醇废水
尾气压缩机缓冲罐凝液废水 W_2	0.024	连续	再吸收塔未能吸收的尾气输送至尾气压缩机，经压缩后，不凝气体排出，同时产生废水
工艺循环水处理单元废水 W_3	0.24	连续	再吸收塔及六效蒸发器产生的工艺废水经工艺循环水处理单元处理后回收利用，工艺循环水处理单元定期再生产生废水
脱醛塔冷凝器凝液废水 W_4	0.1	连续	乙二醇脱醛过程中同时有水分随之脱出，经冷凝后产生含醛废水
脱水塔凝液槽排污 W_5	1.1	连续	乙二醇中携带的水分被脱出
排污冷却器废水 W_6	0.1	连续	—
3#水场反冲洗水 W_7	0.48	连续	—
F-540罐循环水污废水 W_8	0.48	连续	—

4.3.3　废水水质

1. 常规指标

乙二醇装置总排口废水常规指标监测结果见表4-7。

表4-7　乙二醇装置总排口废水常规指标监测结果

水质指标	数值	水质指标	数值
pH	6.26～6.91	TP/（mg/L）	0.49～1.65
COD/（mg/L）	644～969	氨氮/（mg/L）	0.012～2.95
TOC/（mg/L）	109～317	SS/（mg/L）	9～31
TN/（mg/L）	2.10～4.70	全盐量/（mg/L）	165～565

2. 特征污染物

乙二醇装置总排口废水未检出特征污染物。

3. 主要污染指标

采用等标污染负荷法对乙二醇装置主要污染物进行分析，直接排放时，乙二醇装置主要污染指标为总有机碳含量、化学需氧量、五日生化需氧量；间接排放时，乙二醇装置主要污染指标为挥发酚含量、石油类含量。

4.4 丁辛醇装置

4.4.1 装置简介

丁辛醇装置以丙烯、合成气、氢气为原辅料，主要产品为丁醇、辛醇。

1. 装置工艺流程

原料丙烯、合成气经净化后在铑派克（ROPAC）催化剂作用下发生羰基合成反应生成混醛，送入正异构物分离系统经分离得到正丁醛、异丁醛，正丁醛送各工况：

1）辛醇工况

异构物塔侧线正丁醛经中间罐送入缩合系统，在 6% NaOH 作用下缩合生成辛烯醛后送入加氢系统，经镍催化剂作用与氢气反应生成粗辛醇，再经异辛醇精制系统两塔精馏得到辛醇，并分离出少量含有混丁醛、混丁醇等的轻组分、含有杂醇的重组分以及正丁醛。

2）辛醇工况（A）

异构物塔塔底正丁醛入缩合系统，在 0.4% NaOH 作用下缩合生成辛烯醛后送入加氢系统，经铜锌催化剂和镍催化剂作用与氢气反应生成粗辛醇或粗丁醇（可切换生产丁醇），再经异辛醇精制系统两塔精馏得到辛醇或丁醇，并分离出少量含有混丁醛、混丁醇等的轻组分、含有杂醇的重组分以及正丁醛。

3）丁醇工况

异构物塔分离得到正丁醛送加氢系统，在铜锌催化剂作用下与氢气反应生成粗丁醇，送入醇精制系统两塔精馏得到丁醇，并分离出少量含有混丁醛、混丁醇等的轻组分、含有杂醇的重组分以及正丁醛。

典型丁辛醇装置工艺流程简图如图 4-4 所示。

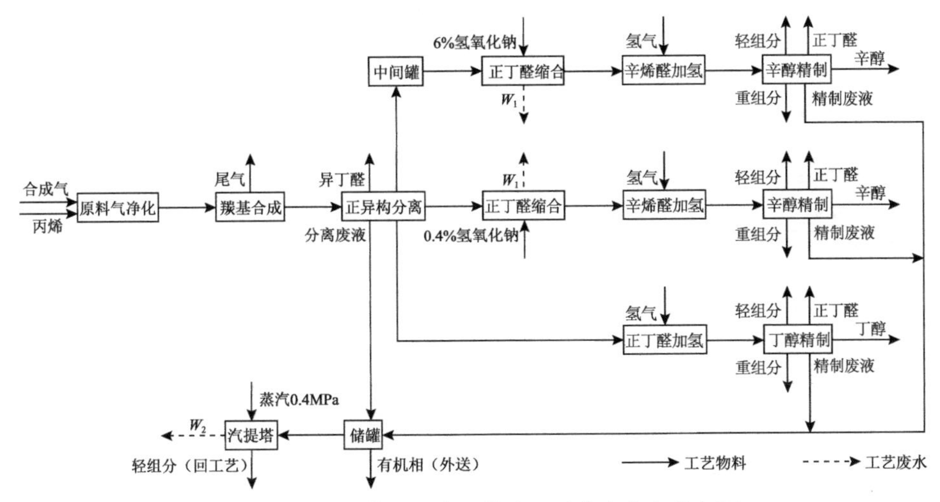

图 4-4　丁辛醇装置生产工艺流程及废水产生节点图

W_1 和 W_2 代表含义同表 4-8

2. 物料平衡和水平衡分析

1）物料平衡

（1）辛醇工况。

输入		辛醇工况	输出	
丙烯	0.393		尾气	0.054
合成气	0.277		异丁醛	0.056
氢气	0.021		轻组分	0.003
蒸汽	0.023		重组分	0.023
氢氧化钠	0.003		辛醇	0.452
			正丁醛	0.013
			汽提塔废水	0.067
			缩合废水	0.040
			损失	0.009

单位：$t/t_{产品}$

（2）丁醇工况。

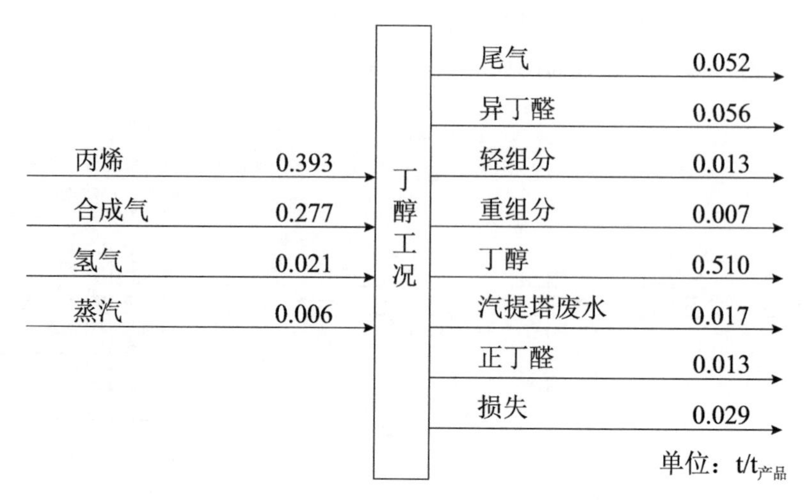

2）水平衡

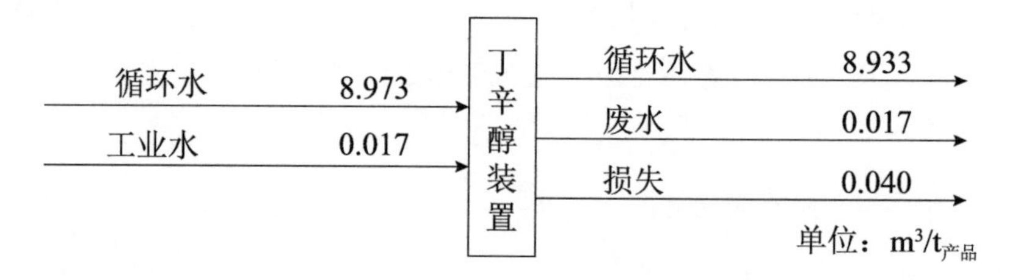

4.4.2　废水水量

丁辛醇装置废水产生/排放情况如表 4-8 所示：辛醇工况正丁醛缩合废水 0.04m^3/t 产品；辛醇精制系统醇精制废液、丁醇精制系统醇精制废液、正异构分离系统分离废液均送入储罐，轻、重组分外送作生产用，剩余废液入汽提塔汽提后排出废水 0.083m^3/t 产品；罐区喷淋水 0.017m^3/t 产品。

表 4-8　丁辛醇装置废水产生/排放情况

排水节点	排放系数/（m^3/t 产品）	排放规律	备注
缩合废水 W_1	0.04	连续	正丁醛在碱性条件下发生缩合反应，并有水生成
汽提塔废水 W_2	0.083	连续	正异构分离单元、醇精制单元水相物质进入储罐分离出有机相后，再送入汽提塔汽提处理，分离出其中轻组分，排出废水
罐区喷淋水 W_3	0.017	连续	—

4.4.3　废水水质

1. 常规指标

丁辛醇装置汽提塔排水常规指标监测结果见表 4-9。

表 4-9　丁辛醇装置汽提塔排水常规指标监测结果

水质指标	数值	水质指标	数值
pH	5.82～7.41	TP/（mg/L）	0.02～0.58
COD/（mg/L）	56200～78800	氨氮/（mg/L）	0.124～1.22
TOC/（mg/L）	13000～18200	SS/（mg/L）	102～160
TN/（mg/L）	0.150～0.291	全盐量/（mg/L）	57200～63000

注：缩合工段废水水质。

2. 特征污染物

丁辛醇装置节点 W_2（汽提塔出水）废水特征污染物排放清单见表 4-10。

表 4-10　丁辛醇装置节点 W_2（汽提塔出水）废水特征污染物排放清单（单位：mg/L）

特征污染物	含量	特征污染物	含量
苯	未检出～0.004	异丙苯	未检出～0.008
甲苯	未检出～0.012		

3. 主要污染指标

采用等标污染负荷法对丁辛醇装置主要污染物进行分析，直接排放时，丁辛醇装置主要污染指标为化学需氧量、总有机碳含量；间接排放时，丁辛醇装置主要污染指标为石油类含量、挥发酚含量。

4.5　丙烯酸（酯）装置

4.5.1　装置简介

丙烯酸（酯）装置中以丙烯、甲醇、乙醇、正丁醇为主要原料，并以甲苯、氢氧化钠（烧碱装置）、对甲苯磺酸、对苯二酚单甲醚、对苯二酚、吩噻嗪等为辅料。产品分别为丙烯酸（酯）、丙烯酸甲酯、丙烯酸乙酯、丙烯酸丁酯，采用丙烯氧化法制得丙烯酸，再经加醇反应制得各类丙烯酸（酯）产品。主要产品为丙烯酸、丙烯酸甲/乙酯、丙烯酸丁酯。

1. 装置工艺流程

丙烯酸（酯）装置包括三个生产单元，分别是丙烯酸生产单元、丙烯酸甲/乙酯和丙烯酸丁酯生产单元，各单元的主要流程说明如下：

1）丙烯酸单元

原料丙烯和热空气混合后进入反应器，在催化剂作用下，在一定的温度和压力中进行反应，使丙烯氧化，产生粗丙烯酸、乙酸和水。粗丙烯酸经脱水、脱乙酸、再进行精制（甲苯共沸精馏）得到成品丙烯酸。伴随着两段主反应，还有若干副反应发生，并生产乙酸、丙酸、糠醛、丙酮、甲酸、马来酸（顺丁烯二酸）等副产物。

2）丙烯酸甲/乙酯单元

丙烯酸和甲/乙醇按一定摩尔比进入酯化反应器，在催化剂作用下，在一定的温度和压力中进行反应，使醇和酸反应生成酯和水，再经丙烯酸分馏、萃取、醇回收、醇汽提、精制得到成品丙烯酸甲/乙酯。

3）丙烯酸丁酯单元

丙烯酸和正丁醇按一定摩尔比进入酯化反应器在对甲苯磺酸或甲基磺酸等催化剂作用下，在一定的温度和压力中进行反应，使醇和酸生成酯和水，再经脱水萃取、中和、醇回收、醇汽提、精制得到成品丙烯酸丁酯。

典型丙烯酸（酯）装置工艺流程简图如图 4-5～图 4-7 所示，其中 W_1～W_3 代表含义同表 4-11。

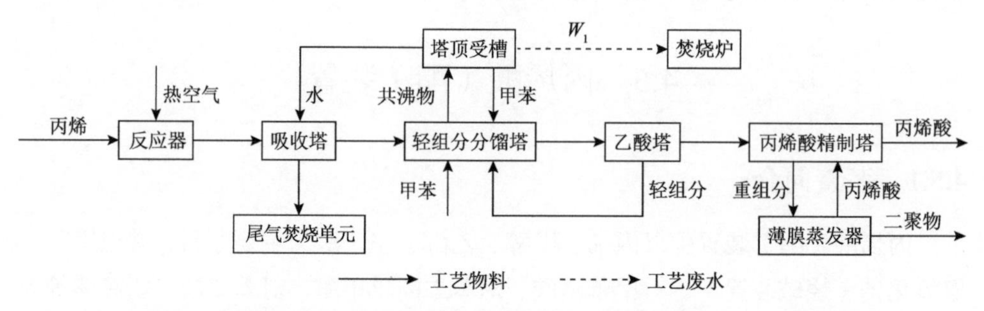

图 4-5　丙烯酸（酯）装置丙烯酸单元生产工艺流程及废水产生节点图

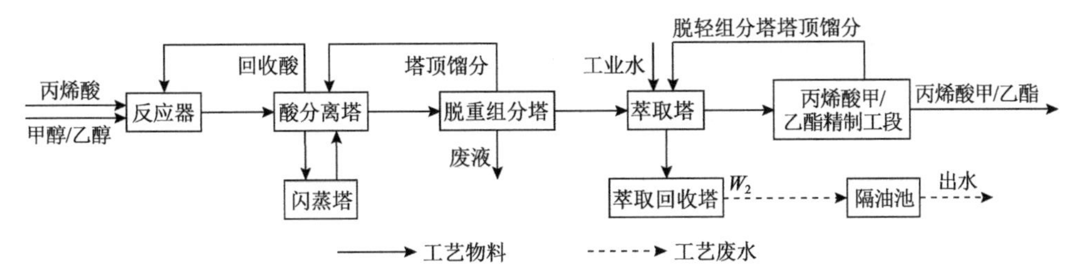

图 4-6　丙烯酸（酯）装置丙烯酸甲/乙酯单元生产工艺流程及废水产生节点图

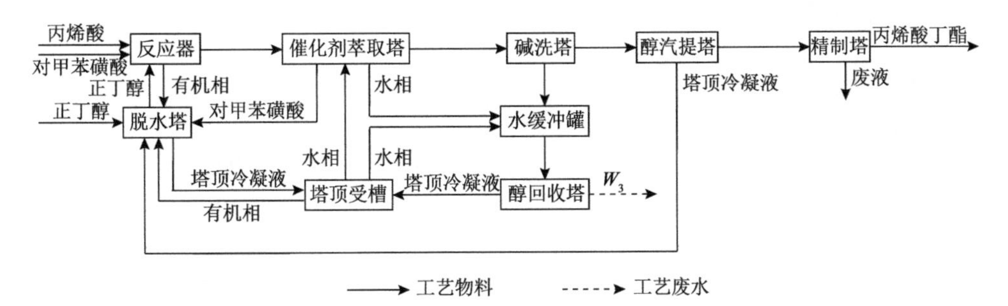

图 4-7　丙烯酸（酯）装置丙烯酸丁酯单元生产工艺流程及废水产生节点图

2. 物料平衡和水平衡

1）物料平衡

（1）丙烯酸单元。

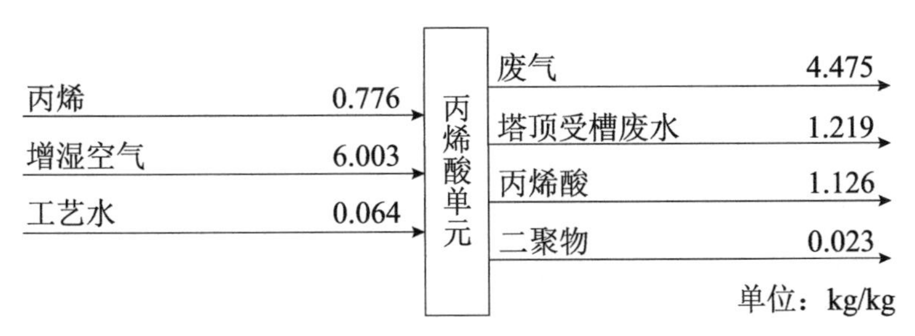

（2）丙烯酸甲酯单元。

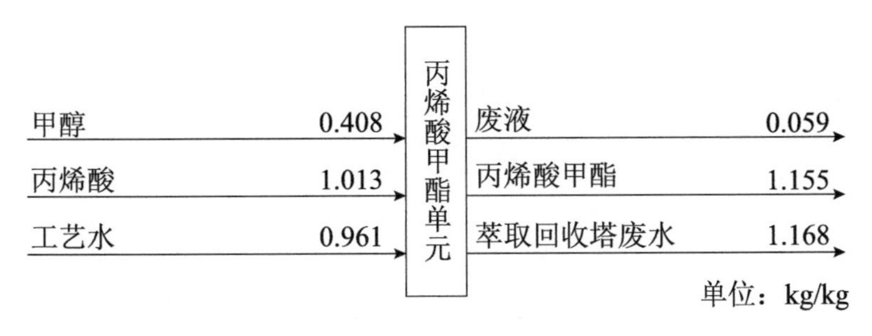

（3）丙烯酸乙酯单元。

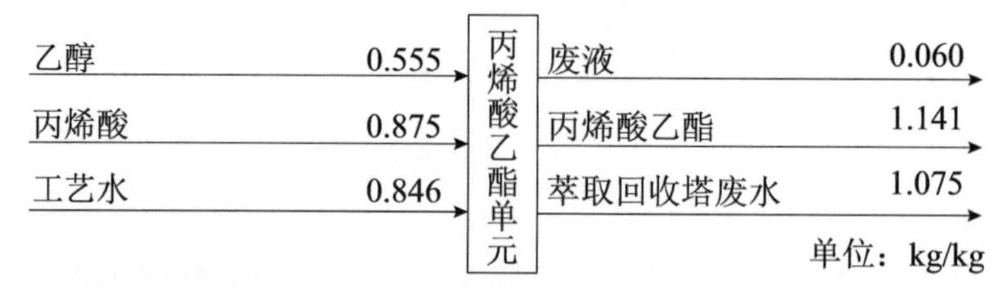

（4）丙烯酸丁酯单元。

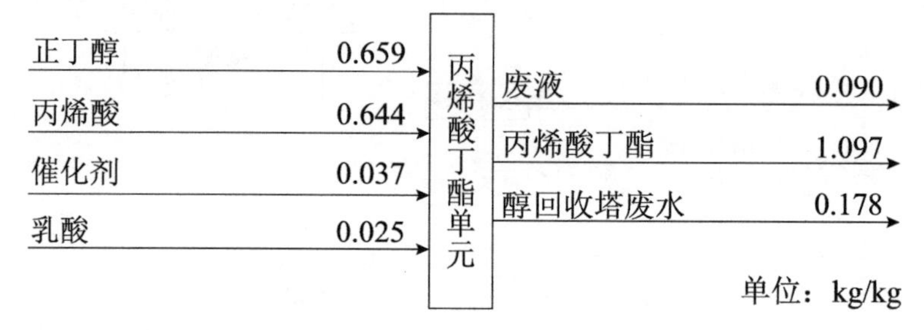

2）水平衡

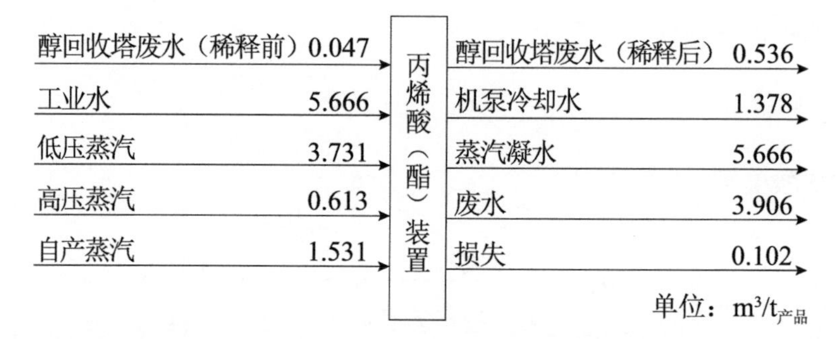

4.5.2　废水水量

丙烯酸（酯）装置废水产生/排放情况如表 4-11 所示：轻组分分馏塔塔顶受槽废水 1.22t/t $_{丙烯酸}$，主要含甲苯、乙酸等；萃取回收塔废水 1.17t/t $_{丙烯酸甲/乙酯}$、主要含甲酯、甲醇和乙酯、乙醇；醇回收塔废水 2.04t/t $_{丙烯酸丁酯}$；装置总排水 6.13t/t $_{产品}$。

表 4-11　丙烯酸（酯）装置废水产生/排放情况

排水节点	吨产品排水量/（t/t $_{产品}$）	排放规律	备注
轻组分分馏塔塔顶受槽废水 W_1	1.22	连续	丙烯酸单元排水
萃取回收塔废水 W_2	1.17	连续	丙烯酸甲/乙酯单元排水
醇回收塔废水 W_3	2.04	连续	丙烯酸丁酯单元排水
装置总排水 W_4	6.13	连续	丙烯酸甲/乙酯、丙烯酸丁酯单元排水及机泵冷却水等

4.5.3　废水水质

1. 常规指标

丙烯酸（酯）装置总排口废水常规指标监测结果见表 4-12。

表 4-12　丙烯酸（酯）装置总排口废水常规指标监测结果

水质指标	数值	水质指标	数值
pH	6.27～8.34	TP/（mg/L）	0.04～0.12
COD/（mg/L）	1.34×10^3～1.94×10^3	氨氮/（mg/L）	未检出
TOC/（mg/L）	502～511	SS/（mg/L）	2～38
TN/（mg/L）	0.137～0.647	全盐量/（mg/L）	1.46×10^3～1.75×10^3
挥发酚/（mg/L）	2.52～10.4		

2. 特征污染物

丙烯酸（酯）装置总排口废水特征污染物排放清单见表 4-13。

表 4-13　丙烯酸（酯）装置总排口废水特征污染物排放清单（单位：mg/L）

特征污染物	含量	特征污染物	含量
丙烯酸	14.711～20.145	甲苯	未检出～0.064

3. 主要污染指标

采用等标污染负荷法对丙烯酸（酯）装置主要污染物进行分析，直接排放时，丙烯酸（酯）装置主要污染指标为总有机碳含量、化学需氧量、五日生化需氧量；间接排放时，丙烯酸（酯）装置主要污染指标为丙烯酸含量、挥发酚含量。

4.6　环氧氯丙烷装置

4.6.1　装置简介

环氧氯丙烷装置采用三步生产工艺，首先采用高温氯化法生产工艺生产中间产品氯丙烯，再通过氯醇法生产工艺生产二氯丙醇，最后通过皂化法生产工艺得到产品环氧氯丙烷。氯丙烯系统以丙烯和氯气为原料，丙烯高温氯化生产氯丙烯，精制副产盐酸。环氧氯丙烷系统以氯丙烯、氯气和水为原料，氯醇化反应生成二氯丙醇；以二氯丙醇和石灰乳为原料，环化反应生产环氧氯丙烷。

次氯酸塔的塔上部由一定浓度的碳酸钠水溶液，与从塔底部通入的氯气进行反应，从而获得一定浓度的次氯酸，进而次氯酸通过次氯酸化反应装置，与同时进入此反应装置的氯丙烯反应，生成了二氯丙醇水溶液，然后通过沉淀过滤去除杂质获得三氯丙烷，再进入皂化反应器；在皂化反应器内水蒸气从其底部通入，同时碱液与二氯丙醇发生反应，由水蒸气快速蒸出通过皂化反应产生的环氧氯丙烷和水，环氧氯丙烷和水组成的混合物在分相仪器中冷凝分层，由此分层后得到的下层物质便是粗环氧氯丙烷，最后粗产物通过多塔的环氧精馏工艺过程得到精制的环氧氯丙烷产品。典型环氧氯丙烷装置工艺流程简图如图 4-8 所示。

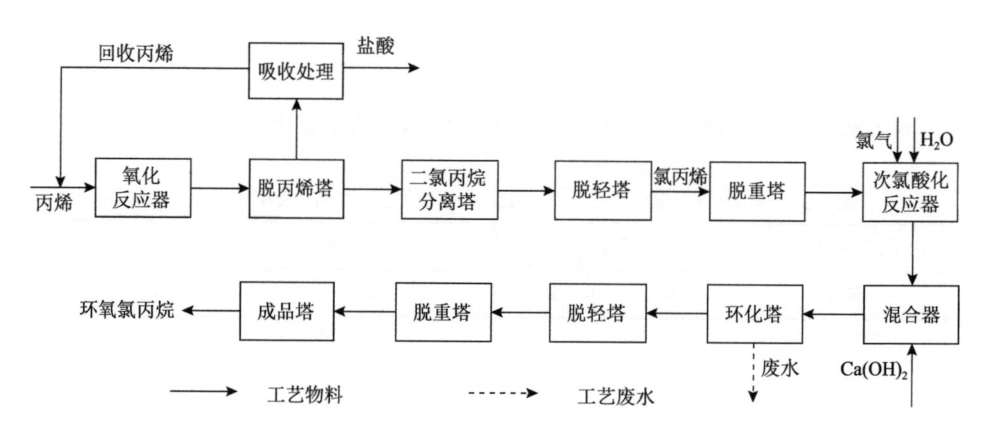

图 4-8 环氧氯丙烷装置生产工艺流程简图

4.6.2 废水水质

1. 常规指标

环氧氯丙烷装置总排口废水常规指标监测结果见表 4-14。

表 4-14 环氧氯丙烷装置总排口废水常规指标监测结果

水质指标	数值	水质指标	数值
pH	10.35～12.26	TP/（mg/L）	0.02～0.04
COD/（mg/L）	1500～7300	氨氮/（mg/L）	1.63～5.56

续表

水质指标	数值	水质指标	数值
BOD_5/（mg/L）	89.2	SS/（mg/L）	5.0～18.0
TOC/（mg/L）	366～1157	全盐量/（mg/L）	10000～50000
TN/（mg/L）	7.88～12.5	挥发酚/（mg/L）	0.127～0.256

2. 特征污染物

环氧氯丙烷装置总排口废水特征污染物排放清单见表 4-15。

表 4-15　环氧氯丙烷装置总排口废水特征污染物排放清单

特征污染物	含量/（mg/L）
丙烯醛	0.118～3.27

3. 主要污染指标

采用等标污染负荷法对环氧氯丙烷装置主要污染物进行分析，直接排放时，环氧氯丙烷装置主要污染指标为化学需氧量、总有机碳含量；间接排放时，环氧氯丙烷装置主要污染指标为丙烯醛含量、挥发酚含量。

4.7　对二甲苯装置

4.7.1　装置简介

对二甲苯主要来自石油炼制过程的中间产品石脑油，经过催化重整或者乙烯裂解后获得重整汽油、裂解汽油，再经过芳烃抽提工艺得到混合二甲苯，然后经吸附分离制取。

对二甲苯装置包括三个单元：二甲苯精馏单元、吸附分离单元、二甲苯异构化单元。

对二甲苯精馏单元给吸附分离单元提供合格的 C_8 芳烃进料，并联产邻二甲苯产品，同时分离出 C_9 芳烃送往歧化单元反应，C_{10} 以上重芳烃送往外界。

吸附分离单元采用特定的分子筛吸附剂选择性吸附对二甲苯，经脱附操作后得到一个富集对二甲苯的馏分 I 和另一个富集邻位二甲苯和间位二甲苯的馏分Ⅱ。馏分Ⅰ经过精馏塔分离脱附剂（如甲苯）后送入结晶装置。结晶装置中各结晶段产生的晶体与结晶母液通过离心装置进行分离。所得母液一部分返回各段结晶器中以调节晶浆的浓度，另一部分则送入吸附分离装置加以回收利用，最后得到高纯度的对二甲苯。馏分Ⅱ中除含有邻二甲苯、对二甲苯和乙苯外，还含有甲苯，经过精馏塔分离甲苯后送入加氢异构化装置反应，得到热力学平衡组成的对位、邻位、间位二甲苯和乙苯以及少量的 C_1～C_5 馏分。加氢异构化产物经过精馏塔脱除低分子的 C_1～C_5 馏分，与新鲜原料混合后再送入选择吸附分离装置。

二甲苯异构化单元进料来自吸附分离单元的抽余液塔侧线抽出物，与循环氢混合后，经汽化送到固定床反应器内，其反应流出物经冷凝在高压分离罐中使富氢循环气体从液体中分离处理。液体物料送入脱庚烷塔脱除产品中的轻组分，然后塔底物料经白土塔处理后，再进入二甲苯分馏塔。

典型对二甲苯装置工艺流程简图如图 4-9 所示。

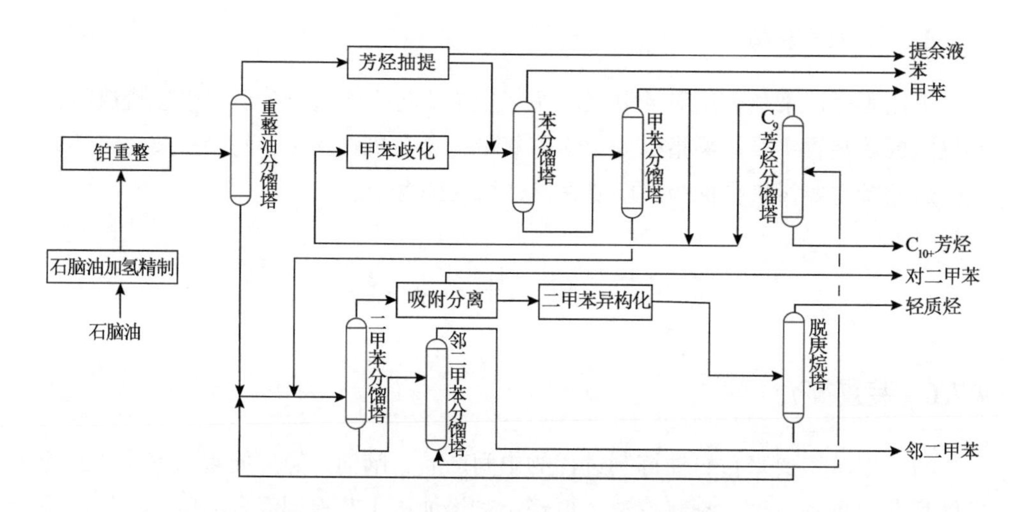

图 4-9 对二甲苯装置生产工艺流程简图

4.7.2 废水水质

1. 常规指标

对二甲苯装置总排口废水常规指标监测结果见表 4-16。

表 4-16　对二甲苯装置总排口废水常规指标监测结果

水质指标	数值	水质指标	数值
pH	7.08～7.34	TP/（mg/L）	0.04～0.07
COD/（mg/L）	138～457	氨氮/（mg/L）	0.117～2.57
BOD_5/（mg/L）	26.8	SS/（mg/L）	13～67
TOC/（mg/L）	33.2～86.1	全盐量/（mg/L）	215～338
石油类/（mg/L）	0.105～0.384	氟化物/（mg/L）	0.255～0.617
TN/（mg/L）	3.12～8.53	挥发酚/（mg/L）	0.018～0.139

2. 特征污染物

对二甲苯装置总排口废水特征污染物排放清单见表 4-17。

表 4-17　对二甲苯装置总排口废水特征污染物排放清单　（单位：mg/L）

特征污染物	含量	特征污染物	含量
苯	0.015～0.568	乙苯	0.012～0.167
甲苯	0.011～0.089	对二甲苯	0.038～0.711
邻二甲苯	0.045～0.211	间二甲苯	0.009～0.233

3. 主要污染指标

采用等标污染负荷法对对二甲苯装置主要污染物进行分析，直接排放时，对二甲苯装置主要污染指标为化学需氧量、总有机碳含量、苯含量；间接排放时，对二甲苯装置主要污染指标为苯含量、对二甲苯含量、六价铬含量。

4.8　己内酰胺装置

4.8.1　装置简介

己内酰胺生产方法主要有苯法和甲苯法，其中苯法在工业上使用最广泛。苯法以苯为基础原料，经加氢制取环己烷，环己烷氧化得到环己酮，再与羟胺肟化生成环己酮肟，经贝克曼重排得到己内酰胺。

苯在三氧化二铝为载体、镍催化剂存在的条件下，经气相加氢反应得到环己烷。环己烷以钴为催化剂经液相氧化生成环己醇和环己酮。环己醇脱氢转化成环己酮，精馏得到环己酮，与硫酸羟胺和氨发生肟化反应生成环己酮肟，同时还生成副产品硫酸铵。分离出的环己酮肟在过量发烟硫酸存在下经贝克曼转位反应生成己内酰胺。反应生成物中的硫酸用氨中和得到副产品硫酸铵。分离出来的粗己内酰胺，经提纯精制得到己内酰胺的成品。

典型己内酰胺装置工艺流程简图如图 4-10 所示。

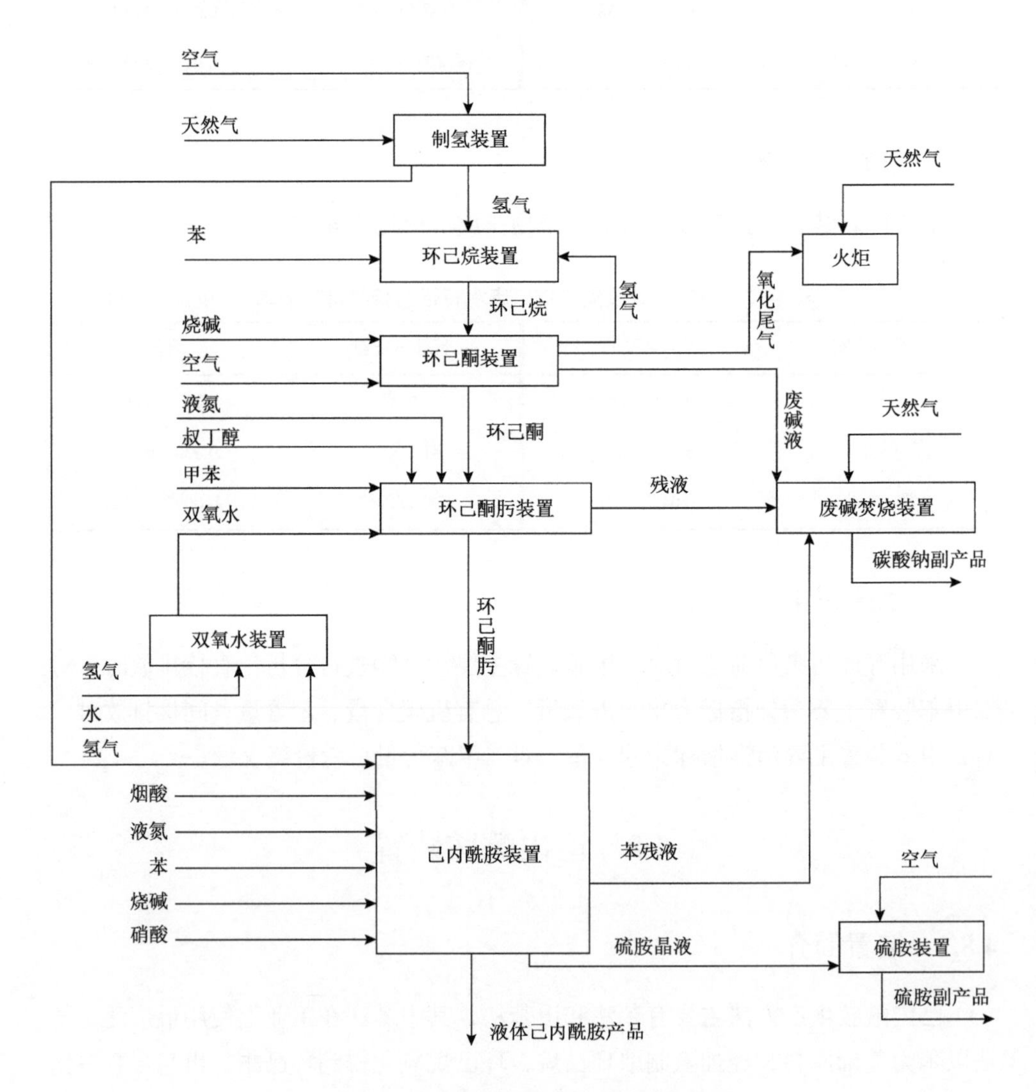

图 4-10 己内酰胺装置生产工艺流程简图

4.8.2 废水水质

1. 常规指标

己内酰胺装置总排口废水常规指标监测结果见表 4-18。

表 4-18　己内酰胺装置总排口废水常规指标监测结果

水质指标	数值	水质指标	数值
pH	9.52	COD/（mg/L）	523
TOC/（mg/L）	78.3		

2. 特征污染物

己内酰胺装置总排口废水特征污染物排放清单见表 4-19。

表 4-19　己内酰胺装置总排口废水特征污染物排放清单（单位：mg/L）

特征污染物	含量	特征污染物	含量
苯	0.062～0.245	甲苯	0.022～0.054

3. 主要污染指标

采用等标污染负荷法对己内酰胺装置主要污染物进行分析，直接排放时，己内酰胺装置主要污染指标为化学需氧量、总有机碳含量、苯含量；间接排放时，己内酰胺装置主要污染指标为苯含量、甲苯含量。

4.9 苯乙烯装置

4.9.1 装置简介

苯乙烯装置以乙烯、苯为原料，生产苯乙烯，并副产甲苯等。

1. 装置工艺流程

原料苯、乙烯进入烷基化/转烷基化反应器经催化剂作用生成烷基化液及转烷基化液，入乙苯精馏单元经苯塔、乙苯塔、多乙苯塔多次精馏后生成半成品乙苯，并副产沥青油，分离得到未反应的苯及多乙苯返回烷基化/转烷基化反应器。乙苯进入脱氢反应器在脱氢催化剂作用下，高温脱氢制取脱氢混合液和脱氢尾气，脱氢混合液在苯乙烯精馏单元精馏分离，得到产品苯乙烯及副产品甲苯、焦油，同时分离出苯、乙苯返回循环使用。脱氢尾气经吸附岗位吸附提纯得到氢气后排出。典型苯乙烯装置工艺流程简图如图 4-11 所示。

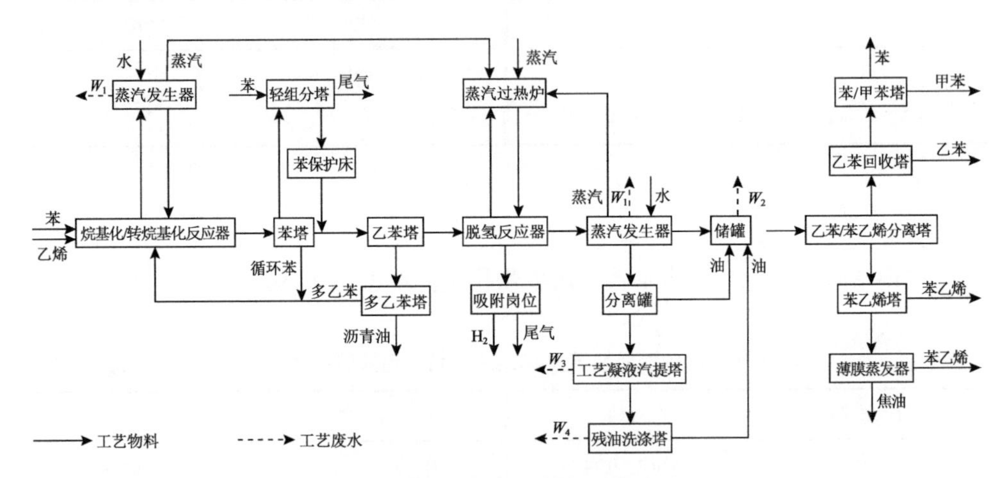

图 4-11　苯乙烯装置生产工艺流程及废水产生节点图

W_1～W_4代表含义同表 4-20

2. 物料平衡和水平衡分析

1）物料平衡

输入		苯乙烯装置	输出	
			尾气	0.0018
			苯乙烯	1.0000
乙烯	0.2814		甲苯	0.0163
苯	0.7712		沥青油	0.0028
催化剂	0.0004		焦油	0.0062
阻聚剂	0.0006		粗氢气	0.0374
蒸汽	0.0356		固体废物	0.0004
			废水	0.0243

单位：$t/t_{产品}$

2）水平衡

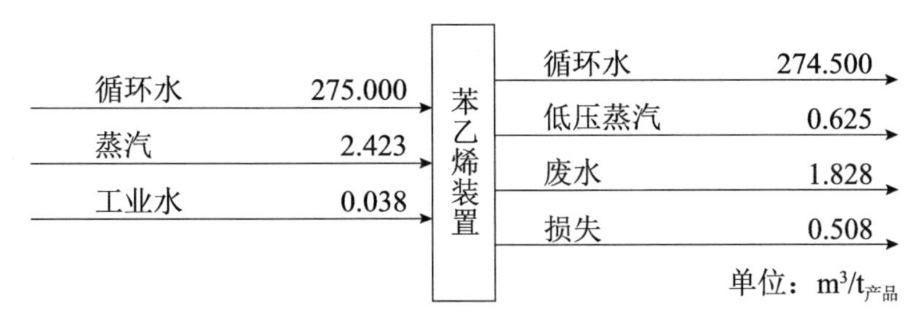

4.9.2　废水水量

苯乙烯装置废水产生/排放情况如表 4-20 所示：烷基化反应器及脱氢反应器蒸汽发生器锅炉排水 0.05m^3/t 产品，脱氢液储罐脱水 0.024m^3/t 产品，汽提塔废水 1m^3/t 产品，残油洗涤塔废水 0.0025m^3/t 产品，机泵机封冷却水 0.025m^3/t 产品，蒸汽凝液 0.75m^3/t 产品。

表 4-20　苯乙烯装置废水产生/排放情况

排水节点	排放系数/(m^3/t 产品)	排放规律	备注
烷基化反应器及脱氢反应器蒸汽发生器锅炉排污水 W_1	0.05	连续	为防止废热锅炉结垢，影响换热效果，采用连续排污的方式对锅炉内的沉积物进行排放
脱氢液储罐脱水 W_2	0.024	间歇	乙苯脱氢液在中间罐区脱氢混合液罐进行沉降分离，间歇分离出废水
汽提塔废水 W_3	1	连续	脱氢反应器生成物料经蒸汽发生器换热冷凝后，进入分离罐使烃类和水相分离，水相送工艺凝液汽提，得到废水
残油洗涤塔废水 W_4	0.0025	连续	工艺凝液汽提塔尾气经残油洗涤塔吸收洗涤碳氢化合物，得到废水
机泵机封冷却水 W_5	0.025	连续	装置运行过程中各机泵需冷却降温，以保证设备正常运转
蒸汽凝液 W_6	0.75	间歇	—

4.9.3　废水水质

1. 常规指标

苯乙烯装置总排口废水常规指标监测结果见表 4-21。

表 4-21　苯乙烯装置总排口废水常规指标监测结果

水质指标	数值	水质指标	数值
pH	6.04～6.26	TP/（mg/L）	0.04～0.07
COD/（mg/L）	126～139	氨氮/（mg/L）	3.36～4.50
BOD_5/（mg/L）	31.7	SS/（mg/L）	5.0～18.0
TOC/（mg/L）	55.5～59.2	全盐量/（mg/L）	180～350
TN/（mg/L）	7.80～10.7	挥发酚/（mg/L）	0.246～0.433

2. 特征污染物

苯乙烯装置总排口废水特征污染物排放清单见表 4-22。

表 4-22　苯乙烯装置总排口废水特征污染物排放清单　（单位：mg/L）

特征污染物	含量	特征污染物	含量
苯	0.958～18.362	乙苯	0.291～2.815
甲苯	0.089～2.130	苯乙烯	0.145～0.844

3. 主要污染指标

采用等标污染负荷法对苯乙烯装置主要污染物进行分析，直接排放时，苯乙烯装置主要污染指标为苯含量、甲苯含量、石油类含量；间接排放时，苯乙烯装置主要污染指标为苯含量、甲苯含量。

4.10　苯酚丙酮装置

4.10.1　装置简介

苯酚丙酮装置以苯、丙烯为原料，采用美国环球油品（UOP）公司专利技术异丙苯法分子筛催化剂工艺，产品为苯酚、丙酮，副产品污苯和重芳烃。

1. 装置工艺流程

原料丙烯经脱丙烷塔脱除丙烷后与原料苯进入烃化单元发生烃化和反烃化反应生成异丙苯（CHP），同时生成副产品污苯和重芳烃。异丙苯经碱洗、水洗后进入氧化反应器经空气氧化生成过氧化氢异丙苯送往闪蒸塔，氧化尾气经冷却、洗涤后放空。经闪蒸塔提浓的过氧化氢异丙苯进分解器分解生成含苯酚、丙酮、异丙苯及甲基苯乙烯低聚物（AMS）的混合物，入中和工段经乙二胺中和后送往精馏单元，经精馏得到成品苯酚、丙酮，同时得到副产物 AMS、焦油，少量 AMS

与氢气反应生成异丙苯随循环异丙苯一同经碱洗塔碱洗后回氧化岗位。典型苯酚丙酮装置工艺流程简图如图 4-12 所示。

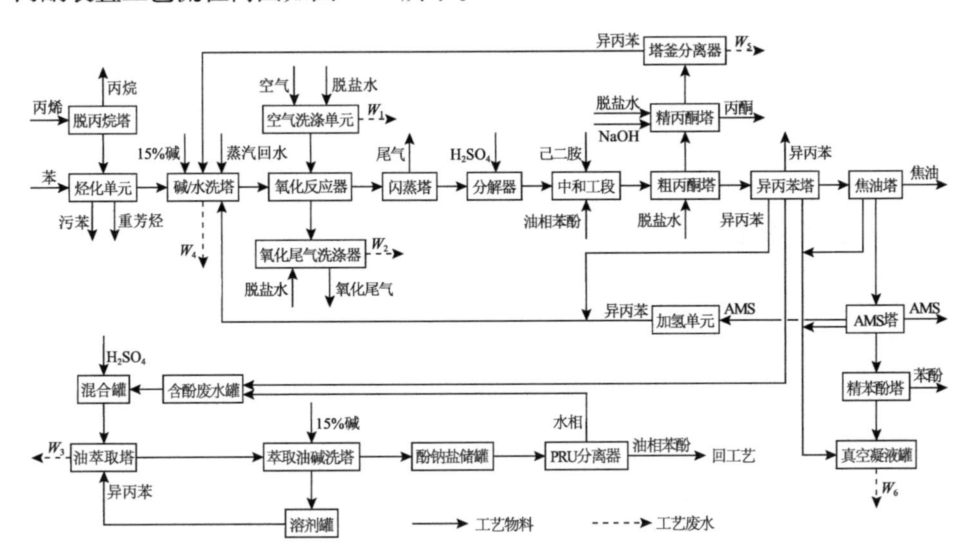

图 4-12　苯酚丙酮装置生产工艺流程及废水产生节点图

PRU：phenol recovery unit，表示酚回收装置；W_1～W_6 代表含义同表 4-23

2. 物料平衡和水平衡分析

1）物料平衡

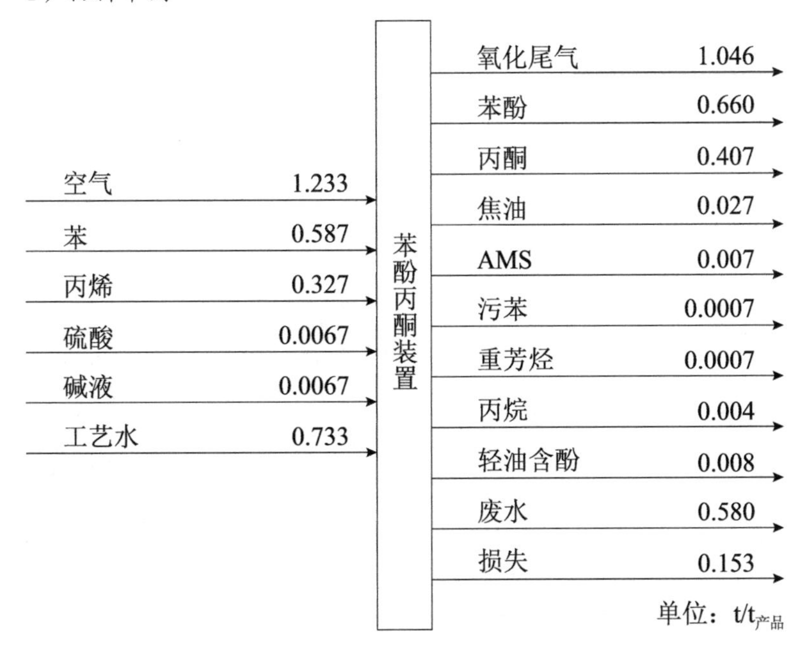

2）水平衡

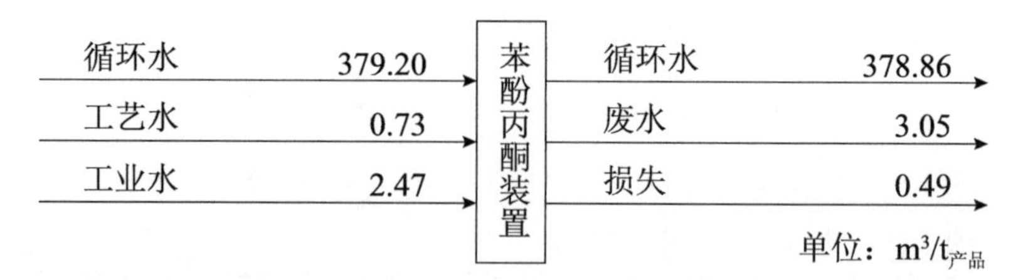

4.10.2 废水水量

苯酚丙酮装置废水产生/排放情况如表4-23所示：空气洗涤单元废水0.007m³/t产品，氧化尾气洗涤器废水0.16m³/t产品，油萃取塔废水0.15m³/t产品，氧化进料碱洗塔废水0.06m³/t产品，精丙酮塔塔釜分离器废水0.13m³/t产品，真空凝液罐废水0.067m³/t产品，机泵冷却水及卫生用水2.07m³/t产品，循环水排污0.4m³/t产品。

表4-23　苯酚丙酮装置废水产生/排放情况

排水节点	排放系数/（m³/t产品）	排放规律	备注
空气洗涤单元废水 W_1	0.007	连续	空气经脱盐水洗涤后产生合格空气，同时有废水产生
氧化尾气洗涤器废水 W_2	0.16	连续	异丙苯经氧化生成过氧化氢异丙苯，同时产生氧化尾气，氧化尾气经洗涤冷却后排入大气，同时生成洗涤废水
油萃取塔废水 W_3	0.15	连续	来自异丙苯塔的含酚废水进入含酚废水罐，经过混合罐与硫酸反应后，物料由顶部去油萃取塔，用异丙苯萃取废水中的苯酚后废水直接排放，含苯酚的异丙苯进入萃取油碱洗塔中，用15%碱溶液洗去苯酚后，异丙苯收集在溶剂罐中循环使用，酚钠液去酚钠盐储罐
氧化进料碱洗塔废水 W_4	0.06	连续	来自碱/水洗塔因碱洗异丙苯而产生的含少量酸及微量苯酚的废水
精丙酮塔塔釜分离器废水 W_5	0.13	连续	来自精丙酮塔塔釜含异丙苯及水的物料进入塔釜分离器分层，顶部异丙苯返回至碱/水洗塔，底部水相作废水排出
真空凝液罐废水 W_6	0.067	连续	来自异丙苯塔、焦油塔、AMS塔、精苯酚塔的塔顶物料经冷凝后进入真空凝液罐，作废水排出
机泵冷却水及卫生用水 W_7	2.07	间歇	—
循环水排污 W_8	0.4	间歇	—

4.10.3　废水水质

1. 常规指标

苯酚丙酮装置总排口废水常规指标监测结果见表 4-24。

表 4-24　苯酚丙酮装置总排口废水常规指标监测结果

水质指标	数值	水质指标	数值
pH	12.25～13.51	氨氮/（mg/L）	2.23～2.93
COD/（mg/L）	1.22×10^3～2.50×10^3	SS/（mg/L）	18～63
TOC/（mg/L）	569～1.10×10^3	全盐量/（mg/L）	8.98×10^3～2.33×10^4
TN/（mg/L）	4.70～15.7	挥发酚/（mg/L）	2.86～13.4
TP/（mg/L）	0.09～0.46		

2. 特征污染物

苯酚丙酮装置总排口废水特征污染物排放清单见表 4-25。

表 4-25　苯酚丙酮装置总排口废水特征污染物排放清单　（单位：mg/L）

特征污染物	含量	特征污染物	含量
甲苯	0.012～0.058	对二甲苯	0.005～0.038
乙苯	0.011～0.051	苯乙烯	0.045～0.339
异丙苯	28.327～102.001		

3. 主要污染指标

采用等标污染负荷法对苯酚丙酮装置主要污染物进行分析，直接排放时，苯酚丙酮装置主要污染指标为总有机碳含量、异丙苯含量、化学需氧量、挥发酚含量、五日生化需氧量；间接排放时，苯酚丙酮装置主要污染指标为异丙苯含量、挥发酚含量。

4.11　己二酸装置

4.11.1　装置简介

己二酸生产方法主要有苯法（环己烷法）和苯酚法，苯法又分为苯完全氢化制 KA 油（环己酮、环己醇的混合物）硝酸氧化法、苯部分氢化制环己醇硝酸氧化法，其中以苯完全氢化制 KA 油硝酸氧化法应用最广泛。

原料精苯经催化加氢生成环己烷，环己烷在催化剂作用下，进行液相空气氧化反应制得 KA 油，之后 KA 油与硝酸反应制得己二酸。

苯加氢制环己烷：苯加氢制环己烷可分为 IFP（法国石油研究院）法和富士铁法。IFP 法指采用悬浮状镍催化剂（$NiPS_2$）在 180～200℃、2.7MPa 条件下悬浮液相加氢生成环己烷。富士铁法是指苯分别在高温（200～250℃）和低温（160℃）条件下两步催化加氢合成环己烷。

环己烷空气氧化制 KA 油（钴法）：环己烷在钴催化剂、160℃和 1MPa 条件下经未稀释的空气氧化得含 KA 油的混合物，混合物经精馏分离得 KA 油，未反应的环己烷循环使用。该法的优点是技术成熟，操作简单；缺点是精馏塔板上存在结渣现象，更为严重的是装置极有可能发生爆炸。

KA 油氧化制己二酸：KA 油氧化制己二酸有空气氧化法和硝酸氧化法。以醇、酮为原料，铜、钒为催化剂，用硝酸作氧化剂，在常温常压下将环己醇和环己酮混合物氧化为己二酸。己二酸经结晶分离后得到工业级己二酸，再经活性炭脱色，结晶、干燥后得精己二酸。

典型己二酸装置工艺流程简图如图 4-13 所示。

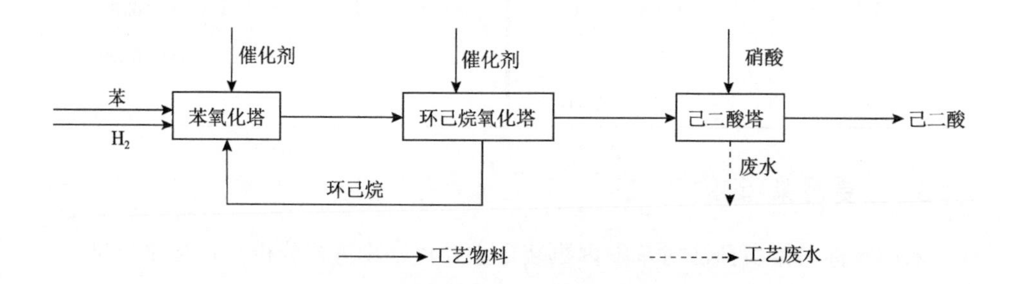

图 4-13　己二酸装置生产工艺流程及废水产生节点图

4.11.2　废水水质

1. 常规指标

己二酸装置总排口废水常规指标监测结果见表 4-26。

表 4-26　己二酸装置总排口废水常规指标监测结果

水质指标	数值	水质指标	数值
pH	1.72～2.42	TP/（mg/L）	0.03～0.09
COD/（mg/L）	642～1954	氨氮/（mg/L）	0.437～1.23
BOD_5/（mg/L）	103	SS/（mg/L）	75.1～198
TOC/（mg/L）	143～484	全盐量/（mg/L）	119～252
TN/（mg/L）	327～645	挥发酚/（mg/L）	0.002～0.155

2. 特征污染物

己二酸装置总排口废水特征污染物排放清单见表 4-27。

表 4-27　己二酸装置总排口废水特征污染物排放清单　（单位：mg/L）

特征污染物	含量	特征污染物	含量
苯	0.012～0.168	乙苯	0.001～0.005

3. 主要污染指标

采用等标污染负荷法对己二酸装置主要污染物进行分析，直接排放时，己二酸装置主要污染指标为化学需氧量、总氮含量、总有机碳含量；间接排放时，己二酸装置主要污染指标为总铜含量、苯含量。

4.12　苯胺装置

4.12.1　装置简介

苯胺装置以天然气与水蒸气反应生成的氢气及以苯与浓硝酸反应生成的硝基苯为原料，在催化剂作用下反应生成苯胺。同时副产食品级 CO_2，并回收废酸。

苯胺生产工艺共分 4 个基本单元：制氢和 CO_2 单元、硝基苯单元、苯胺单元、废酸提浓单元。典型苯胺装置生产工艺流程简图如图 4-14 所示。

4.12.2　废水水量

苯胺装置废水产生/排放情况如表 4-28 所示：初馏塔废水 2.857 $m^3/t_{产品}$、硝基苯回收塔废水 2.286 $m^3/t_{产品}$、苯胺精馏废水 0.686 $m^3/t_{产品}$、苯胺回收塔废水

0.571 $m^3/t_{产品}$、苯胺废水预处理单元进水 2.857 $m^3/t_{产品}$、苯胺废水预处理单元出水 2.857 $m^3/t_{产品}$。

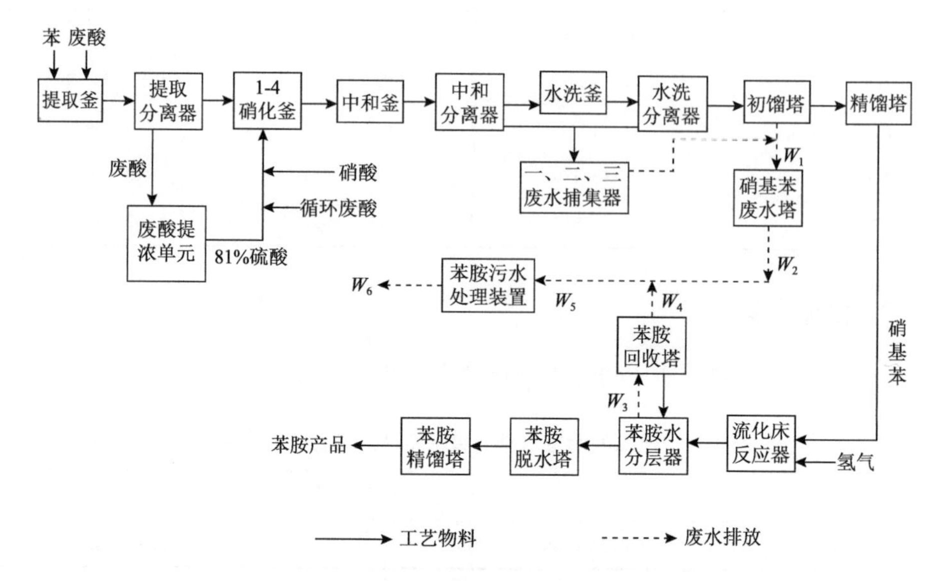

图 4-14　苯胺装置生产工艺流程简图

W_1～W_6代表含义同表 4-28

表 4-28　催化裂化装置废水产生/排放情况

排水节点	排放系数/（$m^3/t_{产品}$）	排放规律	备注
初馏塔废水 W_1	2.857	连续	硝基苯精制单元将水与硝基苯分离后产生的废水
硝基苯回收塔废水 W_2	2.286	连续	硝基苯和水通过共沸蒸馏，将硝基苯从废水中回收后的废水
苯胺精馏废水 W_3	0.686	连续	苯胺精馏分离产生的废水
苯胺回收塔废水 W_4	0.571	连续	苯胺精馏废水用蒸汽汽提回收苯胺后的废水
苯胺废水预处理单元进水 W_5	2.857	连续	—
苯胺废水预处理单元出水 W_6	2.857	连续	—

4.12.3　废水水质

1. 常规指标

苯胺装置总排口废水常规指标监测结果见表 4-29。

表 4-29　苯胺装置总排口废水常规指标监测结果

水质指标	数值	水质指标	数值
pH	6.52～7.33	TP/（mg/L）	0.044～0.073
COD/（mg/L）	235～374	氨氮/（mg/L）	2.73～7.77
BOD_5/（mg/L）	12～70	SS/（mg/L）	13～26
TOC/（mg/L）	62.3～77.5	全盐量/（mg/L）	4002～5674
TN/（mg/L）	299～305	挥发酚/（mg/L）	5.63～8.27
石油类/（mg/L）	4.71～5.70		

2. 特征污染物

苯胺装置总排口废水特征污染物排放清单见表 4-30。

表 4-30　苯胺装置总排口废水特征污染物排放清单　（单位：mg/L）

特征污染物	含量	特征污染物	含量
苯	0. 008～0.015	间二甲苯	0.164～0.343
硝基苯	1.28～2.18		

3. 主要污染指标

采用等标污染负荷法对苯胺装置主要污染物进行分析，直接排放时，苯胺装置主要污染指标为挥发酚含量、总氮含量、化学需氧量；间接排放时，苯胺装置主要污染指标为六价铬含量、挥发酚含量。

4.13　丙烯腈装置

4.13.1　装置简介

丙烯腈装置以丙烯、氨、空气为原料，采用美国阿莫科石油公司一步氧化法技术，产品为丙烯腈，副产品为氢氰酸、粗乙腈、稀硫铵。

1. 装置工艺流程

原料丙烯、液氨经丙烯、氨蒸发器蒸发、过热混合后进入反应器，原料空气经空压机送入反应器，三种原料在反应器内经催化剂作用后反应，反应器出口气体经绝热冷却后，未反应的氨在急冷塔内与硫酸反应生成硫酸铵，其余气体进入吸收塔再用低温水进行吸收，吸收塔塔底富水（含丙烯腈、乙腈、氰化氢等）经回收塔、脱氢氰酸塔处理后，在脱氢氰酸塔顶得到高纯度的液体氢氰酸，粗丙烯腈经过成品塔精馏后，得到丙烯腈产品。

典型丙烯腈装置生产工艺流程及废水产生节点图如图 4-15 所示。

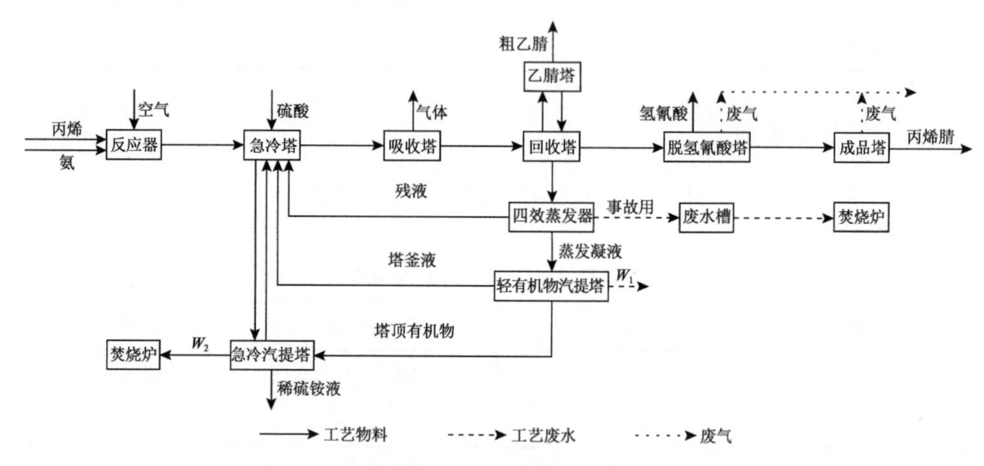

图 4-15　丙烯腈装置生产工艺流程及废水产生节点图

W_1 和 W_2 代表含义同表 4-31

2. 物料平衡和水平衡分析

1）物料平衡

输入		丙烯腈装置	输出	
空气	6.911		吸收尾气排空	5.369
氮气	0.038		丙烯腈	1.000
丙烯	1.071		粗乙腈	0.088
氨	0.520		氢氰酸	0.103
硫酸	0.097		稀硫铵液	0.587
工业水	0.459		轻有机物汽提塔废水	0.906
			焚烧尾气	0.491
			急冷塔废水	0.528
			损失	0.024

单位：$t/t_{产品}$

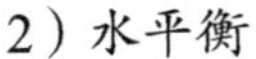

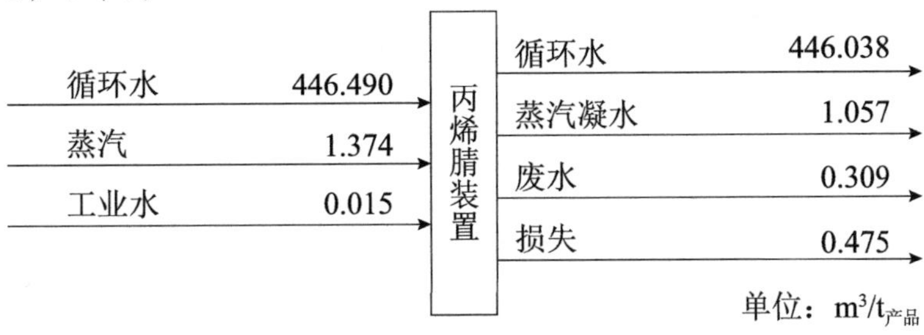

4.13.2　废水水量

丙烯腈装置废水产生/排放情况如表 4-31 所示：轻有机物汽提塔废水 0.9$m^3/t_{产品}$，急冷汽提塔高浓度废水 0.53$m^3/t_{产品}$，机泵冷却水 0.008$m^3/t_{产品}$，蒸汽凝液 0.3$m^3/t_{产品}$。

表 4-31　丙烯腈装置废水产生/排放情况

排水节点	排放系数/（$m^3/t_{产品}$）	排放规律	备注
轻有机物汽提塔废水 W_1	0.9	连续	回收塔废液经四效蒸发器蒸发处理后，残液送往急冷塔下段作补水用，蒸发凝液去往轻有机物汽提塔再经汽提处理后，塔顶轻有机物去往急冷汽提塔，塔釜液部分去往急冷塔上段作补水用，部分作废水排出
急冷汽提塔高浓度废水 W_2	0.53	连续	急冷塔中未反应的氨与硫酸反应生成硫酸铵废液，送至急冷汽提塔，与同时来自轻有机物汽提塔的塔顶有机物再次经汽提处理，产生稀硫铵液送往含硫废水制酸装置，塔顶有机物返回急冷塔，蒸汽凝液废水送往焚烧炉
机泵冷却水 W_3	0.008	间歇	—
蒸汽凝液 W_4	0.3	连续	—

4.13.3　废水水质

1. 常规指标

丙烯腈装置总排口废水常规指标监测结果见表 4-32。

表 4-32　丙烯腈装置总排口废水常规指标监测结果

水质指标	数值	水质指标	数值
pH	7.40～7.49	氨氮/（mg/L）	12.9～74.8
COD/（mg/L）	527～1150	SS/（mg/L）	5～85

续表

水质指标	数值	水质指标	数值
TOC/（mg/L）	331～410	全盐量/（mg/L）	222～380
TN/（mg/L）	26.6～122	总氰化物/（mg/L）	1.11～1.59
TP/（mg/L）	0.13～0.15		

2. 特征污染物

丙烯腈装置总排口废水特征污染物排放清单见表4-33。

表4-33　丙烯腈装置总排口废水特征污染物排放清单　（单位：mg/L）

特征污染物	含量	特征污染物	含量
甲苯	0.001～0.004	邻二甲苯	未检出～0.002
对二甲苯	未检出～0.002	丙烯腈	0.003～0.016

3. 主要污染指标

采用等标污染负荷法对丙烯腈装置主要污染物进行分析，直接排放时，丙烯腈装置主要污染指标为总有机碳含量、化学需氧量、五日生化需氧量、氨氮含量、总氮含量、石油类含量；间接排放时，丙烯腈装置主要污染指标为挥发酚含量、总氰化物含量、石油类含量、丙烯腈含量。

4.14　精对苯二甲酸装置

4.14.1　装置简介

精对苯二甲酸（PTA）装置以对二甲苯（PX）、乙酸、氢气、空气等为原料，液相氧化生成粗对苯二甲酸，再经过加氢精制、结晶、分离、干燥，得到精对苯二甲酸。

对二甲苯以乙酸为溶剂，在催化剂的作用下与空气中的氧反应生成对苯二甲酸。催化剂是包含钴、锰、溴的混合溶液。反应后的产品为混杂着副产物的粗对苯二甲酸（CTA），副产物主要成分为4-羧基苯甲醛（4-CBA），将粗对苯二甲酸用纯水溶解，在钯催化剂催化下，通入氢气，于85kg/cm^{2}及285～288℃下，使

4-CBA 还原为对甲基苯甲酸。对甲基苯甲酸易溶于水，经再结晶、分离和干燥得到高纯度的纯对苯二甲酸。典型精对苯二甲酸装置生产工艺流程简图如图 4-16 所示。

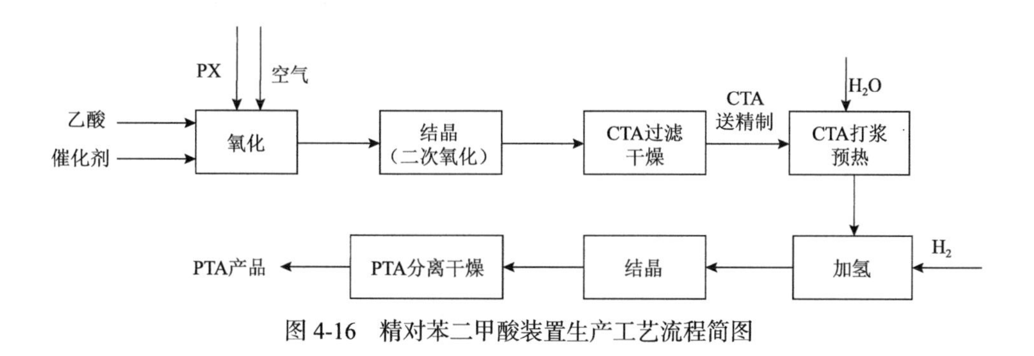

图 4-16　精对苯二甲酸装置生产工艺流程简图

4.14.2　废水水质

1. 常规指标

精对苯二甲酸装置总排口废水常规指标监测结果见表 4-34。

表 4-34　精对苯二甲酸装置总排口废水常规指标监测结果

水质指标	数值	水质指标	数值
pH	2～13	COD/（mg/L）	4000～9000
BOD_5/（mg/L）	1000～3000	SS/（mg/L）	82
总氮/（mg/L）	9.81	总磷/（mg/L）	55.1

2. 特征污染物

精对苯二甲酸装置总排口废水未检出特征污染物。

3. 主要污染指标

采用等标污染负荷法对精对苯二甲酸装置主要污染物进行分析，直接排放时，精对苯二甲酸装置主要污染指标为石油类含量、化学需氧量、五日生化需氧量、总磷含量；间接排放时，主要污染指标为对二甲苯含量。

第5章　合成材料生产装置废水污染物解析

5.1　低密度聚乙烯装置

5.1.1　装置简介

装置以乙烯、丁烯为主要原料，同时以氢气、三乙基铝、戊烷油为辅料，采用美国联合碳化物公司低压气相法聚乙烯工艺技术，生产低密度聚乙烯（LDPE）树脂。

1. 装置工艺流程

原料经精制单元除去氧、一氧化碳、二氧化碳、水、硫化物、甲醇、炔烃等对催化剂有毒杂质后进入聚合反应器反应，反应产生热量经循环气压缩机、循环气冷却器后移出系统，反应生成物经脱气仓脱除气体后送往造粒区造粒得低密度聚乙烯树脂产品，同时脱气仓脱出气体经回收系统冷凝回收未反应单体后，不凝气体排空。典型低密度聚乙烯装置生产工艺流程及废水产生节点图如图5-1所示。

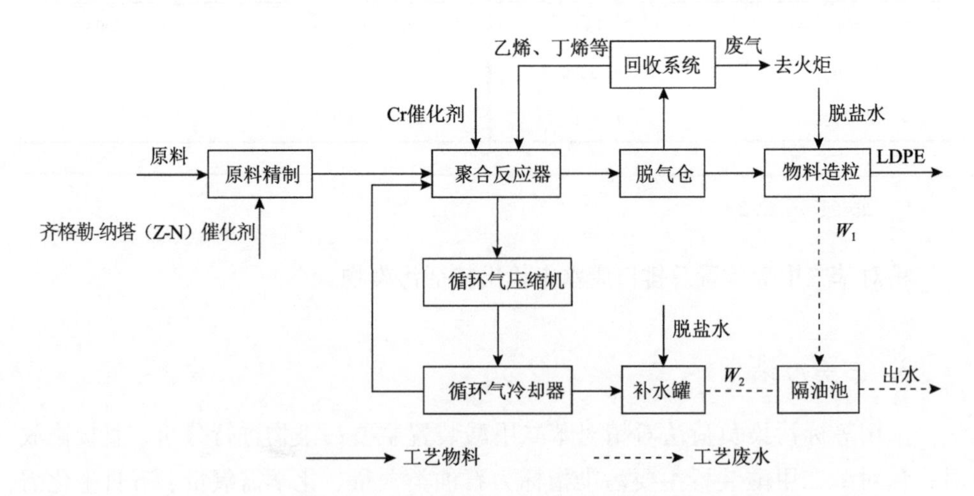

图5-1　低密度聚乙烯装置生产工艺流程及废水产生节点图

W_1和W_2代表含义同表5-1

2. 物料平衡和水平衡分析

1）物料平衡

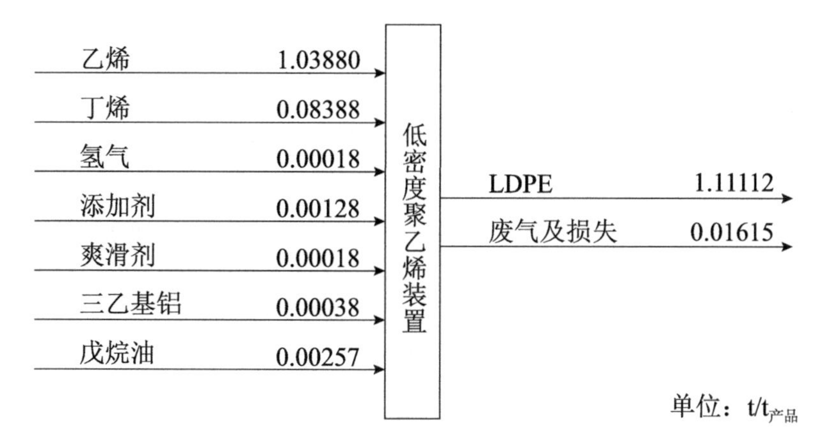

2）水平衡

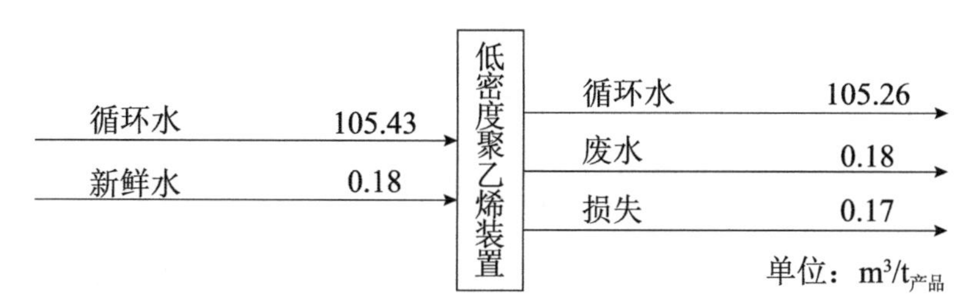

5.1.2　废水水量

低密度聚乙烯装置废水产生/排放情况如表 5-1 所示：造粒溢流颗粒水 0.1m^3/t$_{产品}$，连续排放；循环气冷却器补水罐溢流水 0.04m^3/t$_{产品}$，连续排放；新造粒轴套冷却溢流水 0.035m^3/t$_{产品}$，连续排放。

表 5-1　低密度聚乙烯装置废水产生/排放情况

排水节点	排放系数/（m^3/t$_{产品}$）	排放规律	备注
造粒溢流颗粒水 W_1	0.1	连续	造粒单元造粒水为循环流动，用来冷却树脂颗粒，同时需将树脂颗粒输送出去，在此过程中造粒水会携带一些碎屑，需进行排放，同时补充相应数量的脱盐水
循环气冷却器补水罐溢流水 W_2	0.04	连续	在循环气的冷却降温过程中需补充脱盐水，对冷却水降温并补充水位
新造粒轴套冷却溢流水 W_3	0.035	连续	—

5.1.3 废水水质

1. 常规指标

低密度聚乙烯装置各节点废水常规指标监测结果见表 5-2～表 5-4。

表 5-2 造粒溢流颗粒水常规指标监测结果

水质指标	数值	水质指标	数值
pH	7.16～7.63	TP/（mg/L）	0.01～0.05
COD/（mg/L）	8.7～87.1	氨氮/（mg/L）	1.22～2.65
BOD_5/（mg/L）	1.19	SS/（mg/L）	10～56
TOC/（mg/L）	6.13～12.2	全盐量/（mg/L）	4～50
TN/（mg/L）	1.02～2.90	挥发酚/（mg/L）	0.01～0.12

表 5-3 循环气冷却器补水罐溢流水常规指标监测结果

水质指标	数值	水质指标	数值
pH	7.02～8.31	TP/（mg/L）	0.01～0.14
COD/（mg/L）	10.3～14.1	氨氮/（mg/L）	0.936～1.4
BOD_5/（mg/L）	0.63	SS/（mg/L）	2.4～13
TOC/（mg/L）	2.31～5.2	全盐量/（mg/L）	6～44
TN/（mg/L）	1.05～1.53	挥发酚/（mg/L）	0.019～0.07

表 5-4 低密度聚乙烯装置总排口废水常规指标监测结果

水质指标	数值	水质指标	数值
pH	6.4～7.25	TP/（mg/L）	0.031～0.834
COD/（mg/L）	10.8～55.8	氨氮/（mg/L）	0.773～1.56
BOD_5/（mg/L）	5.77	SS/（mg/L）	8.0～12.0
TOC/（mg/L）	3.91～18.1	全盐量/（mg/L）	15～646
TN/（mg/L）	0.732～8.11	挥发酚/（mg/L）	0.01～0.048

2. 特征污染物

低密度聚乙烯装置各节点废水特征污染物监测结果见表 5-5～表 5-7。

表 5-5　造粒溢流颗粒水特征污染物监测结果　（单位：mg/L）

特征污染物	含量	特征污染物	含量
苯	未检出～0.005	苯乙烯	未检出～0.003
甲苯	未检出～0.013	对二甲苯	未检出～0.006
萘	未检出～0.003		

表 5-6　循环气冷却器补水罐溢流水特征污染物监测结果（单位：mg/L）

特征污染物	含量	特征污染物	含量
甲苯	未检出～0.002	萘	未检出～0.001

表 5-7　低密度聚乙烯装置总排口废水特征污染物监测结果（单位：mg/L）

特征污染物	含量
甲苯	未检出～0.027

3. 主要污染指标

采用等标污染负荷法对低密度聚乙烯装置主要污染物进行分析，直接排放时，低密度聚乙烯装置主要污染指标为化学需氧量、总有机碳含量、五日生化需氧量、总磷含量、氨氮含量、石油类含量；间接排放时，低密度聚乙烯装置主要污染指标为甲苯含量、总镉含量、挥发酚含量、石油类含量。

5.2　高密度聚乙烯装置

5.2.1　装置简介

装置主要以乙烯为原料、1-丁烯为共聚单体，采用利安德巴赛尔（LyondellBasell）公司高密度聚乙烯（HDPE）淤浆法（Hostalen）工艺，生产高密度聚乙烯产品，并用氢气调节分子量，辅助优良的添加剂对粉料进行改性。

1. 装置工艺流程

乙烯、氢气、丙烯、己烷和 1-丁烯等原料与来自催化剂制备单元的三乙基铝等高效催化剂混合后进入聚合反应单元反应，产生淤浆经离心分离器初步分离后，母液经己烷精制丁烯回收单元回收得己烷、1-丁烯，返回至聚合反应单元，粉料通入流化床干燥器干燥后送入粉料处理器再经低压蒸汽和氮气进一步处理，以降低其中的己烷含量，经处理合格的粉料送至挤压造粒单元进行造粒包装，氮气通入膜回收系统回收己烷后送流化床回用，己烷返回至聚合反应单元。典型高密度聚乙烯装置生产工艺流程及废水产生节点图如图 5-2 所示。

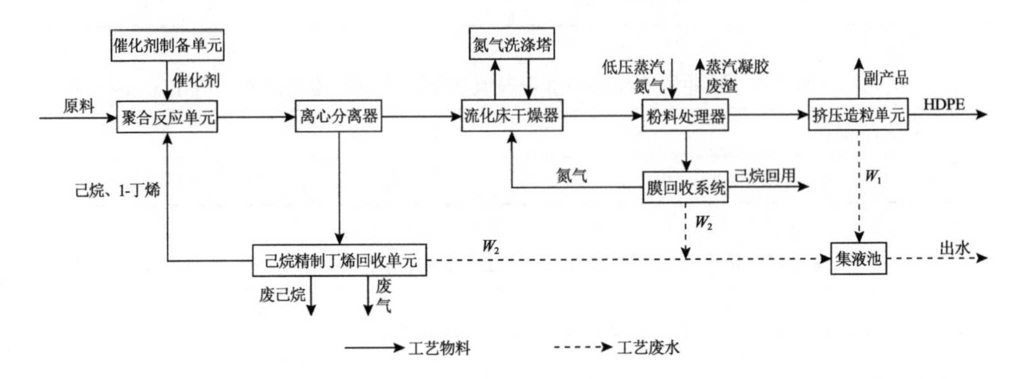

图 5-2　高密度聚乙烯装置生产工艺流程及废水产生节点图

W_1 和 W_2 代表含义同表 5-8

2. 物料平衡和水平衡分析

1）物料平衡

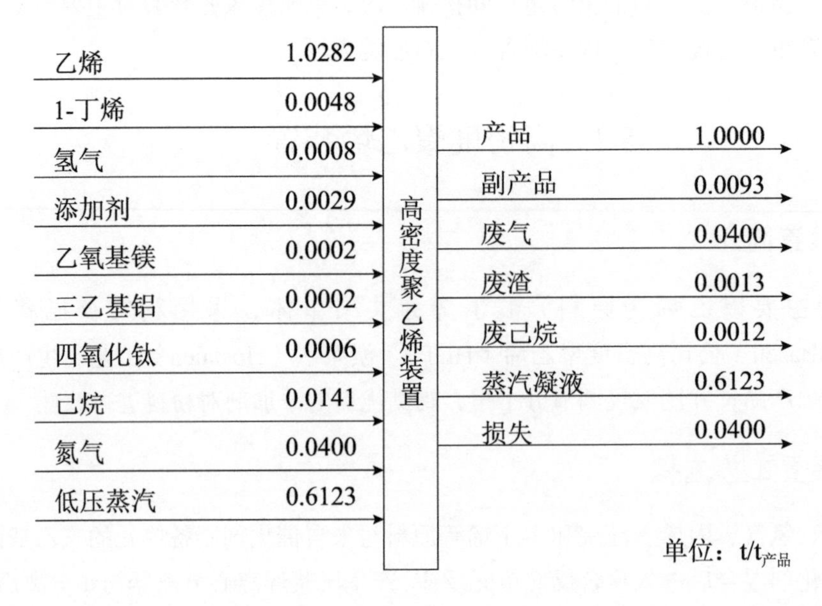

2）水平衡

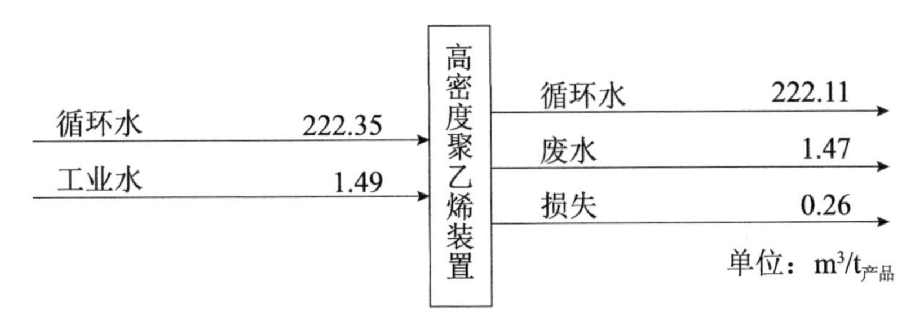

5.2.2　废水水量

高密度聚乙烯装置废水产生/排放情况如表 5-8 所示：水下造粒机单元排污水 0.05$m^3/t_{产品}$，膜回收和已烷精制废水 1.3$m^3/t_{产品}$，V9002 火炬水封罐排污 0.05$m^3/t_{产品}$，D6204 凝液 0.03$m^3/t_{产品}$，E1101 凝液 0.03$m^3/t_{产品}$。

表 5-8　高密度聚乙烯装置废水产生/排放情况

排水节点	排放系数/（$m^3/t_{产品}$）	排放规律	备注
水下造粒机单元排污水 W_1	0.05	连续	造粒单元造粒水为循环流动，用来冷却树脂颗粒，同时需将树脂颗粒输送出去，在此过程中造粒水会携带一些碎屑，需进行排放，同时补充相应数量的脱盐水
膜回收和已烷精制废水 W_2	1.3	连续	已烷在回收、精制过程中经过蒸汽处理提纯后，废气冷凝产生污水
V9002 火炬水封罐排污 W_3	0.05	连续	—
D6204 凝液 W_4	0.03	连续	—
E1101 凝液 W_5	0.03	连续	—

5.2.3　废水水质

1. 常规指标

高密度聚乙烯装置各节点废水常规指标监测结果见表 5-9～表 5-11。

表 5-9　水下造粒机单元排污水常规指标监测结果

水质指标	数值	水质指标	数值
pH	7.18～7.54	TP/（mg/L）	0.01～0.08
COD/（mg/L）	＜10.0	氨氮/（mg/L）	0.773～1.19
BOD_5/（mg/L）	＜0.5	SS/（mg/L）	6～12
TOC/（mg/L）	3.79～5.16	全盐量/（mg/L）	2～60
TN/（mg/L）	0.5～1.7	挥发酚/（mg/L）	0.01～0.92

表 5-10　膜回收和己烷精制废水常规指标监测结果

水质指标	数值	水质指标	数值
pH	7.37～8.51	TP/（mg/L）	0.01～0.06
COD/（mg/L）	273～379	氨氮/（mg/L）	1.32～4.68
BOD_5/（mg/L）	192	SS/（mg/L）	4～18
TOC/（mg/L）	70.8～113	全盐量/（mg/L）	3～16
TN/（mg/L）	0.8～5	挥发酚/（mg/L）	0.012～0.067

表 5-11　高密度聚乙烯装置总排口废水常规指标监测结果

水质指标	数值	水质指标	数值
pH	7.26～12.93	TP/（mg/L）	0.04～0.64
COD/（mg/L）	58.9～480	氨氮/（mg/L）	1.28～18.8
BOD_5/（mg/L）	178	SS/（mg/L）	24～202
TOC/（mg/L）	20.2～114	全盐量/（mg/L）	10～2686
TN/（mg/L）	0.931～20.4	挥发酚/（mg/L）	0.052～0.356

2. 特征污染物

高密度聚乙烯装置总排口废水特征污染物监测结果见表 5-12。

表 5-12　高密度聚乙烯装置总排口废水特征污染物监测结果（单位：mg/L）

特征污染物	含量	特征污染物	含量
苯	未检出～0.005	乙苯	未检出～0.002
甲苯	未检出～0.002	邻二甲苯	未检出～0.003
异丙苯	0.022～0.090		

3. 主要污染指标

采用等标污染负荷法对高密度聚乙烯装置主要污染物进行分析，直接排放时，高密度聚乙烯装置主要污染指标为五日生化需氧量、化学需氧量、总有机碳含量、悬浮物含量；间接排放时，高密度聚乙烯装置主要污染指标为挥发酚含量、总镉含量、石油类含量。

5.3　聚丙烯装置

5.3.1　装置简介

聚丙烯装置采用液相间歇本体法生产聚丙烯，以丙烯为原料，通过丙烯精制、聚合、闪蒸去活、尾气回收、包装入库等步骤生成聚丙烯。

聚丙烯生产工艺流程主要由精制系统、聚合系统、闪蒸系统、丙烯回收系统等单元组成。

1）精制系统

来自罐区的原料丙烯，依次送入固碱干燥塔、水解塔、脱硫塔、干燥塔、脱氧塔、脱砷塔脱除丙烯中微量的水、硫、氧、砷、二氧化碳等后送至精丙烯储罐，用丙烯泵送至聚合釜用于聚合反应。

2）聚合系统

聚合釜内，精丙烯在主催化剂、助催化剂和第三组分的作用下，维持在 3.2～3.8MPa、70～78℃条件下反应 1.5～2.5h，接近“干锅”时，将未反应完的丙烯回收，回收丙烯经冷凝器冷凝为液体回收重复利用。

3）闪蒸系统

闪蒸就是在突然减压的情况下除去聚丙烯粉料中的挥发性物质，并降低粉料的温度。聚合后得到的聚丙烯粉料，在压力下喷入闪蒸釜。闪蒸置换合格后的聚丙烯粉料达到安全包装条件后，在氮气保护下出料包装。

4）丙烯回收系统

低压回收丙烯气经压缩后进分液罐除去气体中夹带的液态水、污油，然后经丙烯冷凝器将丙烯冷凝成液体，液态丙烯与氮气在丙烯储罐内分离，不凝气进入膜法丙烯回收系统，液相丙烯定期送罐区。

典型聚丙烯装置工艺流程及废水产生节点图如图 5-3 所示。

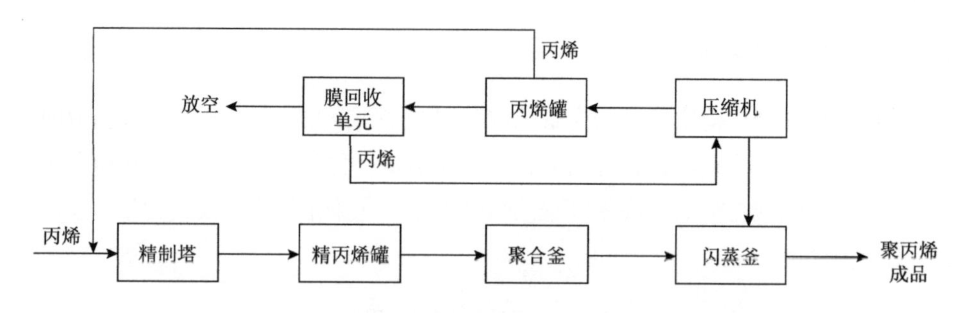

图 5-3　聚丙烯装置工艺流程及废水产生节点图

5.3.2　废水水质

1. 常规指标

聚丙烯装置总排口废水常规指标监测结果见表 5-13。

表 5-13　聚丙烯装置总排口废水常规指标监测结果

水质指标	数值	水质指标	数值
pH	8.19～8.75	氨氮/（mg/L）	0.165～1.97
COD/（mg/L）	56～82	SS/（mg/L）	7～10
TOC/（mg/L）	5.12～20.5	TN/（mg/L）	5.39～17.3
TP/（mg/L）	0.730～4.31	挥发酚/（mg/L）	0.074～0.152

2. 特征污染物

聚丙烯装置总排口废水未检出特征污染物。

3. 主要污染指标

采用等标污染负荷法对聚丙烯装置主要污染物进行分析，直接排放时，聚丙烯装置主要污染指标为总磷含量、化学需氧量；间接排放时，聚丙烯装置主要污染指标为六价铬含量、挥发酚含量、总铬含量、总砷含量。

5.4　顺丁橡胶装置

5.4.1　装置简介

顺丁橡胶以丁二烯为单体，采用不同催化剂和聚合方法合成。目前，世界上顺丁橡胶生产大部分采用溶液聚合法。生产采用的催化剂主要有镍系、钛系、钴系、锂系、钕系等。不同催化体系顺丁橡胶的生产工艺各有特点，但大体相似，以连续溶液聚合为主，主要工序包括：催化剂、终止剂和防老剂的配制和计量；丁二烯的聚合；胶液的凝聚；后处理、橡胶的脱水和干燥；单体、溶剂的回收和精制。

催化剂经配制、陈化后，与单体丁二烯、溶剂油一起进入聚合装置，在此合成顺丁橡胶胶液，胶液中加入终止剂和防老剂进入凝聚工序，胶液用水蒸气凝聚后，橡胶成颗粒状与水一起输送到脱水、干燥工序，干燥后的生胶包装后去成品仓库，在凝聚工序用水蒸气蒸出的溶剂油和丁二烯经回收精制后循环使用。典型顺丁橡胶装置生产工艺流程及废水产生节点图如图 5-4 所示。

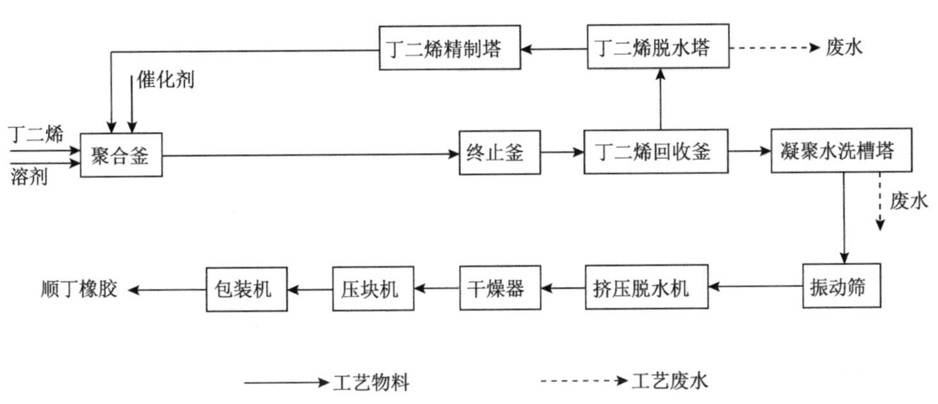

图 5-4　顺丁橡胶装置生产工艺流程及废水产生节点图

5.4.2　废水水质

1. 常规指标

顺丁橡胶装置总排口废水常规指标监测结果见表 5-14。

表 5-14　顺丁橡胶装置总排口废水常规指标监测结果

水质指标	数值	水质指标	数值
pH	6.45～7.78	氨氮/（mg/L）	0.149～0.377
COD/（mg/L）	204～540	SS/（mg/L）	24～58
TOC/（mg/L）	52.3～129	挥发酚/（mg/L）	0.004～0.006
TN/（mg/L）	1.54～6.89	氟化物/（mg/L）	0.58～2.49
TP/（mg/L）	0.051～0.355		

2. 特征污染物

顺丁橡胶装置总排口废水未检出特征污染物。

3. 主要污染指标

采用等标污染负荷法对顺丁橡胶装置主要污染物进行分析，直接排放时，顺丁橡胶装置主要污染指标为化学需氧量、总有机碳含量；间接排放时，顺丁橡胶装置主要污染指标为六价铬含量、氟化物含量。

5.5 ABS 树脂装置

5.5.1 装置简介

丙烯腈-丁二烯-苯乙烯共聚物（ABS）树脂装置以丁二烯（BD）、苯乙烯（St）、丙烯腈（AN）为主要原料，并以多种小品种化学品助剂为辅料，采用日本合成橡胶公司乳液接枝-本体 St-AN 共聚物（SAN）掺混工艺技术，以生产通用级 ABS 产品为主，同时可生产家用电器、玩具、阻燃剂等专用料及 SAN 树脂产品。

1. 装置工艺流程

ABS 树脂装置采用乳液接枝-本体 SAN 掺混生产工艺，主要包括聚丁二烯胶乳（PBL）聚合单元、ABS 聚合单元、凝聚脱水干燥单元、SAN 单元、掺混造粒单元等。

1）PBL 聚合单元

原料丁二烯经过碱洗后与引发剂、乳化剂、水按一定比例加入反应釜中，在一定的温度和压力下反应 25.5h，最终生成聚丁二烯胶乳，经脱除未反应单体后的聚丁二烯胶乳进入 ABS 聚合单元。

2）ABS 聚合单元

聚丁二烯胶乳在乳化剂、活化剂的作用下与苯乙烯、丙烯腈单体在一定温度下进行乳液接枝聚合，反应结束后加入颜色增进剂、抗氧剂搅拌均匀备用。

3）凝聚脱水干燥单元

来自ABS聚合单元的ABS胶乳在一定温度、搅拌和凝聚剂硫酸的作用下凝聚成ABS浆液，经过真空过滤、脱水、破碎、干燥，与化学品添加剂按一定比例混合均匀生产出化学品粉料，最后送入粉料料仓储存备用，一部分进行商品粉料包装。

4）SAN单元

一定比例的苯乙烯和丙烯腈在以甲苯为循环溶剂的介质中，在一定温度、压力和搅拌条件下，发生连续本体聚合反应，再经脱挥、造粒生产出SAN颗粒料，同时部分未反应苯乙烯、丙烯腈和甲苯经回收、精制后返回继续利用，在此过程中精馏塔定期排出含有低聚物的重组分。

5）掺混造粒单元

ABS粉料和SAN颗粒料按照一定比例经过挤出机高温熔融挤出，挤出束条经水浴冷却、干燥、切粒、筛分，最后送入包装工序。

典型ABS树脂装置生产工艺流程及废水产生节点图如图5-5所示。

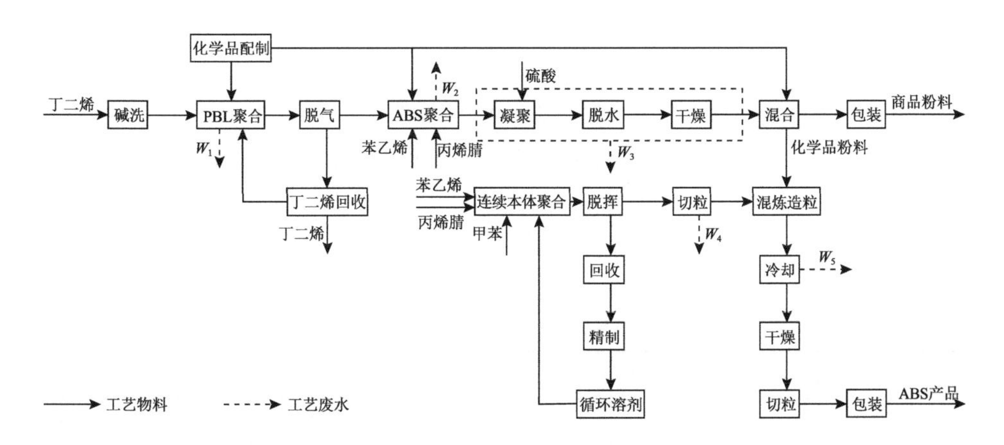

图5-5　ABS树脂装置生产工艺流程及废水产生节点图

W_1～W_5代表含义同表5-15

2. 物料平衡和水平衡分析

1）物料平衡

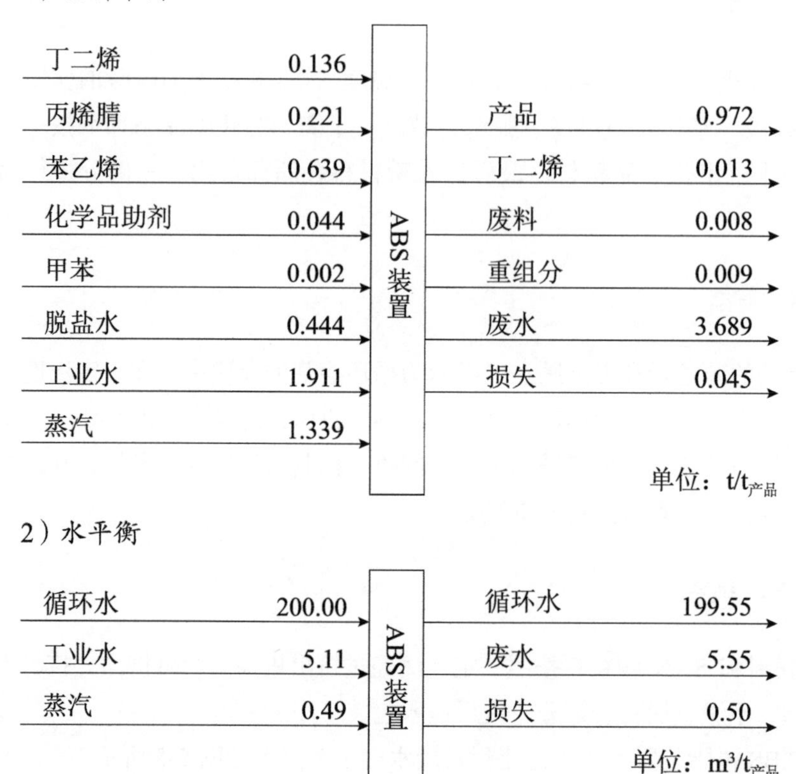

5.5.2 废水水量

ABS树脂装置废水产生/排放情况如表5-15所示：PBL聚合单元反应釜清胶废水0.44m^3/t$_{产品}$，ABS聚合单元反应釜清胶废水0.67m^3/t$_{产品}$，凝聚脱水干燥单元废水2.6m^3/t$_{产品}$，SAN粒子切粒废水2.7m^3/t$_{产品}$，混炼造粒束条冷却水1.8m^3/t$_{产品}$，机泵冷却水0.67m^3/t$_{产品}$，蒸汽凝液0.44m^3/t$_{产品}$。

表5-15 ABS树脂装置废水产生/排放情况

排水节点	排放系数/（m^3/t$_{产品}$）	排放规律	备注
PBL聚合单元反应釜清胶废水W_1	0.44	间歇	PBL聚合反应釜在反应过程中，会有少量的胶乳逐渐积聚在聚合反应釜的釜壁上，当积聚的胶乳影响到正常的传质传热时，就需对反应釜进行清胶处理，产生含丁二烯胶乳的高浓度废水

续表

排水节点	排放系数/（$m^3/t_{产品}$）	排放规律	备注
ABS 聚合单元反应釜清胶废水 W_2	0.67	间歇	ABS 聚合反应釜在反应过程中，会有少量的胶乳逐渐积聚在聚合反应釜的釜壁上，当积聚的胶乳影响到正常的传质传热时，就需对反应釜进行清胶处理，产生含 ABS 胶乳的高浓度废水
凝聚脱水干燥单元废水 W_3	2.6	连续	来自 ABS 聚合的 ABS 胶乳在一定温度、搅拌和凝聚剂硫酸的作用下凝聚成 ABS 浆液，经过真空过滤、脱水、干燥后生成 ABS 粉料，同时产生含 ABS 湿粉的高浓度废水，同时凝聚脱水干燥单元内真空过滤系统真空泵、干燥器热水罐、凝聚尾气洗涤单元各产生少量废水
SAN 粒子切粒废水 W_4	2.7	连续	熔融的 SAN 产品经模头挤出后，在自动切粒机组经水下造粒成标准的产品粒子，用于冷却 SAN 粒子的冷却水成为 SAN 单元的废水，浓度较低，可视为清净下水
混炼造粒束条冷却水 W_5	1.8	连续	混炼单元挤出机模头挤出的 ABS 束条经水浴槽冷却，水浴槽中的冷却水在冷却换热后，成为废水排出混炼单元，浓度较低，可视为清净下水
机泵冷却水 W_6	0.67	连续	—
蒸汽凝液 W_7	0.44	连续	—

5.5.3　废水水质

1. 常规指标

ABS 树脂装置总排口废水常规指标监测结果见表 5-16。

表 5-16　ABS 树脂装置总排口废水常规指标监测结果

水质指标	数值	水质指标	数值
pH	8.55～11.59	氨氮/（mg/L）	10.2～16.5
COD/（mg/L）	947～1.66×10^3	SS/（mg/L）	107～423
TOC/（mg/L）	341～522	挥发酚/（mg/L）	0.217～0.462
TN/（mg/L）	65.1～90.8	总氰化物/（mg/L）	0.024～0.292
TP/（mg/L）	5.95～30.7		

2. 特征污染物

ABS树脂装置总排口废水特征污染物排放清单见表5-17。

表5-17 ABS树脂装置总排口废水特征污染物排放清单 （单位：mg/L）

特征污染物	含量	特征污染物	含量
苯乙烯	0.185～0.304	丙烯腈	1.234～7.863

3. 主要污染指标

采用等标污染负荷法对ABS树脂装置主要污染物进行分析，直接排放时，ABS树脂装置主要污染指标为化学需氧量、总有机碳含量、五日生化需氧量、总磷含量、悬浮物含量；间接排放时，ABS树脂装置主要污染指标为丙烯腈含量。

5.6 丁苯橡胶装置

5.6.1 装置简介

丁苯橡胶（SBR）装置以苯乙烯、丁二烯为原料，采用乳液聚合工艺技术，可生产SBR1500、SBR1502、SBR1503、SBR1712、SBR1706-5、SBR1778等六个牌号的丁苯橡胶。

1. 装置工艺流程

来自单体配制单元的丁二烯、苯乙烯与来自化学品配制单元的乳化剂等化学品助剂冷却至一定温度后进入聚合单元反应，待反应完成后加入终止剂，终止反应后的胶乳经丁二烯闪蒸槽和苯乙烯脱气塔回收未反应的丁二烯、苯乙烯，然后进入胶乳掺混单元，按规定进行胶乳混合，同时按要求加入防老剂，得到混合胶乳入凝聚单元凝聚脱水后送入干燥包装单元得到成型胶块。典型丁苯橡胶装置生产工艺流程及废水产生节点图如图5-6所示。

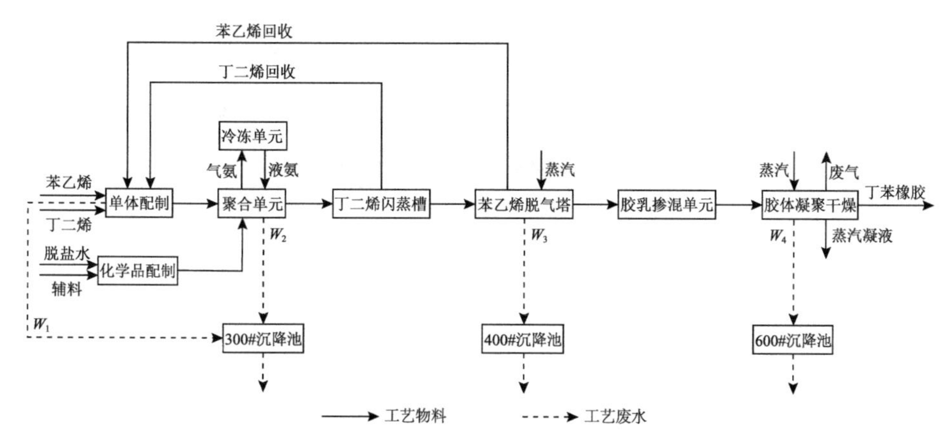

图 5-6　丁苯橡胶装置生产工艺流程及废水产生节点图

W_1～W_4代表含义同表 5-18

2. 物料平衡和水平衡分析

1）物料平衡

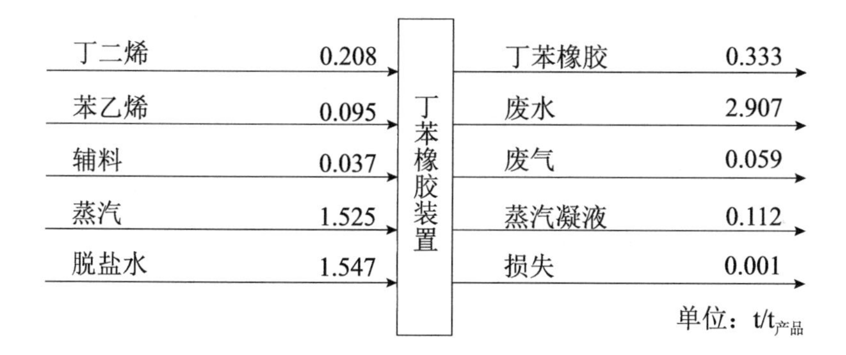

2）水平衡

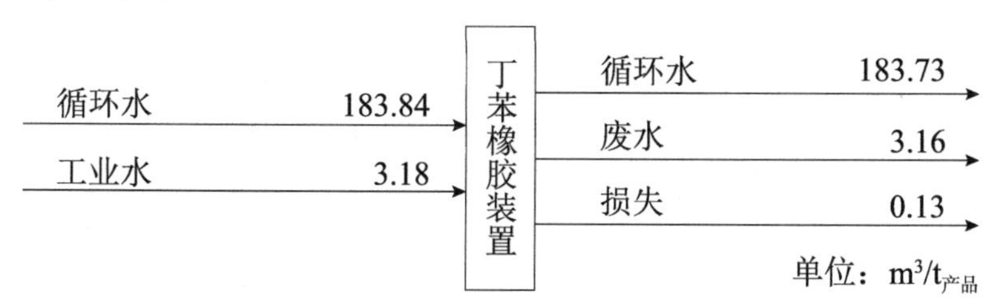

5.6.2　废水水量

丁苯橡胶装置废水产生/排放情况如表 5-18 所示：单体配制单元废水 0.002m^3/t 产品；液碱滗析器废碱液 0.002m^3/t 产品；苯乙烯脱气塔废水 1.7m^3/t 产品；凝聚胶乳分离废

水 8.7m^3/t$_{产品}$；蒸汽凝液 1m^3/t$_{产品}$；丁二烯球罐水喷淋消防用水每天用 4h，水量 0.07m^3/t$_{产品}$。

表 5-18　丁苯橡胶装置废水产生/排放情况

排水节点	排放系数/（m^3/t$_{产品}$）	排放规律	备注
单体配制单元废水 W_1	0.002	间歇	丁二烯回收储罐、苯乙烯回收储罐底部的水分需定期排放
液碱滗析器废碱液 W_2	0.002	间歇	在聚合反应过程中，需将丁二烯中夹带的阻聚剂用碱液脱除，废碱液定期排放
苯乙烯脱气塔废水 W_3	1.7	连续	来自聚合单元的胶乳首先经过泄料槽二级闪蒸脱除丁二烯后，送入脱气塔塔顶，经过蒸汽汽提后送入胶乳掺混单元。从塔顶部蒸出的气液混合物除含有苯乙烯外还含有一定的水和丁二烯，经气液分离后液体回流到脱气塔。经换热器冷凝的苯乙烯和水混合物流入苯乙烯滗析器，进行沉降分离。分离出的苯乙烯送入苯乙烯储罐，进行回收利用，同时排出废水
凝聚胶乳分离废水 W_4	8.7	连续	脱气胶乳加入防老剂或填充油，然后用高分子凝集剂溶液和硫酸作凝聚剂在一定条件下进行凝聚，使橡胶自胶乳中离析出来，再经洗涤、脱水、干燥，得到成品，同时产生废水
蒸汽凝液 W_5	1	连续	—
丁二烯球罐水喷淋消防用水 W_6	0.07	间歇	—

5.6.3　废水水质

1. 常规指标

丁苯橡胶装置总排口废水常规指标监测结果见表 5-19。

表 5-19　丁苯橡胶装置总排口废水常规指标监测结果

水质指标	数值	水质指标	数值
pH	7.09～7.63	TP/（mg/L）	29.2～77.6
COD/（mg/L）	416～847	氨氮/（mg/L）	11.6～23.6
BOD_5/（mg/L）	250	SS/（mg/L）	19～214
TOC/（mg/L）	123～229	全盐量/（mg/L）	1.74×10^3～3.04×10^3
TN/（mg/L）	20.5～39.1	挥发酚/（mg/L）	0.448～1.40

2. 特征污染物

丁苯橡胶装置总排口废水特征污染物排放清单见表 5-20。

表 5-20　丁苯橡胶装置总排口废水特征污染物排放清单（单位：mg/L）

特征污染物	含量	特征污染物	含量
苯	未检出～0.001	甲苯	0.059～1.091
乙苯	未检出～0.115	异丙苯	未检出～0.113
苯乙烯	0.134～71.053	苯胺	未检出～4.113

3. 主要污染指标

采用等标污染负荷法对丁苯橡胶装置主要污染物进行分析，直接排放时，丁苯橡胶装置主要污染指标为总磷、五日生化需氧量、总有机碳含量、化学需氧量、甲苯含量；间接排放时，丁苯橡胶装置主要污染指标为甲苯含量、苯乙烯含量、挥发酚含量。

5.7　乙丙橡胶装置

5.7.1　装置简介

乙丙橡胶装置以乙烯、丙烯、二烯烃为原料，以己烷为溶剂，采用溶液法，主要产品是由乙烯、丙烯和二烯烃组成的无规共聚物，即三元乙丙橡胶。

1. 装置工艺流程

催化剂制备单元：进行催化剂和助剂制备。

聚合反应单元：乙烯、丙烯、氢气、二烯烃——乙叉降冰片烯（ENB）在催化剂的作用下进行聚合反应，生成聚合液。

催化剂失活和洗涤单元：聚合液在此单元进行失活和洗涤，以脱去残留的催化剂。

提浓、干燥单元：将聚合液进行闪蒸干燥，脱出溶剂和第三单体，产出乙丙橡胶，并送到挤出机挤出造粒、包装。

甲醇回收单元：将洗涤水中的甲醇通过精馏回收后循环使用。

溶剂己烷回收单元：己烷在此单元通过精制回收后在系统内循环使用。

二烯烃回收单元：回收后的二烯烃 ENB 再送到聚合单元利用。

典型乙丙橡胶装置生产工艺流程及废水产生节点图如图 5-7 所示。

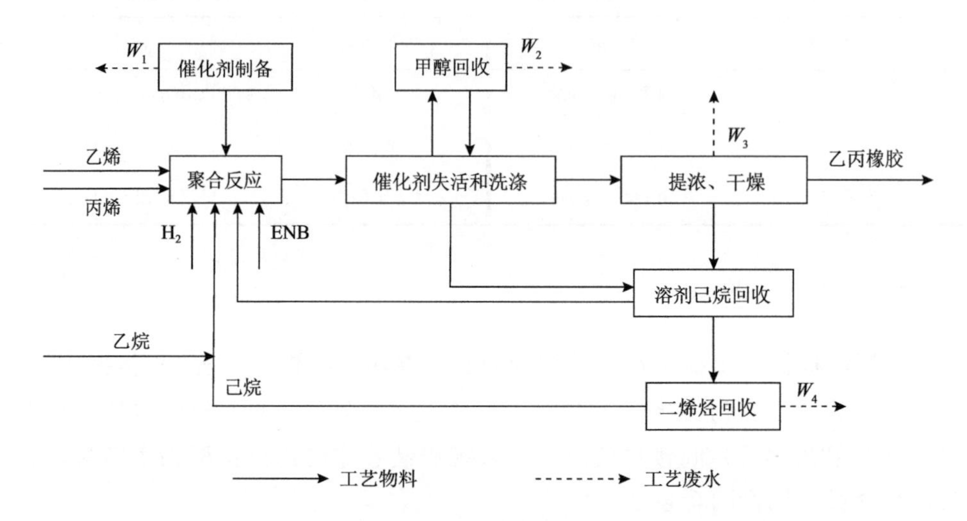

图 5-7　乙丙橡胶装置生产工艺流程及废水产生节点图

W_1～W_4代表含义同表 5-21

2. 物料平衡和水平衡分析

1）物料平衡

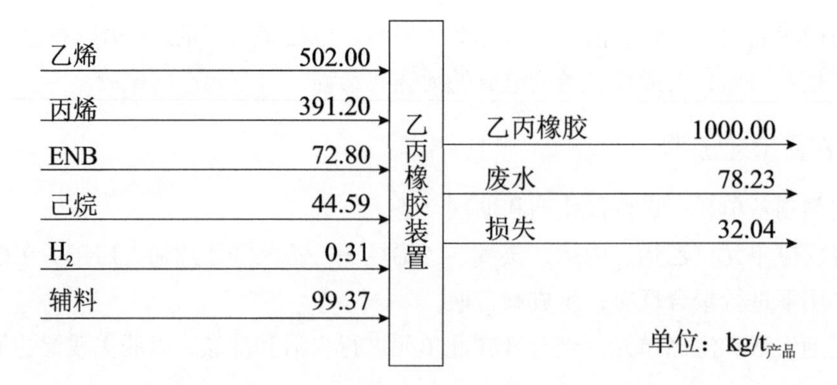

2）水平衡

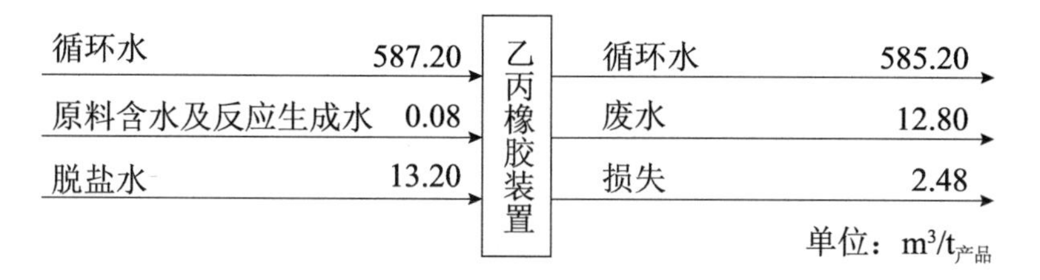

5.7.2　废水水量

乙丙橡胶装置废水产生/排放情况如表 5-21 所示：催化剂制备单元废水 1.2m^3/t 产品，甲醇回收单元废水 4m^3/t 产品，提浓、干燥单元废水 0.8m^3/t 产品，二烯烃回收单元废水 4.8m^3/t 产品，催化剂制备单元蒸汽凝液 0.8m^3/t 产品，催化剂失活和洗涤单元搅拌器凝液 0.2m^3/t 产品。

表 5-21　乙丙橡胶装置废水产生/排放情况

排水节点	排放系数/（m^3/t 产品）	排放规律	备注
催化剂制备单元废水 W_1	1.2	连续	VX-CAT（三氯氧钒与乙醇的反应物）催化剂制备过程中产生的氯化氢气体通过吸收塔加碱加水中和，pH 合格后排向污水池
甲醇回收单元废水 W_2	4	连续	聚合液经失活和洗涤单元脱去残留的催化剂，同时产生的洗涤水送至甲醇回收单元经过精馏塔分离后，含有催化剂残渣和微量甲醇的水溶液从甲醇回收塔塔底排出
提浓、干燥单元废水 W_3	0.8	连续	造粒单元造粒水循环流动，用来冷却树脂颗粒，同时需将树脂颗粒输送出去，在此过程中造粒水会携带一些碎屑，需进行排放，同时胶粒还需经过脱水后制成成品
二烯烃回收单元废水 W_4	4.8	连续	含有聚合物及少量 ENB 的己烷通过己烷/二烯烃分离塔分离后，含有少量有机物 ENB 和聚合物的废水从塔底排出
催化剂制备单元蒸汽凝液 W_5	0.8	连续	—
催化剂失活和洗涤单元搅拌器凝液 W_6	0.2	连续	—

5.7.3　废水水质

1. 常规指标

乙丙橡胶装置各节点废水常规指标监测结果见表 5-22～表 5-24。

表 5-22　甲醇回收单元废水排液常规指标监测结果

水质指标	数值	水质指标	数值
pH	7.37～13.01	TP/（mg/L）	0.06～0.07
COD/（mg/L）	10.0～62.6	氨氮/（mg/L）	1.66～7.28
BOD_5/（mg/L）	<0.5	SS/（mg/L）	4～28
TOC/（mg/L）	1.25～10.3	全盐量/（mg/L）	518～3982
TN/（mg/L）	2.49～8.78	挥发酚/（mg/L）	0.01～0.286

表 5-23　二烯烃回收单元废水常规指标监测结果

水质指标	数值	水质指标	数值
pH	7.14～12.37	TP/（mg/L）	0.01～0.02
COD/（mg/L）	51.9～443	氨氮/（mg/L）	0.623～1.08
BOD_5/（mg/L）	118	SS/（mg/L）	4～30
TOC/（mg/L）	16.2～95.5	全盐量/（mg/L）	168～518
TN/（mg/L）	1.46～1.71	挥发酚/（mg/L）	0.01～0.333

表 5-24　乙丙橡胶装置总排口废水常规指标监测结果

水质指标	数值	水质指标	数值
pH	12.4～12.64	TP/（mg/L）	0.01～0.02
COD/（mg/L）	11.6～89.4	氨氮/（mg/L）	1.04～2.47
BOD_5/（mg/L）	8.2	SS/（mg/L）	10～36
TOC/（mg/L）	2.1～15.2	全盐量/（mg/L）	66～772
TN/（mg/L）	1.4～3.22	挥发酚/（mg/L）	<0.01

2. 特征污染物

乙丙橡胶装置各节点废水特征污染物排放清单见表 5-25 和表 5-26。

表 5-25　甲醇回收单元废水排液特征污染物排放清单　（单位：mg/L）

特征污染物	含量	特征污染物	含量
甲苯	未检出～0.011	苯乙烯	未检出～0.005
对二甲苯	未检出～0.005		

表 5-26　乙丙橡胶装置总排口废水特征污染物排放清单　（单位：mg/L）

特征污染物	含量	特征污染物	含量
苯	未检出～0.031	异丙苯	未检出～0.053
甲苯	未检出～0.024		

3. 主要污染指标

采用等标污染负荷法对乙丙橡胶装置主要污染物进行分析，直接排放时，乙丙橡胶装置主要污染指标为石油类含量、化学需氧量、挥发酚含量、五日生化需氧量、总有机碳含量、悬浮物含量；间接排放时，乙丙橡胶装置主要污染指标为挥发酚含量、石油类含量、苯含量、甲苯含量。

5.8　丁腈橡胶装置

5.8.1　装置简介

丁腈橡胶装置采用连续或间歇式乳液聚合工艺，以丁二烯（BD）和丙烯腈（AN）为原料，以激发剂（过氧化氢二异丙苯）、调节剂（叔十二碳硫醇）、阻聚剂（二乙基羟胺）、防老剂[二苯胺衍生物、三（壬苯基）亚磷酸酯和聚丁基双酚 WH]、扩散剂（β-萘磺酸钠甲醛缩合物）、除氧剂（连二亚硫酸钠）、终止剂（硫酸羟胺）等为辅料生产丁腈橡胶。

丁腈橡胶装置由单体储存与配制单元、聚合单元、单体回收单元、凝聚干燥单元组成。

1）单体储存与配制单元

包括丁二烯罐区和丙烯腈罐区，主要功能是原料单体丁二烯和丙烯腈的配制与输送。

2）聚合单元

以BD和AN两种单体为原料，以十二烷基苯磺酸钠为乳化剂，以扩散剂 β-萘磺酸钠甲醛缩合物为助乳化剂，加入激发剂、活化相及调节剂（调节剂两点加入），在机械搅拌作用下，用乳化剂使难溶于水的单体分散在水相介质中形成稳定的胶束，控制温度在4～13℃进行连续聚合反应。该单元还包括引发剂的接收与输送。

3）单体回收单元

包括工艺水的制备、丁二烯的回收、丙烯腈的回收、腈水提浓。

（1）丁二烯的回收：聚合单元送来的含有未反应单体丁二烯和丙烯腈的胶乳，依次采用加热后正压闪蒸、微正压闪蒸、真空闪蒸的三级闪蒸法，脱除其中绝大部分的丁二烯。脱除的气相丁二烯经压缩机压缩，再经冷凝器冷凝为液相丁二烯，送回单体储存与配制单元循环使用。

（2）丙烯腈的回收：经闪蒸脱除丁二烯的胶乳，采用真空水蒸气蒸馏法脱除其中的丙烯腈，丙烯腈蒸气和水蒸气冷凝后形成回收丙烯腈腈水（R-ANW），返回单体储存与配制单元。

（3）腈水提浓：低浓度的R-ANW在常压塔中进行水蒸气加热，塔顶蒸出的混合物经滗淅器沉降分离后得到浓度≥93%的回收丙烯腈，送回单体储存与配制单元，塔釜排出液进入污化系统。

4）凝聚干燥单元

丁腈胶乳是一个稳定的复相体系，当乳液体系加入电解质时，橡胶微粒之间的排斥消失，在机械搅拌的作用下，胶粒相互黏结在一起，从乳液体系中析出，形成橡胶粒子；然后利用干燥器使胶粒受热，达到干燥橡胶的目的。

干燥后的合格橡胶颗粒经自动称量、压块成型、重量复检、薄膜包装、金属检测、外袋包装封口后送到成品库储存。

典型丁腈橡胶装置生产工艺流程及废水产生节点图如图5-8所示。

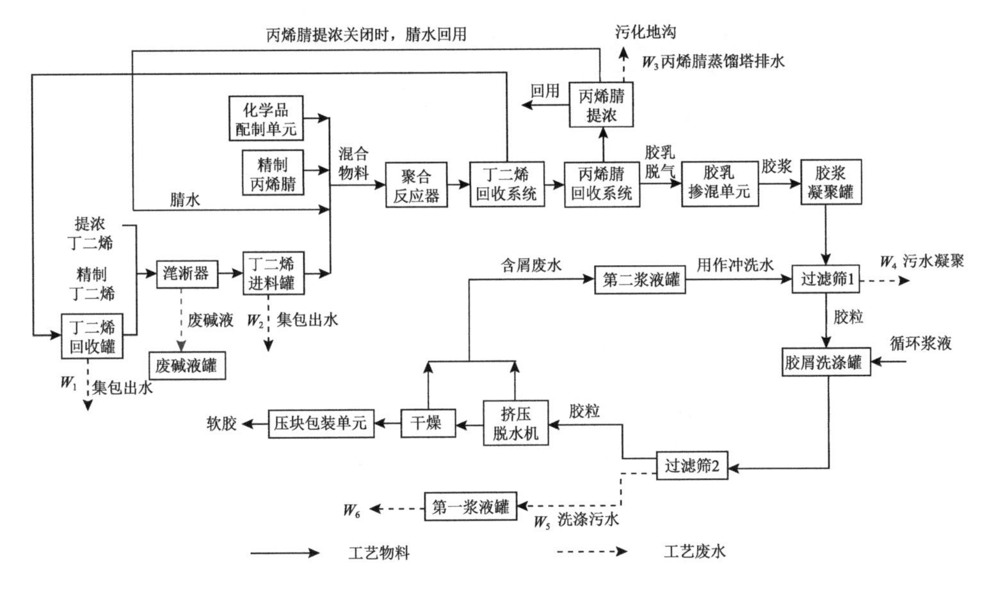

图 5-8　丁腈橡胶装置生产工艺流程及废水产生节点图

W_1～W_6为 1～6 号废水排放节点

5.8.2　废水水质

1. 常规指标

丁腈橡胶装置总排口废水常规指标监测结果见表 5-27。

表 5-27　丁腈橡胶装置总排口废水常规指标监测结果

水质指标	数值	水质指标	数值
pH	6.10～6.42	TP/（mg/L）	0.214～0.627
COD/（mg/L）	445～659	氨氮/（mg/L）	3.51～7.77
BOD_5/（mg/L）	78～183	SS/（mg/L）	16～29
TOC/（mg/L）	123～168	全盐量/（mg/L）	1106～2111
TN/（mg/L）	26.9～34.9	挥发酚/（mg/L）	3.44～5.67
石油类/（mg/L）	10.9～19.8		

2. 特征污染物

丁腈橡胶装置总排口废水特征污染物排放清单见表 5-28。

表 5-28 丁腈橡胶装置总排口废水特征污染物排放清单 （单位：mg/L）

特征污染物	含量	特征污染物	含量
丙烯腈	0.171～0.226	甲苯	0.007～0.093
乙苯	0.213～0.314		

3. 主要污染指标

采用等标污染负荷法对丁腈橡胶装置主要污染物进行分析，直接排放时，丁腈橡胶装置主要污染指标为化学需氧量、挥发酚含量、总有机碳含量、五日生化需氧量；间接排放时，丁腈橡胶装置主要污染指标为挥发酚含量。

5.9 聚对苯二甲酸乙二醇酯装置

5.9.1 装置简介

聚对苯二甲酸乙二醇酯（PET）生产装置，采用直接酯化法，以对苯二甲酸（PTA）和乙二醇（EG）为原料，生产聚对苯二甲酸乙二醇酯。

聚对苯二甲酸乙二醇酯装置包括两个生产单元，即将 PTA 和 EG 生成对苯二甲酸双羟乙酯（BHET）的酯化单元和由对苯二甲酸双羟乙酯缩聚生产 PET 树脂的缩聚单元。

（1）酯化单元：原料（PTA 和 EG）和适量催化剂（如乙酸锑）按一定摩尔比加入到浆料配料槽，在搅拌作用下形成需要浓度的悬浮液送到酯化反应釜，加入稳定剂等添加剂,2 分子 EG 和 1 分子 PTA 反应生成 1 分子 BHET 和 2 分子水。第一酯化釜和第二酯化釜中产生的水蒸气及部分乙二醇通过乙二醇分离塔（工艺塔）进行精馏分离，水蒸气在塔顶经冷凝后作为废水排出，即酯化废水。回收的乙二醇经过一个缓冲罐重新返回到酯化釜参与酯化反应。

（2）缩聚单元：将 BHET 熔体送入预缩聚反应釜进行缩聚反应，然后预缩聚产物进入终缩聚釜进一步缩聚以达到产品所需要的聚合度和性能要求。为将缩聚反应产生的乙二醇不断从反应釜中排出，从而使缩聚反应不断发生，聚合度不断提高，缩聚反应在真空条件下进行，且聚合度越高，所需的真空度越高。当终缩聚釜出口熔体黏度达到一定的质量指标时，缩聚产物可制成聚酯切片，或直接纺丝生产涤纶纤维。

典型聚对苯二甲酸乙二醇酯装置生产工艺流程图如图 5-9 所示。

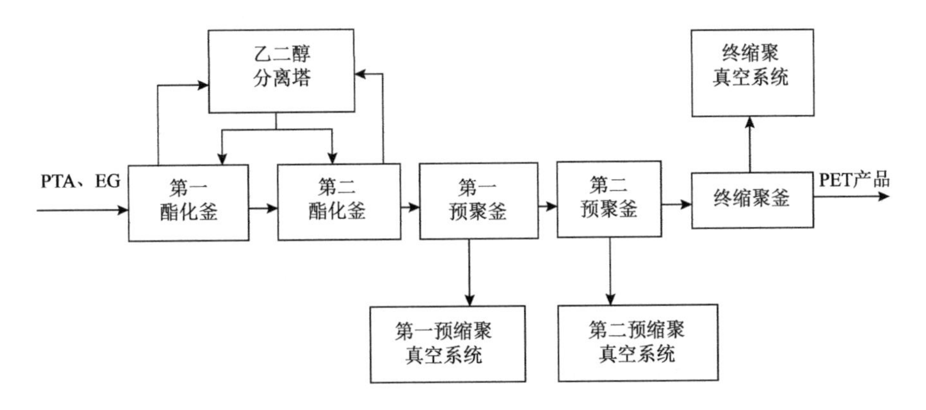

图 5-9　聚对苯二甲酸乙二醇酯装置生产工艺流程图

5.9.2　废水水质

1. 常规指标

聚对苯二甲酸乙二醇酯装置酯化废水常规指标监测结果见表 5-29。

表 5-29　聚对苯二甲酸乙二醇酯装置酯化废水常规指标监测结果

水质指标	含量/（mg/L）
COD	24000～35000

2. 特征污染物

聚对苯二甲酸乙二醇酯装置酯化废水特征污染物排放清单见表 5-30。

表 5-30　聚对苯二甲酸乙二醇酯装置酯化废水特征污染物排放清单

特征污染物	含量/（mg/L）
乙醛	6000～8000

3. 主要污染指标

采用等标污染负荷法对聚对苯二甲酸乙二醇酯装置主要污染物进行分析，直接排放时，聚对苯二甲酸乙二醇酯装置主要污染指标为乙醛含量、化学需氧量；间接排放时，聚对苯二甲酸乙二醇酯装置主要污染指标为乙醛含量。

5.10 腈纶装置

5.10.1 装置简介

腈纶生产装置以丙烯腈、乙酸乙烯酯、乙酸二甲胺等为原料，生产差别化腈纶。

腈纶生产装置包括聚合单元、原液单元、纺丝单元、二甲基乙酰胺（DMAC）生产单元、四效蒸发单元。聚合单元是指乙酸乙烯酯和丙烯腈在50℃催化条件下生成聚丙烯腈的阶段；原液单元是指将聚合工艺过程中产生的聚丙烯腈和生产及回收单元的DMAC混合产生原液的阶段；纺丝单元是指将聚丙烯腈也就是腈纶从混合浆液中提取出来的阶段。

典型腈纶装置生产工艺流程及废水产生节点图如图5-10所示。

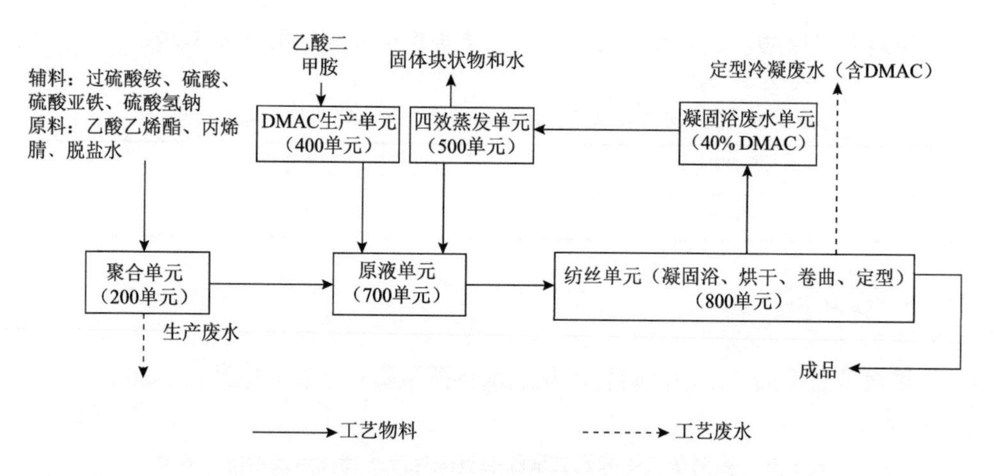

图5-10 腈纶装置生产工艺流程及废水产生节点图

5.10.2 废水水质

1. 常规指标

腈纶装置总排口废水常规指标监测结果见表5-31。

表 5-31　腈纶装置总排口废水常规指标监测结果

水质指标	数值	水质指标	数值
pH	4.2～8.9	TP/（mg/L）	未检出
COD/（mg/L）	600～1400	氨氮/（mg/L）	38～110
BOD_5/（mg/L）	280～540	SS/（mg/L）	32
TOC/（mg/L）	160～630	氰化物/（mg/L）	1.6
TN/（mg/L）	190～230		

2. 特征污染物

腈纶装置总排口废水特征污染物排放清单见表 5-32。

表 5-32　腈纶装置总排口废水特征污染物排放清单

特征污染物	含量/（mg/L）
丙烯腈	未检出～7.8

3. 主要污染指标

采用等标污染负荷法对腈纶装置主要污染物进行分析，直接排放时，腈纶装置主要污染指标为五日生化需氧量、总有机碳含量、化学需氧量、氨氮含量；间接排放时，腈纶装置主要污染指标为丙烯腈含量、总铬含量、六价铬含量。

第6章　典型石化综合污水污染物解析

6.1　综合污水处理工艺

与石化装置废水相比，石化综合污水处理具有以下特点：

（1）污水来源多，水量大，组成复杂，水质水量波动大。石化综合污水通常汇集了园区范围内多套主要生产装置和辅助生产装置排放的生产废水和周边居住区的生活污水，因此，污水来源多，污水总量通常较大，且污染物组成较石化装置废水更加复杂，水质水量通常有较大波动。

（2）污水中污染物浓度中等，大部分污染物无回收价值。与部分高浓度装置废水中某类或某种污染物浓度极高、具有较大回收价值不同，除综合污水中的石油类通常具有一定的回收价值外，大部分污染物浓度在几十毫克每升以下，缺乏回收价值。

（3）污水排放和回用水质标准要求高，稳定达标要求严。与装置废水处理以预处理为主不同，石化综合污水要实现较高的污染物去除率以保证稳定满足排放标准或回用水水质标准的要求。

因此，石化综合污水处理工艺通常较装置废水处理工艺流程更长，处理单元更多，且不同企业和园区间综合污水水质差异更大，处理工艺路线变化更加多样。但总体上，石化综合污水处理系统可分为预处理单元、生物处理单元和深度处理单元。预处理单元常用技术包括调节、隔油、气浮、沉淀、水解酸化等；生物处理单元常用技术包括缺氧/好氧（A/O）、厌氧/缺氧/好氧（A^2/O）、氧化沟、膜生物反应器（MBR）、移动床生物膜反应器（MBBR）、粉末活性炭活性污泥法等；深度处理单元常用技术按照去除污染物类型和机理可分为分离去除悬浮物及胶体的技术、高级氧化去除有机物的技术、生物降解去除污染物的技术、膜处理技术和吸附法处理技术等。

根据石化企业生产结构不同，常见的石化综合污水一般包括炼油综合污水和炼油化工综合污水。

6.1.1　炼油综合污水处理工艺

国内常见炼油综合污水处理工艺见表 6-1。

表 6-1　国内常见炼油综合污水处理工艺

序号	处理工艺	处理量/（m^3/h）	实际停留时间/h	运行成本/（元/m^3）	污染物去除率/%				
					COD	氨氮	石油类	硫化物	挥发酚
1	A/O+MBR+臭氧氧化+BAF（曝气生物滤池）+微砂加炭沉淀	400	72	38	97	99.9	96.6	99.9	99.7
2	A/O+生物接触氧化+混凝沉淀+臭氧氧化+BAF	300	100	12.2	96	90.4	99.7	96.4	99.8
3	水解酸化+A/O+臭氧氧化+BAF	200	48	10	97.6	96.6	99.4	99.8	99.7
4	A/O+微砂加炭沉淀+臭氧氧化	300	—	—	—	—	—	—	—
5	水解酸化+活性污泥法+高效沉淀+BAF+活性炭	550	140	3.3	97	95	99.9	96	99.2
6	隔油+两级气浮+曝气池+二沉池	900	34.5	4.8	85.8	83.5	90.8	83.3	94.2
7	均质+曝气+二沉池+生物活性炭塔	300	79	9.8	91.6	69.8	92.6	99.6	99.4
8	水解酸化+MBR+臭氧氧化+BAF	1000	—	—	92.7	99	—	—	—
9	A/O+沉淀+MBBR+气浮滤池+臭氧氧化+BAF	200	56	30.4	94.4	97.2	98.9	99.9	99.8
10	A/O_1/O_2/O_3+沉淀+BAF+多介质过滤	1200	80	8.3	92.3	90.1	99.6	98.8	—
11	生物接触氧化+沉淀	1000	15	3.1	73.5	69.6	52.5	87.9	—
12	纯氧曝气+中沉池+曝气+二沉池+EM-BAF（工程菌-曝气生物滤池）	300	90	14	97.4	98.6	99.6	99.9	—
13	生物接触氧化+水解酸化+氧化沟+砂滤+内循环BAF	1000	35	—	96	99.3	99.8	99.9	—
14	A/O+高密度澄清池+V 形滤池	1250	—	—	—	—	—	—	—

6.1.2　炼油化工综合污水处理工艺

国内常见炼油化工综合污水处理工艺见表 6-2。

表 6-2　国内常见炼油化工综合污水处理工艺

序号	处理工艺	处理量/(m^3/h)	实际停留时间/h	运行成本/(元/m^3)	污染物去除率/%				
					COD	氨氮	石油类	硫化物	挥发酚
1	MBBR+AC 沉淀+TGV 滤池	1000	12	6.5	96.7	—	93.5	—	—
2	纯氧曝气+二沉池	1000	13	—	80	38	78	—	—
3	A/O+生物接触氧化+臭氧氧化+BAF	3450	50	—	91	96.3	95	—	98.6
4	MBBR+臭氧氧化+EM-BAF	250	46	—	94	98	98.5	99.9	
5	氧化沟+气浮+臭氧氧化+BAF	2500	57	1.8	90	86	83	64	—
6	水解酸化+一段沉淀+二段曝气+二段沉淀	2100	24	1.8	66	80	63	—	—
7	A/O+曝气氧化塘+流砂过滤	1000	73	—	86	72	95	99.3	
8	生物接触氧化+沉淀+MBR+ A/O+膜分离	1000	46	4	91	81	—	—	—

6.2　典型石化综合污水处理厂各单元污水污染物解析

6.2.1　污水处理工艺流程

某石化综合污水处理厂采用水解酸化—A/O—臭氧氧化工艺，污水厂工艺流程简图和取水点分布见图 6-1。

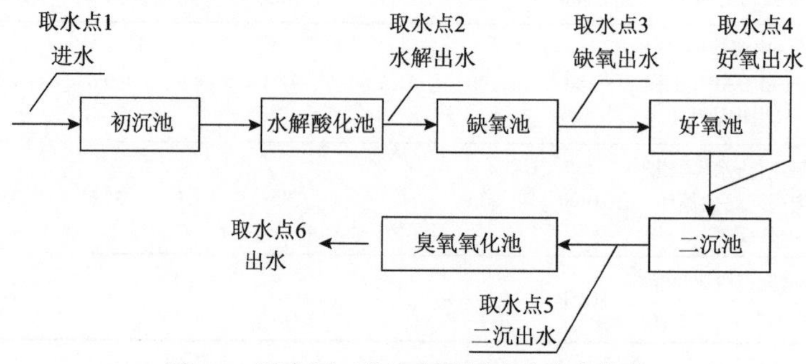

图 6-1　污水厂工艺流程简图和取水点分布

6.2.2　污水厂不同单元 COD 变化情况

某石化综合污水厂一年内各处理单元 COD 平均值的变化情况见图 6-2。由图可知，污水处理厂进水 COD 为 602mg/L 时，最终出水 COD 为 42mg/L，去除率为 93.0%。其中，水解酸化池、缺氧池、好氧池、臭氧氧化池分别去除了 21.9%、34.2%、12.3%和 7.3%。

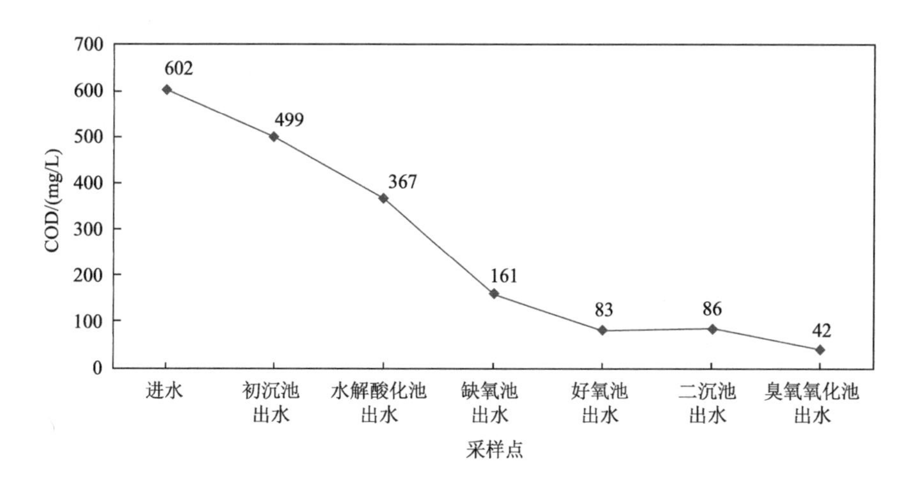

图 6-2　某石化综合污水处理厂年均 COD 沿程变化情况

6.2.3　不同单元特征污染物解析

1. 进水

对废水中挥发性有机物和半挥发性有机物进行了定性定量测定。在监测阶段内，污水厂工业进水中共检出主要有机物 48 种，其名称和浓度范围如表 6-3 所示。从表中可以看出，在监测阶段内，有机物检出浓度较高的物质有巴豆醛、苯、甲苯、乙苯、苯乙烯、（*E,E*）-2,4-己二烯醛、苯酚、山梨酸乙酯、环丁砜、1-甲基萘、甲氧基二甲基苄甲醇、二苄胺等 12 种物质。

2. 水解酸化池出水

经水解酸化处理后，其出水中共检出主要特征污染物 34 种，其名称与浓度范围如表 6-4 所示。从表中可以看出，嘧啶、（*E,E*）-2,4-己二烯醛、5-甲基呋喃醛、4-甲基环己酮、苯甲腈、联三甲苯、3-氰基吡啶、茚满、2-甲基苯甲醛、对甲苯胺、

表 6-3　污水厂工业进水中检出的主要有机物及其浓度范围（单位：mg/L）

序号	有机物名称	浓度	序号	有机物名称	浓度
1	1,3-二氧戊环	1.05～1.96	25	邻甲酚	0.51～1.39
2	巴豆醛	9.09～45.08	26	苯乙酮	0.39～1.83
3	苯	2.65～28.14	27	4-甲基苯酚	0.95～3.30
4	4-甲基-2-戊酮	0.29～3.64	28	山梨酸乙酯	9.04～15.41
5	嘧啶	0.00～2.78	29	2-甲基苯甲醛	0.60～0.98
6	甲苯	3.18～7.31	30	对甲苯胺	0.12～1.03
7	三聚乙醛	0.00～1.23	31	2-苯基-2-丙醇	0.04～0.57
8	氯苯	0.56～4.16	32	磷酸三乙酯	1.76～5.45
9	乙苯	5.20～8.67	33	四甲基哌啶酮	0.00～0.60
10	对二甲苯	0.20～0.98	34	环己甲酸	2.10～4.62
11	苯乙烯	4.05～10.31	35	2-氯苯胺	0.00～0.49
12	间二甲苯	0.29～1.27	36	2-乙基苯酚	0.00～0.60
13	2-乙酰基呋喃	0.30～0.45	37	3-乙基苯酚	0.00～0.47
14	（*E*,*E*）-2,4-己二烯醛	2.49～10.44	38	5-降冰片烯-2-羧酸	0.45～4.53
15	5-甲基呋喃醛	0.40～0.77	39	萘	1.28～2.40
16	异丙基苯	0.20～4.82	40	环丁砜	5.93～16.39
17	4-甲基环己酮	0.00～0.27	41	2-甲基萘	0.08～0.24
18	苯酚	7.00～35.06	42	1-甲基萘	26.34～51.03
19	苯甲腈	0.00～0.65	43	2,6-二乙基苯胺	0.77～2.11
20	联三甲苯	0.16～1.21	44	甲氧基二甲基苄甲醇	2.48～13.95
21	3-氰基吡啶	0.00～4.45	45	2,4-二甲基苯酚	0.22～0.44
22	2-乙基己醇	0.38～2.36	46	二苄胺	4.75～42.18
23	茚满	0.00～0.34	47	阿特拉津	0.34～5.95
24	茚	0.84～2.46	48	苯嗪草酮	1.20～4.03

四甲基哌啶酮、2-氯苯胺、3-乙基苯酚、5-降冰片烯-2-羧酸、2,6-二乙基苯胺、甲氧基二甲基苄甲醇、2,4-二甲基苯酚、苯嗪草酮共 18 种有机物经水解酸化后未检出；2-乙基丁烯醛、2-乙基甲苯、4-甲基苯乙烯、2,3-二甲基苯酚共 4 种新物质生成，但浓度均不高。多数有机物经水解酸化后浓度显著降低，但乙苯浓度变化不大，说明水解酸化对其去除效果不好。

表 6-4　水解酸化池出水中检出的主要有机物及其浓度范围（单位：mg/L）

序号	有机物名称	浓度	序号	有机物名称	浓度
1	1,3-二氧戊环	0.00～0.69	18	4-甲基苯乙烯	0.00～0.89
2	巴豆醛	1.15～1.51	19	茚	0.27～0.59
3	苯	1.46～4.47	20	邻甲酚	0.40～1.09
4	4-甲基-2-戊酮	0.44～1.01	21	苯乙酮	0.20～0.40
5	甲苯	0.72～2.88	22	4-甲基苯酚	0.39～0.55
6	三聚乙醛	0.12～0.25	23	2-苯基-2-丙醇	0.29～1.31
7	2-乙基丁烯醛	0.28～0.59	24	山梨酸乙酯	0.42～0.98
8	氯苯	0.33～1.89	25	磷酸三乙酯	0.54～1.91
9	乙苯	3.17～6.82	26	2-乙基苯酚	0.10～0.94
10	对二甲苯	0.09～0.33	27	2,3-二甲基苯酚	0.00～0.37
11	苯乙烯	0.93～2.52	28	萘	0.30～0.60
12	间二甲苯	0.13～0.51	29	环丁砜	0.07～1.76
13	2-乙酰基呋喃	0.15～0.20	30	2-甲基萘	0.06～0.78
14	异丙基苯	0.00～0.23	31	1-甲基萘	0.05～0.07
15	苯酚	0.13～16.53	32	环己甲酸	0.44～1.48
16	2-乙基甲苯	0.03～0.28	33	二苄胺	0.25～1.50
17	2-乙基己醇	0.25～1.46	34	阿特拉津	0.12～0.83

3. 缺氧池出水

从常规指标 COD 的测定结果来看，污水经缺氧池处理后 COD 下降幅度最大，表 6-5 是缺氧池出水中检出的主要特征污染物及其浓度范围。从表中可以看出，共检出主要特征有机物 28 种，较水解酸化池出水减少 6 种。其中水解酸化池出水中原有的巴豆醛、2-乙基丁烯醛、2-乙酰基呋喃、异丙基苯、2-乙基甲苯、4-甲基苯乙烯、4-甲基苯酚、2-乙基苯酚、2,3-二甲基苯酚、2-甲基萘和 1-甲基萘共 11 种有机物未检出；新生成的有机物检出 5 种，分别为正丁醇、3-氰基吡啶、山梨酸甲酯、四甲基哌啶酮和对甲苯胺。所有水解酸化池检出的有机物经缺氧池处理后浓度均明显下降。

表 6-5　缺氧池出水中检出的主要有机物及其浓度范围　（单位：mg/L）

序号	有机物名称	浓度	序号	有机物名称	浓度
1	1,3-二氧戊环	0.00～0.50	15	茚	0.27～0.59
2	正丁醇	0.59～0.78	16	邻甲酚	0.31～0.57
3	苯	0.55～1.35	17	苯乙酮	0.00～0.10
4	4-甲基-2-戊酮	0.12～0.41	18	山梨酸乙酯	0.15～0.45
5	甲苯	0.44～1.15	19	2-苯基-2-丙醇	0.00～0.15
6	三聚乙醛	0.00～0.14	20	山梨酸甲酯	0.06～0.24
7	氯苯	0.20～0.66	21	磷酸三乙酯	0.07～0.60
8	乙苯	0.35～2.61	22	四甲基哌啶酮	0.35～1.10
9	对二甲苯	0.00～0.09	23	对甲苯胺	0.00～0.11
10	苯乙烯	0.10～0.83	24	萘	0.05～0.15
11	间二甲苯	0.07～0.45	25	环丁砜	0.00～0.06
12	苯酚	0.09～4.01	26	环己甲酸	0.00～0.80
13	3-氰基吡啶	0.00～0.08	27	二苄胺	0.22～0.57
14	2-乙基己醇	0.07～0.23	28	阿特拉津	0.04～0.17

4. 好氧池出水

好氧过程对废水中特征有机物的去除较为明显，从检测结果来看，缺氧池出水中的 28 种特征有机物经好氧处理后，其种类减少到 7 种（表 6-6）。其中，乙苯、对二甲苯和茚的浓度有显著降低，而 1,3-二氧戊环浓度略有增加；检出新生成物质 3 种，分别为 2-戊酮、氯乙醛缩乙二醇和 2-乙基甲苯，且这 3 种新生成物质的浓度均较低。

表 6-6　好氧池出水中检出的主要有机物及其浓度范围　（单位：mg/L）

序号	有机物名称	浓度	序号	有机物名称	浓度
1	1,3-二氧戊环	0.17～0.66	5	氯乙醛缩乙二醇	0.00～0.47
2	2-戊酮	0.08～0.23	6	2-乙基甲苯	0.00～0.01
3	乙苯	0.00～0.42	7	茚	0.00～0.05
4	对二甲苯	0.00～0.04			

5. 二沉池出水

二沉池出水中共检出特征有机物 9 种，与好氧池出水相比，检出新生成物质 5 种，分别为 1-乙酰基吡咯烷、苯甲腈、四甲基琥珀腈、苯嗪草酮和 2-乙基蒽醌，其检出浓度范围见表 6-7。

表 6-7　二沉池出水中检出的主要有机物及其浓度范围　（单位：mg/L）

序号	有机物名称	浓度	序号	有机物名称	浓度
1	1,3-二氧戊环	0.00～0.27	6	苯甲腈	0.00～0.02
2	2-戊酮	0.00～0.03	7	四甲基琥珀腈	0.00～0.03
3	乙苯	0.00～0.02	8	苯嗪草酮	0.00～0.28
4	1-乙酰基吡咯烷	0.00～0.07	9	2-乙基蒽醌	0.00～0.03
5	氯乙醛缩乙二醇	0.01～0.05			

6. 臭氧氧化池出水

臭氧氧化池出水中未检出特征污染物。

7. 特征污染物的去除情况

对工业废水中检出的有机物按照种类分为醛、酸、酮、醇、酯、胺、酚、芳香烃、其他烃、杂环化合物、腈和有机酸类共 12 类物质。水解酸化段对醛、醇、酯、烃类的降解作用明显；而此单元出水中有机物种数与含量的变化，说明出水中小分子有机物增多，使废水的可生化性提高。

缺氧段中污染物浓度大幅降低，大部分有机物去除率大于 60%，醛类和酮类的去除率最高达 90%以上，有机酸和酯类去除率很低甚至出现负值。好氧段中醛、酮、酯、胺、酸和烃类降解明显，均达到 80%以上甚至 100%。其中，烷烃在各段出水中含量比例上的差异，说明烷烃在好氧条件下更易被生物降解。

比较各单元出水发现，醛、醇、酯、胺、酚、腈、有机酸在好氧出水时，去除率均达 100%；二沉池出水中少量有机物经臭氧催化后均得到完全去除。

第7章 结 论

7.1 重点装置主要污染指标

各重点装置主要污染指标见表7-1。

表7-1 重点装置主要污染指标

分类		装置名称	主要污染指标	
			直接排放	间接排放
石油炼制		常减压	挥发酚、五日生化需氧量	挥发酚
		催化裂化	硫化物、石油类、总磷、挥发酚、悬浮物、化学需氧量	硫化物、挥发酚、石油类
		联合芳烃	甲苯、挥发酚、苯	甲苯、苯、挥发酚
		加氢裂化	总磷、总有机碳、硫化物、挥发酚、化学需氧量、石油类、总氮	硫化物、挥发酚、石油类
		柴油加氢	总磷、化学需氧量、石油类、总有机碳、悬浮物、甲苯	甲苯、石油类、苯、挥发酚、硫化物
		延迟焦化	苯并[a]芘、石油类、五日生化需氧量	苯并[a]芘
		烃重组	石油类、总有机碳、挥发酚、硫化物、化学需氧量	硫化物、挥发酚、石油类、对二甲苯
		汽油加氢	总有机碳、挥发酚、石油类、化学需氧量、硫化物、五日生化需氧量、氨氮、苯	挥发酚、苯、硫化物、石油类、甲苯
		硫磺回收	挥发酚、五日生化需氧量	挥发酚
有机原料	烯烃链	乙烯	挥发酚、苯、石油类、化学需氧量	挥发酚、苯、甲苯
		环氧乙烷	总有机碳、总磷、化学需氧量、五日生化需氧量、挥发酚、悬浮物	挥发酚、石油类
		乙二醇	总有机碳、化学需氧量、五日生化需氧量	挥发酚、石油类
		丁辛醇	化学需氧量、总有机碳	挥发酚、石油类
		丙烯酸（酯）	总有机碳、化学需氧量、五日生化需氧量	丙烯酸、挥发酚
		环氧氯丙烷	化学需氧量、总有机碳	丙烯醛、挥发酚
		丙烯腈	总有机碳、化学需氧量、氨氮、总氮、五日生化需氧量、石油类	挥发酚、总氰化物、石油类、丙烯腈

续表

分类		装置名称	主要污染指标	
			直接排放	间接排放
有机原料	芳烃链	对二甲苯	化学需氧量、总有机碳、苯	苯、对二甲苯、六价铬
		己内酰胺	化学需氧量、总有机碳、苯	苯、甲苯
		苯乙烯	苯、甲苯、石油类	苯、甲苯
		苯酚丙酮	总有机碳、异丙苯、化学需氧量、挥发酚、五日生化需氧量	异丙苯、挥发酚
		己二酸	化学需氧量、总氮、总有机碳	总铜、苯
		苯胺	挥发酚、总氮、化学需氧量	六价铬、挥发酚
		精对苯二甲酸	石油类、化学需氧量、五日生化需氧量、总磷	对二甲苯
合成材料及单体	合成树脂	低密度聚乙烯	化学需氧量、总有机碳、五日生化需氧量、总磷、氨氮、石油类	甲苯、总镉、挥发酚、石油类
		高密度聚乙烯	五日生化需氧量、化学需氧量、总有机碳、悬浮物	挥发酚、总镉、石油类
		聚丙烯	总磷、化学需氧量	六价铬、挥发酚、总铬、总砷
		ABS 树脂	化学需氧量、总有机碳、五日生化需氧量、总磷、悬浮物	丙烯腈
	合成橡胶	顺丁橡胶	化学需氧量、总有机碳	六价铬、氟化物
		丁苯橡胶	总磷、五日生化需氧量、总有机碳、化学需氧量、甲苯	甲苯、苯乙烯、挥发酚
		丁腈橡胶	化学需氧量、挥发酚、总有机碳、五日生化需氧量	挥发酚
		乙丙橡胶	石油类、化学需氧量、挥发酚、五日生化需氧量、总有机碳、悬浮物	挥发酚、石油类、苯、甲苯
	合成纤维单体及聚合物	聚对苯二甲酸乙二醇酯	乙醛、化学需氧量	乙醛
		腈纶	五日生化需氧量、总有机碳、化学需氧量、氨氮	丙烯腈、总铬、六价铬

7.2 典型石化装置单位产品排污量比较

7.2.1 典型石化装置污染物排放量

典型石化装置污染物排放总量见表 7-2，各装置污染物排放量占比见表 7-3。

表 7-2　典型石化装置污染物排放总量

装置名称	产量/万 t	废水排放量/万 t	污染物排放量/t								
			COD	氨氮	石油类	挥发酚	苯系物	异丙苯	多环芳烃	丙烯腈	苯胺类
炼油	60357.00	13731.08	1282.32	48.06	815.43	53.84	29.07	—	—	—	—
乙烯	2532.50	2947.40	1744.86	15.80	163.29	134.40	9.19	0.27	0.02	—	—
芳烃抽提	1545.00	130.83	21.67	0.07	1.55	8.52	10.62	—	0.35	—	—
环氧乙烷	506.00	598.40	35.90	2.06	0.81	0.14	—	—	—	—	—
丁辛醇	513.70	32.14	2006.19	—	1.15	0.01	—	—	—	—	—
丙烯酸（酯）	318.00	3183.63	4685.67	—	20.76	4.43	0.10	—	—	—	—
苯乙烯	729.00	1478.77	194.09	5.86	56.49	0.56	18.95	—	—	—	—
苯酚丙酮	438.30	319.96	582.33	0.85	5.86	2.70	0.09	20.86	—	—	—
聚乙烯	1626.00	311.91	9.88	0.39	0.28	0.01	—	—	—	—	—
ABS 树脂	392.50	1873.87	2438.66	24.55	28.75	0.58	0.04	0.19	—	8.56	—
丁苯橡胶	188.20	2446.57	1324.08	42.62	20.18	2.00	3.00	0.14	—	—	5.03
乙丙橡胶	37.00	518.59	28.48	1.00	3.36	0.12	0.01	0.01	—	—	0.01
丙烯腈	219.90	118.12	67.12	4.08	0.71	0.06	—	—	—	0.50	—

注：炼油装置包括常减压、催化裂化、联合芳烃、加氢裂化、延迟焦化、烃重组、硫磺回收等装置，下同。

表 7-3　典型石化装置污染物排放量占比　　（单位：%）

装置名称	产量占比	废水排放量占比	污染物排放量占比								
			COD	氨氮	石油类	挥发酚	苯系物	异丙苯	多环芳烃	丙烯腈	苯胺类
炼油	86.97	49.59	8.89	33.07	72.90	25.97	40.89	—	—	—	—
乙烯	3.65	10.64	12.10	10.87	14.60	64.82	12.92	1.27	5.59	—	—
芳烃抽提	2.23	0.47	0.15	0.05	0.14	4.11	14.94	—	94.41	—	—
环氧乙烷	0.73	2.16	0.25	1.41	0.07	0.07	—	—	—	—	—
丁辛醇	0.74	0.12	13.91	—	0.10	—	—	—	—	—	—
丙烯酸（酯）	0.46	11.50	32.49	—	1.86	2.13	0.14	—	—	—	—
苯乙烯	1.05	5.34	1.35	4.03	5.05	0.27	26.66	—	—	—	—
苯酚丙酮	0.63	1.16	4.04	0.59	0.52	1.30	0.13	97.12	—	—	—
聚乙烯	2.34	1.13	0.07	0.27	0.02	—	0.01	—	—	—	—
ABS 树脂	0.57	6.77	16.91	16.89	2.57	0.28	0.06	0.90	—	94.48	—
丁苯橡胶	0.27	8.84	9.18	29.32	1.80	0.96	4.22	0.64	—	—	99.88
乙丙橡胶	0.05	1.87	0.20	0.69	0.30	0.06	0.02	0.06	—	—	0.12
丙烯腈	0.32	0.43	0.47	2.80	0.06	0.03	—	—	—	5.52	—

由表7-2、表7-3可以看出，全国炼油装置废水排水量1.37亿t，占所列13套装置的49.59%。炼油装置是石化行业石油类、苯系物的主要来源装置，其石油类、苯系物排放量分别占所列13套装置的72.90%、40.89%。ABS树脂装置废水排放量占所列13套装置的6.77%，其是石化行业丙烯腈等特征污染物的主要来源，丙烯腈排放量占行业排放量的94.48%。

7.2.2 典型石化装置单位产品污染物排放量

典型石化装置单位产品污染物排放量见表7-4。

表7-4 典型石化装置单位产品污染物排放量

装置名称	废水排放量/（$t/t_{产品}$）	污染物排放量/（kg/万元产品）								
		COD	氨氮	石油类	挥发酚	苯系物	异丙苯	多环芳烃	丙烯腈	苯胺类
炼油	0.24	1730.58	67.41	908.32	74.68	30.63	—	—	—	—
乙烯	1.16	6889.87	62.38	644.76	530.71	36.28	1.08	0.08	—	—
芳烃抽提	0.08	140.23	0.45	10.03	55.13	68.74	—	—	—	—
环氧乙烷	1.18	709.56	40.62	16.05	2.67	—	—	—	—	—
丁辛醇	0.06	39053.71	—	22.39	0.11	0.01	—	—	—	—
丙烯酸（酯）	10.01	147348.21	—	652.75	139.16	3.20	—	—	1740.99	—
苯乙烯	2.03	2662.39	80.38	774.88	7.68	259.99	—	—	—	—
苯酚丙酮	0.73	13286.00	19.51	133.59	61.67	2.04	476.03	—	—	—
聚乙烯	0.19	60.76	2.41	1.71	0.05	0.03	—	—	—	—
ABS树脂	4.77	62131.44	625.42	732.36	14.72	1.15	4.94	8.88	—	—
丁苯橡胶	13.00	70355.13	2264.57	1072.49	106.10	159.44	7.34	—	—	267.34
乙丙橡胶	14.02	7697.59	269.95	906.84	32.80	3.85	3.71	—	—	1.68
丙烯腈	0.54	3052.20	185.32	32.18	2.62	—	—	—	—	—

由表7-4可以看出，聚合物生产装置单位产品废水排放量相对较大，丙烯酸（酯）、丁苯橡胶、ABS树脂、丁辛醇、苯酚丙酮等装置单位产品COD排放量相对较大。丁苯橡胶、ABS树脂等装置单位产品氨氮排放量相对较大。

附录　石化废水中部分有机特征污染物检测方法

附录 1　石化废水中苯甲醚等有机物测定——吹扫捕集/气相色谱-质谱法

附 1.1　适 用 范 围

本方法适用于石化废水中苯甲醚、五氯丙烷、二溴乙烯、乙醛、丙烯醛和四乙基铅等 6 种挥发性有机物的检测。

当吹扫捕集进样体积为 5 mL 时,用选择性离子扫描方式检测,检出限为 0.2～6.3μg/L。

附 1.2　方法引用文献

本方法内容引用了下列文件或其中的条款。凡是不注明日期的引用文件，其有效版本适用于本方法。

HJ/T 91　《地表水和污水监测技术规范》；

HJ/T 164　《地下水环境监测技术规范》；

HJ 639　《水质 挥发性有机物的测定 吹扫捕集/气相色谱-质谱法》；

HJ 686　《水质 挥发性有机物的测定 吹扫捕集/气相色谱法》。

附 1.3　术语和定义

下列术语和定义适用于本方法。

附 1.3.1　基体加标

指在样品中添加了已知量的待测目标化合物，用于评价目标化合物的回收率和样品的基体效应。

附 1.3.2　运输空白

采样前在实验室将一份空白试剂水放入样品瓶中密封，将其带到采样现场。采样时其瓶盖一直处于密封状态，随样品运回实验室，按与样品相同的分析步骤进行处理和检测，用于检查样品运输过程中是否受到污染。

附 1.3.3　全程序空白

采样前在实验室将一份空白试剂水放入样品瓶中密封，将其带到采样现场。与采样的样品瓶同时开盖和密封，随样品运回实验室，按与样品相同的分析步骤进行处理和检测，用于检查样品采集到分析全过程是否受到污染。

附 1.4　方 法 原 理

样品中的挥发性有机物经高纯氦气（或氮气）吹扫后吸附于捕集管中，将捕集管加热并以高纯氦气反吹，被热脱附出来的组分进入气相色谱分离后，用质谱仪进行检测。通过与待测目标化合物标准质谱图和保留时间相比较进行定性，外标法定量。

附 1.5　干扰及消除

用 P&T/GC-MS 法测定水中挥发性有机物时，水体中的半挥发性有机物不会干扰分析测定。

主要的污染源是吹脱气及捕集管路中的杂质。每天在操作条件下分析纯水空白，检查系统中是否有污染（不准从样品检测结果中扣除空白值）；不要使用非聚四氟乙烯的塑料管和密封圈，吹脱装置中的流量计不应含橡胶元件；实验室仪器不应有溶剂污染，特别是二氯甲烷和甲基叔丁基醚（MTBE）。

样品在运输和储藏过程中可能会因挥发性有机物渗透过密封垫而受到污染。在采样、加固定剂和运输的全过程中携带纯水作为现场试剂空白来检查此类污染。

高、低浓度的样品交替分析时会产生残留性污染。为避免此类污染，在测定样品之间要用纯水将吹脱管和进样器冲洗两次。在分析完特别高浓度的样品后要分析一个实验室纯水空白。若样品中含有大量水溶性物质、悬浮固体、高沸点物质或高浓度的有机物，会污染吹脱管，此时要用洗涤液清洗吹脱管，再用几次水淋洗干净后于 105℃烘箱中烘干后使用。吹脱系统的捕集管和其他部位也易被污染，要经常烘烤、吹脱整个系统。

附 1.6 试剂和材料

除非另有说明，分析时均使用符合国家标准的优级纯化学试剂。

（1）空白试剂水：二次蒸馏水、市售矿泉水或通过纯水设备制备的水。

使用前需通过空白试验检验，确认在目标化合物的保留时间区内没有干扰峰出现或其中的目标化合物浓度低于方法检出限。

（2）甲醇（CH_3OH）：农药残留分析纯级或相当级别，使用前需通过检验无目标化合物或目标化合物浓度低于方法检出限。

（3）浓盐酸（HCl）：将一定体积的优级纯浓盐酸加入等量体积的试剂空白中。

（4）抗坏血酸（$C_6H_8O_6$）。

（5）标准储备液：购买有证标准溶液或相应的高纯度的物质纯品，用农残级甲醇配制成浓度为 2000mg/L 的标准储备液。①准确量取一定量各目标化合物，用试剂空白溶解，并定容至 10mL。保证此标准储备液的浓度为 2000mg/L。②将上述标准储备液移入带聚四氟乙烯内衬垫螺旋盖的棕色玻璃瓶中，在 4℃或更低温度下避光保存。定期检查该储备液浓度，尤其在用该储备液配制校准曲线工作液时，应先进行浓度检查。

（6）标准中间液：用甲醇逐级稀释标准储备液，配制成含所有待测物的混合标准中间液，一级稀释浓度为 100mg/L，二级稀释浓度为 10mg/L。将标准中间液储存在具有聚四氟乙烯内衬垫螺旋盖的棕色玻璃瓶中，4℃低温避光保存；储存标准中间液时，瓶内上部不留空隙，避免挥发性有机物的损失，保存期为一个月。

（7）实验室试剂空白：用气密性注射器抽出略大于 5mL 的空白试剂水，倒转注射器，排出空气使水样体积为工作液。

（8）校准曲线工作液。①配制至少 5 个浓度的校准曲线工作液，其中一个接近但高于方法的检出限（MDL），或在实际工作范围的最低限处，其余校准曲线的点要对应样品的浓度范围。②校准曲线工作液的配制步骤：向 10mL 容量瓶中加入约 5mL pH 为 2 的空白试剂水，然后分别加入一定量的标准中间液，用 pH 为 2 的空白试剂水定容，盖上塞子，翻转容量瓶 3 次，弃去容量瓶瓶颈部分的溶液。③校准曲线工作液放在容量瓶中不稳定，只能保存 1 h；将校准曲线工作液储存在具有聚四氟乙烯内衬垫螺旋盖的棕色玻璃样品瓶中，且上部不留空隙，4℃

低温避光保存，只能保存 24h。

（9）氦气：纯度≥99.999%。

（10）氮气：纯度≥99.999%。

附 1.7　仪器和设备

（1）微量注射器：10μL、25μL、50μL、100μL、250μL、500μL、1000μL 注射器。

（2）气密性注射器：5mL 或 25mL。

（3）容量瓶：A 级，10mL。

（4）样品瓶：带聚四氟乙烯内衬垫螺旋盖的 2mL、20mL、40mL 棕色玻璃瓶，其中 2mL、20mL 样品瓶供盛装配制的标准溶液。玻璃瓶在使用前应先用洗液清洗，然后用自来水和蒸馏水冲洗，再在 105℃下烘干 1h，放置在无有机物的空间冷却至室温。

（5）吹扫捕集装置：此系统包括吹扫装置、捕集管及脱附装置 3 个独立的设备，能直接连接到色谱部分，并能自动启动色谱。①全玻璃制的吹扫装置：25mL 全玻璃吹扫管，盛水管柱高大于 5cm（如果水样的浓度较高或 GC-MS 的灵敏度较高，也可使用 5mL 全玻璃吹扫管，盛水管柱高大于 3cm）。水样上面的气体空间不应超过 15mL，以减少滞留体积效应。在样品槽的底部应装多孔玻璃滤片，从而使吹扫气体分裂成直径小于 3mm 的细微气泡。吹扫气体到入口与盛水管柱底部的距离不应大于 5mm。②捕集管：捕集管使用 1/3 Tenax、1/3 硅胶、1/3 活性炭混合吸附剂或其他等效吸附剂。首次使用捕集管时，应在 180℃用惰性气体以 20mL/min 的速度反吹 10h，排出的气体不能导入色谱柱中。每天使用前，应在 180℃用惰性气体反吹 10min，所排出的气体可导入色谱柱中，但色谱柱应设升温程序。③脱附装置：脱附装置应能快速升温至 180℃，捕集管中填充的聚合物部分温度不应超过 200℃，否则会缩短捕集管的使用寿命，其他部分在烘烤时的温度不应超过 220℃。

（6）气相色谱/质谱联用仪。①气相色谱部分：具分流/不分流进样口，能对载气进行电子压力控制，可程序升温。②毛细管色谱柱：DB624 毛细管色谱柱（30m×0.25mm×1.4μm），固定相为 6%氰丙基苯基-9%二甲基聚硅氧烷，中极性，超低流失，对活性化合物有较好的惰性，或使用其他等效毛细管柱。③质谱部分：具电子轰击（EI）电离源，能在 1s 或更短的扫描周期内，从质量 33amu 扫描至

350amu；每个色谱峰至少有6次扫描，推荐为7～10次扫描；产生的4-溴氟苯（BFB）的质谱图必须满足附表 1-1 的要求；具 NIST（National Institute of Standards of Technology）质谱图库、手动/自动调谐、数据采集、定量分析及谱库检索等功能。

附表 1-1 BFB 的离子丰度值要求

质荷比	离子丰度标准	质荷比	离子丰度标准
95	基峰，100%相对丰富	175	质量 174 的 5%～9%
96	质量 95 的 5%～9%	176	质量 174 的 95%～105%
173	小于质量 174 的 2%	177	质量 176 的 5%～10%
174	大于质量 95 的 50%		

附 1.8 样　　品

附 1.8.1 样品的采集

样品的采集分别参照 HJ/T 91、HJ 494 的相关规定。样品必须采集在玻璃瓶中，所有样品均采集平行双样，每批样品必须带至少一个空白样。

采集样品时，使水样在样品瓶中溢流而不留气泡。取样时应尽量避免或减少样品在空气中的暴露时间，水样充满样品瓶。

注：样品瓶应在采样前用甲醇清洗，采样时不应用样品荡洗。

附 1.8.2 样品的保存

采样前，需要向每个样品瓶中加入抗坏血酸，每 40mL 样品需加入 25mg 的抗坏血酸。如果水样中总余氯的量超过 5mg/L，应先按 HJ 586 附录 A 的方法测定总余氯后，再确定抗坏血酸的加入量。在 40mL 样品瓶中，总余氯每超过 5mg/L，需多加 25mg 的抗坏血酸。采样时，水样呈中性时向每个样品瓶中加入 0.5mL 盐酸溶液，拧紧瓶盖；水样呈碱性时应加入适量盐酸溶液使样品 pH≤2。采集完水样后，应在样品瓶上立即贴上标签。

当水样加盐酸溶液后产生大量气泡时，应弃去该样品，重新采集样品。重新采集的样品不应加盐酸溶液，样品标签上应注明未酸化，该样品应在 24h 内分析。

样品采集后冷藏运输。运回实验室后应立即放入冰箱中，在 4℃以下保存，14d 内分析完毕。样品存放区域应无有机物干扰。

附 1.9　分 析 步 骤

附 1.9.1　仪器参考条件

1. 吹扫捕集参考条件

选择捕集阱为 9#捕集阱，在碱性（pH>12）条件下，样品量为 5mL。吹扫气体：高纯氦气或氮气；吹扫温度：室温或恒温；吹扫气流量：100mL/min，吹扫时间：11min；脱附流速：300mL/min；脱附温度：190℃；脱附时间：2min；烘烤时间：6min；烘烤温度：200℃。

2. 气相色谱参考条件

载气：高纯氦气；色谱柱型号为 DB624（30m×250μm×1.4μm），进样口温度为 220℃，分流比为 10∶1，柱流速为 1.0mL/min；升温程序：35℃保持 2min，以 5℃/min 的速度升至 120℃，再以 10℃/min 的速度升至 220℃保持 2min。

3. 分析 BFB 溶液参考条件

1）通过进样口直接进样

进样方式：手动；进样量：1～2μL；程序升温：100℃（0.1min）→12℃/min→160℃；其余条件同吹扫捕集参考条件与气相色谱参考条件。

2）通过吹扫捕集装置进样

分析条件与样品分析过程一致，见吹扫捕集参考条件与气相色谱参考条件。

附 1.9.2　仪器校准

1. 调谐

根据仪器厂商的要求对质谱仪进行调谐，直到调谐报告达到要求。

2. 仪器性能检查

（1）用校正化合物 4-溴氟苯（BFB）校正质谱的质量和丰度，在每天分析之前，GC-MS 系统必须进行仪器性能检查。

方法：量取 2μL 的 BFB 溶液，通过进样口直接进入色谱仪进行分析，或取适量 BFB 溶液加入到 5mL 空白试剂水中使其浓度为 10μg/L 左右，然后通过吹扫捕集装置进样，用 GC-MS 进行分析。GC-MS 系统得到的 BFB 关键离子丰度应满足附表 1-1 中规定的标准，否则需对质谱仪的一些参数进行调整或清洗离子源。

（2）向吹扫捕集装置中加入一个中间浓度的校准曲线工作液如 20～100μg/L，使用上述吹扫捕集、气相色谱及质谱条件吹扫、分离，用全扫描（scan）方法获取全范围的总离子流质谱图。①色谱性能：如果色谱峰对称，且没有拖尾，则认为色谱柱分离效果很好。②质谱灵敏度：色质联机的色谱峰辨认软件在对应的保留时间窗口内能识别校准曲线工作液中的每个化合物，否则，系统需要重新调整。③用总离子流图对样品组分进行定性分析。

附 1.9.3　校准曲线的绘制

（1）在仪器维修、换柱或连续校准不合格时都需要重新绘制校准曲线。

（2）校准曲线建议浓度为 20μg/L、50μg/L、100μg/L、200μg/L、500μg/L、1000μg/L。

（3）根据总离子流质谱图（TIC）获得每个组分的保留时间。

（4）向吹扫捕集装置中加入 5mL 校准曲线工作液，用相同的吹扫捕集、气相色谱及质谱条件吹扫和分离每一个校准曲线工作液，用全扫描方式采集所有校准曲线工作液总离子流谱图。

（5）用最小二乘法建立校准曲线。

以目标化合物的响应值为纵坐标，浓度为横坐标，用最小二乘法建立校准曲线。若建立的线性校准曲线的相关系数小于 0.990 时，也可以采用非线性拟合曲线进行校准，曲线相关系数需大于或等于 0.990。采用非线性校准曲线时，应至少采用 6 个浓度点进行校准。

附 1.9.4　样品分析

1. 样品的导入与吹扫

样品温度恢复至室温后，开启样品瓶，用 5mL 气密性注射器抽出略大于 5mL 的水样，倒转注射器，排出空气使水样体积为 5mL，立即注入吹扫捕集装置中，按照仪器参考条件（附 1.9.1）进行测定。有自动进样器的吹扫捕集仪可参照仪器说明进行操作。

2. 样品脱附

待 11min 的吹扫程序结束后，干吹 1min，然后开始脱附程序，脱附温度为 190℃，脱附时间为 2min，脱附流速为 300mL/min。在该过程中，吹脱出的挥发性目标有机物自动进样到气相色谱中进行分离，然后进入质谱进行定性。

3. 气相色谱-质谱分析

用与校准曲线相同的色谱质谱条件，对样品进行分析。

附 1.9.5 空白试验

用气密性注射器量取 5.0mL 空白试剂水，迅速注入吹扫管中，按照仪器参考条件（附 1.9.1）进行测定。有自动进样器的吹扫捕集仪可参照仪器说明进行操作。

附 1.10 结果处理

附 1.10.1 目标化合物的定性分析

（1）对于每一个目标化合物，应使用标准溶液或通过校准曲线经过多次进样建立保留时间窗口，保留时间窗口为±3 倍的保留时间标准偏差，样品中目标化合物的保留时间应在保留时间的窗口内。

（2）对于全扫描方式，目标化合物在标准质谱图中的丰度高于 30%的所有离子应在样品质谱图中存在，而且样品质谱图中的相对丰度与标准质谱图中的相对丰度的绝对值偏差应小于 20%。例如，当一个离子在标准质谱图中的相对丰度为 30%，则该离子在样品质谱图中的丰度应为 10%～50%。对于某些化合物，一些特殊的离子如分子离子峰，如果其相对丰度低于 30%，也应该作为判别化合物的依据。如果实际样品存在明显的背景干扰，则在比较时应扣除背景影响。

附 1.10.2 定量分析

气相色谱-质谱的定量分析通常有外标法和内标法。外标法利用标准样品配制成不同浓度的校准曲线，在与被测组分相同的色谱条件下，等体积准确进样，测量各物质峰的峰面积，并利用峰面积与其对应的物质浓度绘制校准曲线。外标法的优点为在有校准曲线的情况下，对大量样品分析较容易；缺点为每次样品分析的色谱条件，包括仪器性能、柱温、流动相组成以及流速、进样量和柱效等很难完全相同，因此会产生较大误差，并且在绘制校准曲线的过程中，使用的是已知含量的样品，在测试时，样品前处理过程中待测组分的变化无法进行补偿。

内标法选择合适的物质作为待测组分的参比物质，定量加入到样品中，根据待测组分与内标物在检测器上的响应值（峰面积或峰高）之比和待测组分的不同浓度绘制校准曲线，从而进行定量分析。内标法的关键是选择合适的内标物质，该物质与待测物的组分相似，但不发生化学反应，且能完全溶解于待测样品中。内标物的出峰要保证与样品中的峰都不重叠。内标法的优点为进样量的变化，色谱条件的微小变化对内标法定量的结果影响较小，特别是样品进行前处理过程前加入内标物质，可以补偿待测组分在样品前处理过程中的损失；缺点为选择适合的试验的内标物要经过较多次选择，每次加入内标物要准确，操作较麻烦。

通过对外标法和内标法进行比较，内标法定量比外标法定量的准确度和精密度都要好很多。由于本试验要对六种特征有机物进行定量分析与质量控制，因此选择内标法定量。

附 1.10.3　校准曲线

快速移取一定体积的标准溶液混标液到含有超纯水的 100mL 容量瓶中，加入超纯水定容到刻度，充分摇匀使混标液在超纯水中混合均匀。配制的标准溶液中目标化合物以及替代物的浓度分别是 10μg/L、20μg/L、50μg/L、100μg/L、200μg/L、500μg/L、800μg/L 和 1000μg/L。使用 5mL 的气密性注射器抽取 5mL 标准溶液，加入 20μL 内标标准溶液，按照吹扫捕集试验的操作条件，由低浓度到高浓度的顺序依次测定。

附 1.10.4　结果表示

当测定结果小于 100μg/L 时，保留小数点后 1 位；当测定结果大于或等于 100μg/L 时，保留 3 位有效数字。

附 1.11　质量保证和质量控制

附 1.11.1　调谐

每批样品分析前或每 24h 以内，需进行仪器性能检查，得到的质谱图离子丰度必须全部符合附表 1-1 中的标准。

附 1.11.2　初始校准

校准曲线至少需 5 个浓度系列，目标化合物相对响应因子的 RSD 应小于或等于 20%，或者校准曲线相关系数大于 0.99。否则需更换捕集管、色谱柱或采取其他措施，然后重新绘制校准曲线。

附 1.11.3　连续校准

每 24h 分析一次校准曲线中间浓度点，其测定结果与校准曲线该点浓度的相对偏差应小于或等于 20%，如果连续分析几个连续校准都不能达到允许标准，需重新绘制校准曲线。连续校准分析一定要在空白和样品分析之前。

附 1.11.4　空白及空白加标

当样品数量小于 20 个时，试剂空白及空白加标应至少分析一次，样品数量大于 20 个时，每 20 个样品应分析一个试剂空白。试剂空白中不得含有目标化合物或目标化合物的浓度应低于方法的检出限。试剂空白加标回收率应为 80%～120%。

附 1.11.5　标准样品

采用有证标准样品对分析结果准确性进行质量控制。

附 1.11.6　样品

（1）空白试验分析结果应满足如下任一条件的最大者：①目标化合物浓度小于方法检出限；②目标化合物浓度小于相关环保标准限值的 5%；③目标化合物浓度小于样品分析结果的 5%。

若空白试验未满足以上要求，则应采取措施排除污染并重新分析同批样品。

（2）每批样品至少应采集一个空白样品。其分析结果应满足空白试验的控制指标，否则需查找原因，排除干扰后重新采集样品分析。

（3）每批样品分析前或 24h 以内，需进行仪器性能检查。

（4）每一批样品（最多 20 个）应选择一个样品进行平行分析或基体加标分析。若初步判定样品中含有目标化合物，则须分析一个平行样；若初步判定样品中不含有目标化合物，则须分析该样品的加标样品。

（5）目标化合物加标回收率应在70%～130%之间。若加标回收率不合格，应再分析一个基体加标重复样品；若基体加标重复样品回收率不合格，说明样品存在基体效应。

附 1.12　方法的精密度、检出限和回收率

附 1.12.1　精密度

利用标准溶液配制7个浓度均为100μg/L的混标液平行样，按照优化出来的最佳吹扫捕集和气相色谱-质谱法条件进行分析测试。根据得到的结果，对各目标物的平均质量浓度、标准偏差（SD）和相对标准偏差（RSD）进行计算，计算结果如附表1-2所示。

附表 1-2　方法精密度

序号	化合物名称	CAS 号	平均值/（μg/L）	SD/（μg/L）	RSD/%
1	乙醛	75-07-0	101.7	2.2	2.2
2	丙烯醛	107-02-8	101.7	3.4	3.4
3	二溴乙烯	540-49-8	95.4	2.9	3.0
4	苯甲醚	100-66-3	93.6	4.6	4.9
5	四乙基铅	78-00-2	96.4	4.6	4.7
6	五氯丙烷	16714-68-4	102.0	4.3	4.2

附 1.12.2　检出限

按照样品分析的全部步骤，重复 n（$n \geqslant 7$）次空白试验，将各测定结果换算为样品中的浓度或含量，计算 n 次平行测定的标准偏差，按公式（附1-1）计算方法检出限。

$$\mathrm{MDL}=t_{(n-1,0.99)} \times S \qquad (附1\text{-}1)$$

式中，MDL为方法检出限；n 为样品的平行测定次数；t 为自由度为 $n-1$、置信度为99%时的 t 分布（单侧）；S 为 n 次平行测定的标准偏差。

各组分的检出限见附表1-3。

附表 1-3　方法检出限与测定下限

化合物名称	LOD/（μg/L）	LOQ/（μg/L）
乙醛	5.5	18
丙烯醛	3.8	13
二溴乙烯	0.2	0.7
苯甲醚	5.5	18
四乙基铅	0.65	2.2
五氯丙烷	6.3	21

附 1.12.3　回收率

根据该废水中目标物质的浓度，分别加入浓度为 50μg/L、100μg/L 和 500μg/L 的混标液，每个浓度做三组平行样，按照优化的最佳吹扫捕集和气相色谱-质谱法条件进行分析测试，废水的加标回收率见附表 1-4。

附表 1-4　方法加标回收率

化合物名称	加标回收率/%			平均加标回收率/%
	50μg/L	100μg/L	500μg/L	
乙醛	107	102	94.8	101
丙烯醛	88.5	98.5	99.6	95.5
二溴乙烯	105	95.2	100	100
苯甲醚	101	92.5	91.7	95.1
四乙基铅	89.0	96.0	91.2	92.1
五氯丙烷	103	98.5	93.4	98.3

附 1.13　注 意 事 项

附 1.13.1　样品

超过初始校准曲线最高点的化合物应稀释重新分析，稀释后样品浓度要大于曲线第三点浓度。在高浓度样品和低浓度样品同一批分析时，高浓度样品会对低浓度样品产生记忆效应。遇到一个高浓度样品时，随后要分析一个或更多空白样品，直至消除记忆效应，才能分析下一个样品。

附 1.13.2 吹扫装置烘烤

吹扫装置在每次开机后和关机前最好进行一次不进样的吹扫程序，以烘烤整个吹扫装置管路，确保无系统污染后方可开始试验或关机。

附录 2 石化废水中双酚 A 等有机物测定——液液萃取/气相色谱-质谱法

附 2.1 适 用 范 围

本方法适用于石化废水中 β-萘酚、双酚 A（BPA）、邻苯二甲酸二乙酯（DEP）、二（2-乙基己基）己二酸酯（DEHA）的测定，详见附表 2-3。

当测试的水样为 100mL 时，用选择离子扫描测定，目标化合物的方法检出限为 0.1～5.2μg/L，测定下限为 0.5～17μg/L。

附 2.2 方法引用文献

本方法内容引用了下列文件或其中的条款。凡是不注明日期的引用文件，其有效版本适用于本方法。

HJ/T 91 《地表水和污水监测技术规范》；

HJ/T 164 《地下水环境监测技术规范》。

附 2.3 术语和定义

附 2.3.1 实验室试剂空白

把一份试剂空白或其他的空白基体按照样品的程序进行处理，用与处理样品时一样的玻璃器皿、仪器设备、溶剂、试剂。用于检查待测物或其他干扰物质是否在实验室环境、试剂和器皿中存在。

附 2.3.2　实验室加标空白

在一份试剂空白或其他空白基体中加入已知量的待测物，把实验室加标空白当作一个样品进行处理，用于检查方法是否在控、实验室是否有能力在所要求的方法检出限内进行准确而精密的测量。

附 2.4　方 法 原 理

分别在碱性和酸性条件下，用乙酸乙酯萃取废水中的目标物，萃取液经净化、脱水、浓缩后的有机溶液可直接进行 GC-MS 检测。

附 2.5　干扰及消除

所有玻璃器皿应认真清洗。首先用重铬酸钾洗液清洗，然后依次用自来水、高纯水冲洗，最后用有机溶剂淋洗、风干、铝箔封口，避免沾污。非定量玻璃器皿可在马弗炉中 400℃加热 2h 代替有机溶剂淋洗。

溶剂、试剂（包括试剂空白）、玻璃容器及处理样品所用的其他器皿均应采用全程序空白，验证试验中所用的材料没有受到污染。

高浓度、低浓度样品穿插分析时，也可能造成污染，因此当高浓度样品分析结束后，应分析试剂空白，确定没有干扰后，方可分析下一个样品，以确保样品分析的准确性。

附 2.6　试剂和材料

（1）试剂空白。

制备方法：超纯水、二次蒸馏水（或购买市售纯净水）。试剂空白中应无干扰测定的杂质，或其中的杂质含量小于待测物的方法检出限。

（2）甲醇：农残级。

（3）二氯甲烷：农残级。

（4）正己烷：农残级。

（5）乙酸乙酯：农残级。

（6）丙酮：农残级。

（7）氯化钠：优级纯，在 35℃加热 6h，除去表面吸附的有机化合物，冷却后保存于干净的试剂瓶中。

（8）无水硫酸钠：优级纯，在 450℃加热纯化 4h，除去表面吸附的有机化合物，冷却后保存于干净的试剂瓶中。应进行方法空白试验，证实无水硫酸钠中不存在有机杂质。

（9）氢氧化钠：优级纯，配制成浓度为 10mol/L 的水溶液。

（10）（1+1）盐酸：将一定体积的优级纯浓盐酸加入等量体积的试剂空白中。

（11）氦气：99.999%或更高。

（12）氮气：99.999%。

（13）标准储备液：购买有证标准溶液或相应的高纯度的物质纯品，用农残级甲醇配制成浓度为 2000mg/L 的标准储备液。①准确称取各化合物 0.02g （准确至 0.1mg），用甲醇溶解，并定容至 10mL。此标准储备液的浓度为 2000mg/L。②将上述标准储备液移入带聚四氟乙烯内衬垫螺旋盖的棕色玻璃瓶中，在 4℃或更低温度下避光保存。定期检查该储备液浓度，尤其在用该储备液配制校准曲线工作液时，应先进行浓度检查。③此标准储备液每年至少配制一次。经检查发现浓度发生变化后应立即重新配制。

（14）GC-MS 性能校核溶液：购买或配制 5ng/μL 的十氟三苯基膦（DFTPP）于二氯甲烷溶剂中，放在棕色玻璃瓶中，4℃低温保存。DFTPP 在二氯甲烷中比在丙酮或乙酸乙酯中稳定。

（15）实验室试剂空白。取空白试剂水按样品的预处理步骤进行分析。

（16）校准曲线工作液。①配制至少 5 个浓度的校准曲线工作液，其中一个接近但高于方法的检出限（MDL），或在实际工作范围的最低限处，其余校准曲线的点要对应样品的浓度范围。②校准曲线工作液的配制步骤：向 10mL 容量瓶中加入约 5mL 乙酸乙酯，然后分别加入一定量的标准中间液，用乙酸乙酯定容，盖上塞子，翻转容量瓶 3 次，弃去容量瓶瓶颈部分的溶液。③校准曲线工作液放在容量瓶中不稳定，只能保存 1h；将校准曲线工作液储存在具有聚四氟乙烯内衬垫螺旋盖的棕色玻璃样品瓶中，且上部不留空隙，4℃低温避光保存，只能保存 24h。

注：以上所有标准溶液均以甲醇为溶剂，在 4℃下避光保存或参照制造商的产品说明保存方法。需要特别注意的是，使用前应恢复至室温、混匀。

附 2.7　仪器及设备

（1）样品瓶：1L 棕色磨口玻璃瓶。使用无色玻璃瓶，应用铝箔包于瓶外，避免阳光照射。

（2）2mL、10mL 的棕色玻璃瓶：带聚四氟乙烯内衬垫螺旋盖，用于盛装标准溶液。

（3）容量瓶：A 级，带磨砂玻璃盖，10mL。

（4）微量注射器：1μL、5μL、10μL、25μL、100μL 注射器。

（5）分液漏斗：1000mL。

（6）分液漏斗架：能放 1000mL 分液漏斗。

（7）干燥漏斗：100mL 锥形漏斗，漏斗颈内径 10mm、长约 200mm 的玻璃管。

（8）玻璃棉：用二氯甲烷洗涤，风干后，在 450℃加热纯化 4h，应进行空白试验，证实玻璃棉中不存在有机杂质。

（9）移液管：10mL。

（10）分析天平：精确至 0.1mg。

（11）氮吹仪：带有温控水浴系统，温度波动范围为±5℃。

（12）全玻璃过滤装置，当样品浊度较高时使用。

（13）0.45μm 聚四氟乙烯微孔滤膜或 0.45μm 玻璃纤维滤膜。

（14）K-D 浓缩管。

（15）pH 试纸。

（16）100mL 锥形烧瓶。

（17）气相色谱-质谱联用仪。①气相色谱仪：具分流/不分流进样口，能对载气进行电子压力控制，可程序升温。②毛细管色谱柱：固定相为 5%苯基甲基聚硅氧烷，非极性，超低流失，对活性化合物有较好的惰性。③质谱仪：具电子轰击（EI）电离源，能在 1s 或更短的扫描周期内，从质量 35amu 扫描至 500amu；具 NIST 质谱图库、手动/自动调谐、数据采集、定量分析及谱库检索等功能。

附 2.8　水样采集与保存

附 2.8.1　样品采集与保存

样品必须采集在玻璃瓶中，用水样荡洗玻璃采样瓶三次，将水样沿瓶壁缓缓倒入瓶中，水样充满样品瓶，滴加 1～2 滴浓盐酸，使水样 pH 小于 2，防止某些待测组分生物降解。

自采样后到萃取时，所有样品必须在 4℃冷藏，所有样品必须在 7d 内完成萃取，萃取液应在 30d 内完成分析。

附 2.8.2 现场空白样

每批样品需要一个现场空白，在实验室向采样瓶中加入试剂空白密封，与采样瓶一起带到采样现场，最后与采集的样品一起带回实验室。

附 2.9 步 骤

附 2.9.1 样品前处理

1. 过滤

一般水样不需要过滤，若水样中的颗粒物较多，应用 0.45μm 聚四氟乙烯微孔滤膜或 0.45μm 玻璃纤维滤膜过滤水样。滤膜在使用前先用超纯水泡洗三次。

2. 萃取

用移液管量取 100mL 水样，加入到 250mL 分液漏斗中。用 pH 试纸检查样品 pH，用硫酸溶液将水相 pH 调至小于 2。

用移液管加入 10g NaCl、10mL 乙酸乙酯于分液漏斗中，盖好瓶盖，振荡分液漏斗 2min，每隔 1min 倒转分液漏斗，打开放气阀放气释放压力，振动后静置 10min，使有机相分层。如果乳化现象严重，可加入适量氯化钠破乳。

将萃取相收集在 100mL 锥形烧瓶中，水相中再加入 10mL 乙酸乙酯，重复上述液液萃取过程，将二氯甲烷相结合并到 100mL 锥形烧瓶中。以同样的方法重复第三次萃取。

3. 脱水

在干燥漏斗的漏斗颈中塞入适量玻璃棉（能承托污水硫酸钠），加入 10g 烘干后的无水硫酸钠。将萃取相加入干燥漏斗中过滤脱水，取中间段滤液进行 GC 分析。用 K-D 浓缩管接滤出液（有机相），用 5mL 乙酸乙酯洗涤干燥漏斗两次，滤液合并至 K-D 浓缩管中。

4. 浓缩

将装有过滤后萃取相的 K-D 管置于氮吹仪上浓缩至 0.5～1mL（水浴温度 30℃），不得少于 0.5mL，否则会影响某些有机物的回收率。在 K-D 浓缩管中用二氯甲烷定容至 1.0mL，转移至样品瓶中。

附 2.9.2　仪器参考条件

（1）载气：高纯氦气。

（2）色谱柱：DB-5MS UI（30m×320μm×0.25μm，325℃）。

（3）柱流量：1.0mL/min。

（4）进样口温度：280℃。

（5）进样方式：不分流进样。

（6）进样量：1.0μL。

（7）升温程序：70℃（3min）→20℃/min→210℃（2min）→5℃/min→220℃（1min）→15℃/min→250℃（2min）→25℃/min→300℃（2min）。

（8）质谱条件。

辅助通道温度：300℃；扫描时间：1s/次或更少，每个峰至少应有 5 次扫描；溶剂延时时间：6min。

附 2.9.3　仪器校准

（1）根据仪器厂商的要求对质谱仪进行调谐，直到调谐报告达到要求。

（2）用校正化合物 DFTPP 校正质谱的质量和丰度。方法是：用微量注射器直接向气相色谱中注入 1μL 5ng/μL 的 DFTPP，用上述气相色谱及质谱条件获取质谱图，其质谱图应符合附表 2-1 的要求。

附表 2-1　DFTPP 关键离子和离子丰度指标

质量数	离子丰度指标	检验目的
51	是基峰质量数的 10%～80%	低质量数的灵敏度
68	小于 69 质量数的 2%	低质量数的分辨率
70	小于 69 质量数的 2%	低质量数的分辨率
127	是基峰质量数的 10%～80%	低至中等质量数的灵敏度
197	小于 198 质量数的 2%	中等质量数的分辨率

续表

质量数	离子丰度指标	检验目的
198	基峰或大于 442 质量数的 50%	中等质量数的灵敏度和分辨率
199	是 198 质量数的 5%～9%	中等质量数的分辨率和同位素比
275	是基峰质量数的 10%～60%	中等至高质量数的灵敏度
365	大于基峰质量数的 1%	基线的阈值
441	出现，但小于 443 质量数的丰度	高质量数的分辨率
442	基峰或大于 198 质量数的 50%	高质量数的分辨率和灵敏度
443	是 442 质量数的 15%～24%	高质量数的分辨率和同位素比

附 2.9.4　气相色谱、质谱分析条件的优化

向气相色谱仪中加入一个中间浓度的校准曲线工作液，如 5～20mg/L，用附 2.9.2 的气相色谱、质谱条件，以全扫描方式获取全范围的总离子流质谱图，根据色谱图适当调整气相色谱、质谱分析条件，使色谱图中各物质的色谱峰得到较好的分离，若色谱峰对称，且没有拖尾，则认为柱分离效果很好。要求色质联机的色谱峰辨认软件在对应的保留时间窗口内能识别校准曲线工作液中的每个化合物，否则，需重新调整测试条件。

附 2.9.5　定性

利用 GC-MS 附带工作站对全扫描 TIC 图数据进行质谱检索分析，对检测出的物质进行定性分析。

附 2.9.6　校准曲线的绘制

用附 2.9.4 确定的测试条件测定校准曲线工作液（校准溶液），得到不同浓度各化合物选择离子色谱图，根据定量离子的峰面积，绘制校准曲线，用最小二乘法得出校准曲线方程进行定量计算，要求线性相关系数不小于 0.999。

（1）在仪器维修、换柱或连续校准不合格时都需要重新绘制校准曲线。

（2）校准曲线建议浓度为 0.1mg/L、0.5mg/L、1mg/L、5mg/L、10mg/L、50mg/L。

（3）根据总离子流质谱图（TIC）获得每个组分的保留时间。

（4）用附 2.9.2 中的色谱条件测定校准曲线工作液（校准溶液），得到不同浓度各化合物选择离子色谱图。

（5）用最小二乘法建立校准曲线。

以目标化合物的响应值为纵坐标，浓度为横坐标，用最小二乘法建立校准曲线。若建立的线性校准曲线的相关系数小于 0.990 时，也可以采用非线性拟合曲线进行校准，曲线相关系数需大于或等于 0.990。采用非线性校准曲线时，应至少采用 6 个浓度点进行校准。

附 2.9.7　实验室试剂空白

实验室试剂空白应按照样品分析的步骤进行分析，实验室试剂空白分析值应低于方法检出限。

实验室试剂空白分析频率：每个工作日分析一次，应在连续校准后、样品分析前完成。

附 2.9.8　样品的测定

用微量注射器向气相色谱中注入 1μL 预处理后的萃取液，用与校准曲线相同的色谱条件对样品进行分析。

附 2.10　结 果 处 理

附 2.10.1　定性分析

（1）对于每一个目标化合物，应使用标准溶液或通过校准曲线经过多次进样建立保留时间窗口，保留时间窗口为±3 倍的保留时间标准偏差，样品中目标化合物的保留时间应在保留时间的窗口内。

（2）对于全扫描方式，目标化合物在标准质谱图中的丰度高于 30%的所有离子应在样品质谱图中存在，而且样品质谱图中的相对丰度与标准质谱图中的相对丰度的绝对值偏差应小于 20%。例如，当一个离子在标准质谱图中的相对丰度为 30%时，该离子在样品质谱图中的丰度应在 10%～50%之间。对于某些化合物，一些特殊的离子如分子离子峰，如果其相对丰度低于 30%，也应该作为判别化合物的依据。如果实际样品存在明显的背景干扰，则在比较时应扣除背景影响。

附 2.10.2 定量分析

待测物被确认后，根据色谱峰的峰面积，采用外标法对组分进行定量分析，按式（附 2-1）计算待测物浓度：

$$C_X = aA_X + b \quad （附 2\text{-}1）$$

式中，C_X为样品中待测物 X 的浓度，mg/L；A_X为色谱图中待测物 X 定量离子峰面积；a 为校准曲线的斜率；b 为校准曲线的截距。

附 2.10.3 结果表示

当测定结果小于 100μg/L 时，保留小数点后 1 位；当测定结果大于或等于 100μg/L 时，保留 3 位有效数字。

附 2.11 质量保证和质量控制

附 2.11.1 调谐

每 24h 做一次 DFTPP 标样分析，得到的质谱图离子丰度必须全部符合附表 2-1 中的标准。

附 2.11.2 初始校准

校准曲线至少需 5 个浓度系列，目标化合物相对响应因子的 RSD 应小于或等于 20%，或者校准曲线相关系数大于 0.99。否则需更换捕集管、色谱柱或采取其他措施，然后重新绘制校准曲线。

附 2.11.3 连续校准

每 24h 分析一次校准曲线中间浓度点，其测定结果与校准曲线该点浓度的相对偏差应小于或等于 20%，如果连续分析几个连续校准都不能达到允许标准，就要重新绘制校准曲线。连续校准分析一定要在空白和样品分析之前。

附 2.11.4 空白及空白加标

当样品数量小于 20 个时，试剂空白及空白加标应至少分析一次，样品数量多于 20 个时，每 20 个样品应分析一个试剂空白。试剂空白中不得含有目标化合物或目标化合物的浓度低于方法的检出限。试剂空白加标回收率应在 80%～120%之间。

附 2.11.5 样品

（1）空白试验分析结果应满足如下任一条件的最大者：①目标化合物浓度小于方法检出限；②目标化合物浓度小于相关环保标准限值的 5%；③目标化合物浓度小于样品分析结果的 5%。

若空白试验未满足以上要求，则应采取措施排除污染并重新分析同批样品。

（2）每批样品至少应采集一个空白样品。其分析结果应满足空白试验的控制指标，否则需查找原因，排除干扰后重新采集样品分析。

（3）每批样品分析前或 24h 内，需进行仪器性能检查。

（4）每一批样品（最多 20 个）应选择一个样品进行平行分析或基体加标分析。若初步判定样品中含有目标化合物，则须分析一个平行样；若初步判定样品中不含有目标化合物，则须分析该样品的加标样品。

目标化合物加标回收率应在 70%～130%之间。若加标回收率不合格，应再分析一个基体加标重复样品；若基体加标重复样品回收率不合格，说明样品存在基体效应。

附 2.11.6 目标化合物定性

扣除背景后，将实际样品的质谱图与校准确认标准样品的质谱图进行比较，实际样品中目标化合物质谱图中特征离子的相对丰度变化应在校准确认标准样品的±30%以内。

注：特征离子指目标化合物质谱图中三个相对丰度最大的离子，若质谱图中没有三个相对丰度最大的离子时，则指相对丰度超过 30%的所有离子。

附 2.12 方法的检出限和回收率

附 2.12.1 检出限

按照样品分析的步骤，重复 n（$n \geqslant 7$）次试验，将各测定结果换算为样品中的浓度或含量，计算 n 次平行测定的标准偏差，按式（附 1-1）计算方法检出限。

其中，当自由度为 $n-1$、置信度为 99%时的 t 值可参考附表 2-2 取值。

附表 2-2　*t* 值表

平行测定次数（*n*）	自由度（*n*−1）	$t_{(n-1,1-\alpha=0.99)}$
7	6	3.143
8	7	2.998
9	8	2.896
10	9	2.821
11	10	2.764
16	15	2.602
21	20	2.528

各组分的检出限见附表 2-3。

附表 2-3　方法检出限与测定下限

序号	化合物名称	CAS 号	LOD/（mg/L）	LOQ/（mg/L）
1	*β*-萘酚	135-19-3	0.001	0.0032
2	BPA	80-05-7	0.0052	0.017
3	DEP	84-66-2	0.0009	0.003
4	DEHA	103-23-1	0.00015	0.0005

附 2.12.2　精密度和准确度

制备和分析 7 个浓度为 1.0mg/L 的空白加标平行样，按样品的操作步骤分析，计算方法的精密度，见附表 2-4。

附表 2-4　方法精密度

序号	化合物名称	平均值/（mg/L）	SD/（mg/L）	RSD/%
1	*β*-萘酚	0.96	0.054	3.46
2	BPA	0.96	0.035	5.49
3	DEP	0.96	0.038	2.63
4	DEHA	0.99	0.027	2.04

制备三个不同浓度的基体加标样品，每个浓度三个平行样，按样品的操作步骤分析，计算方法的回收率，见附表 2-5。

附表 2-5 方法回收率

序号	化合物名称	回收率/%
1	β-萘酚	97.6
2	BPA	101
3	DEP	95.5
4	DEHA	107

附 2.13 注 意 事 项

超过初始校准曲线最高点的化合物应稀释重新分析，稀释后样品浓度要大于曲线第三点浓度。在高浓度样品和低浓度样品同一批分析时，高浓度样品会对低浓度样品产生记忆效应。遇到一个高浓度样品时，随后要分析一个或更多空白样品，直至消除记忆效应，才能分析下一个样品。

附录 3 石化废水中丙烯酸测定——离子色谱法

附 3.1 适 用 范 围

本方法适用于石化废水中丙烯酸含量的分析。当进样量为 25μL 时，丙烯酸的检出限为 0.04mg/L，测定下限为 0.2mg/L。

附 3.2 方法引用文献

本方法内容引用了下列文件或其中的条款。凡是不注明日期的引用文件，其有效版本适用于本方法。

HJ/T 91 《地表水和污水监测技术规范》；

HJ/T 164 《地下水环境监测技术规范》。

附 3.3 术语和定义

下列术语和定义适用于本方法。

附 3.3.1　基体加标

指在样品中添加了已知量的待测目标化合物，用于评价目标化合物的回收率和样品的基体效应。

附 3.3.2　运输空白

采样前在实验室将一份空白试剂水放入样品瓶中密封，将其带到采样现场。采样时其瓶盖一直处于密封状态，随样品运回实验室，按与样品相同的分析步骤进行处理和测定，用于检查样品运输过程中是否受到污染。

附 3.3.3　全程序空白

采样前在实验室将一份空白试剂水放入样品瓶中密封，将其带到采样现场。与采样的样品瓶同时开盖和密封，随样品运回实验室，按与样品相同的分析步骤进行处理和测定，用于检查样品采集到分析全过程是否受到污染。

附 3.4　方 法 原 理

水样中待测阴离子随淋洗液进入离子交换柱系统（由保护柱和分离柱组成），根据分离柱对各阴离子的不同的亲和度进行分离，已分离的阴离子流经阳离子交换柱或抑制器系统转换成具高电导度的强酸，淋洗液则转变为弱电导度的碳酸。由电导检测器测量各阴离子组分的电导率，以相对保留时间和峰高或面积定性和定量。

附 3.5　干扰及消除

样品中氯离子、硝酸根、亚硝酸根、硫酸根等离子不影响丙烯酸等的测定。

附 3.6　试剂和材料

（1）试剂空白。

制备方法：超纯水、二次蒸馏水（或购买市售纯净水）。试剂空白中应无干扰测定的杂质，或其中的杂质含量小于待测物的方法检出限。

（2）试剂水：用浓盐酸调节超纯水 pH=2。

（3）丙烯酸均为色谱纯（GC）级。

（4）标准储备液：购买有证标准溶液或相应的高纯度的物质纯品，用试剂水配制成浓度为 2000mg/L 的标准储备液。①用微量注射器量取适量丙烯酸，用超纯水溶解，并定容至 100mL。此标准储备液的浓度为 2000mg/L。②将上述标准储备液移入带聚四氟乙烯内衬垫螺旋盖的棕色玻璃瓶中，在 4℃或更低温度下避光保存。定期检查该储备液浓度，尤其在用该储备液配制校准曲线工作液时，应先进行浓度检查。③此标准储备液每月至少配制一次。经检查发现浓度发生变化后应立即重新配制。

（5）校准曲线工作液。①配制至少 5 个浓度的校准曲线工作液，其中一个接近但高于方法的检出限，或在实际工作范围的最低限处，其余校准曲线的点要对应样品的浓度范围。②校准曲线工作液的配制步骤：向 10mL 容量瓶中加入约 5mL pH 为 2 的试剂水，然后分别加入一定量的标准中间液，用试剂水定容，盖上塞子，翻转容量瓶 3 次，弃去容量瓶瓶颈部分的溶液。③校准曲线工作液放在容量瓶中不稳定，宜将校准曲线工作液储存在具有聚四氟乙烯内衬垫螺旋盖的棕色玻璃样品瓶中，且上部不留空隙，4℃低温避光保存，可保存 7 天。

附 3.7　仪器及材料

（1）样品瓶：1L 棕色磨口玻璃瓶。使用无色玻璃瓶，应用铝箔包于瓶外，避免阳光照射。

（2）2mL、10mL 的棕色玻璃瓶：带聚四氟乙烯内衬垫螺旋盖，用于盛装标准溶液。

（3）容量瓶：A 级，带磨砂玻璃盖，10mL、100mL。

（4）微量注射器：1μL、5μL、10μL、25μL、100μL 注射器。

（5）0.2μm 聚四氟乙烯微孔滤膜或 0.2μm 玻璃纤维滤膜。

（6）淋洗液：1mol/L NaOH 溶液，使用前用超纯水稀释到相应浓度。

（7）浓盐酸。

（8）离子色谱仪（含阴离子分离柱及保护柱、阴离子自动循环再生抑制器，电导检测器，色谱工作站）。

附 3.8 水样采集与保存

附 3.8.1 样品采集

采样时用水样荡洗玻璃采样瓶三次，将水样沿瓶壁缓缓倒入瓶中，滴加（1+1）盐酸，使水样 pH 小于 2，防止目标组分生物降解。

所有样品均采集平行样，每批样品带一个现场空白，即在实验室中用纯水充满样品瓶，封好后与空的样品瓶一起运至采样点。

附 3.8.2 样品保存

采样后将样品冷却至 4℃保存。现场水样在到达实验室前用冰块降温以保持在 4℃。

附 3.9 步 骤

附 3.9.1 仪器参考条件

分离柱：IonPac AS11-HC 阴离子色谱柱；保护柱：IonPac AG11-HC；淋洗液：5mmol/L NaOH 溶液，流速 1.0mL/min；色谱柱温度：40℃；抑制电流：13mA；进样量：25μL；检测池温度：31℃。

附 3.9.2 校准曲线的绘制

（1）在仪器维修、换柱或连续校准不合格时都需要重新绘制校准曲线。

（2）校准曲线建议浓度为 0.5mg/L、1mg/L、5mg/L、10mg/L、15mg/L、20mg/L。

（3）用附 3.9.1 中的色谱条件测定校准曲线工作液（校准溶液），得到不同浓度各化合物的离子色谱图。

（4）用最小二乘法建立校准曲线。

以目标化合物的响应值为纵坐标，浓度为横坐标，用最小二乘法建立校准曲线。若建立的线性校准曲线的相关系数小于 0.990 时，也可以采用非线性拟合曲线进行校准，曲线相关系数需大于或等于 0.990。采用非线性校准曲线时，应至少采用 6 个浓度点进行校准。

附 3.9.3　实验室试剂空白

实验室试剂空白应按照样品分析的步骤进行分析，实验室试剂空白分析值应低于方法检出限。

实验室试剂空白分析频率：每个工作日分析一次，应在连续校准后、样品分析前完成。

附 3.9.4　样品的测定

用注射器向离子色谱中注入 1mL 预处理后的待测样品，用与校准曲线相同的色谱条件对样品进行分析。

附 3.10　结 果 处 理

附 3.10.1　定性分析

根据丙烯酸根色谱峰的保留时间进行定性，若丙烯酸根色谱峰的保留时间与单标的保留时间一致，则认为是同一种物质。

附 3.10.2　定量分析

根据色谱峰的峰面积，采用外标法对丙烯酸根进行定量分析，按式（附 2-1）计算丙烯酸根浓度。

附 3.11　质量保证和质量控制

附 3.11.1　初始校准

校准曲线至少需 5 个浓度系列，目标化合物相对响应因子的 RSD 应小于或等于 20%，或者校准曲线相关系数大于 0.99。否则需更换捕集管、色谱柱或采取其他措施，然后重新绘制校准曲线。

附 3.11.2　连续校准

每 24h 分析一次校准曲线中间浓度点，其测定结果与校准曲线该点浓度的相对偏差应小于或等于 20%，如果连续分析几个连续校准都不能达到允许标准，需重新绘制校准曲线。连续校准分析一定要在空白和样品分析之前。

附 3.12 方法的检出限和回收率

附 3.12.1 检出限

基于在试验进行分析的相关标准，根据信号的强弱情况，使用信噪比（*N*）表示最小信号，3*N* 表示仪器检出限，9*N* 表示方法测定下限。计算得到方法的检出限为 0.04mg/L，测定下限为 0.16mg/L。

附 3.12.2 精密度和准确度

配制丙烯酸浓度均为 5mg/L 的标准液 7 组进行平行测定，按样品的操作步骤分析，计算多次测定的相对标准偏差为 0.29%。制备三个不同浓度的基体加标样品，每个浓度三个平行样，按样品的操作步骤分析，计算方法的回收率为 97.7%～101%。

附录 4 石化废水中环烷酸测定——离子色谱法

附 4.1 适 用 范 围

本方法适用于石化废水中环戊甲酸、环己甲酸、环己乙酸、环己丙酸和环己丁酸等 5 种典型环烷酸含量的分析。当进样量为 25μL 时，各酸的检出限为 0.0089～0.032mg/L，测定下限为 0.027～0.297mg/L。

附 4.2 方法引用文献

本方法内容引用了下列文件或其中的条款。凡是不注明日期的引用文件，其有效版本适用于本方法。

GB 17378.3 《海洋监测规范 第 3 部分：样品采集、贮存与运输》；

HJ/T 91 《地表水和污水监测技术规范》；

HJ/T 164 《地下水环境监测技术规范》。

附 4.3　术语和定义

下列术语和定义适用于本方法。

附 4.3.1　基体加标

指在样品中添加了已知量的待测目标化合物，用于评价目标化合物的回收率和样品的基体效应。

附 4.3.2　运输空白

采样前在实验室将一份空白试剂水放入样品瓶中密封，将其带到采样现场。采样时其瓶盖一直处于密封状态，随样品运回实验室，按与样品相同的分析步骤进行处理和测定，用于检查样品运输过程中是否受到污染。

附 4.3.3　全程序空白

采样前在实验室将一份空白试剂水放入样品瓶中密封，将其带到采样现场。与采样的样品瓶同时开盖和密封，随样品运回实验室，按与样品相同的分析步骤进行处理和测定，用于检查样品采集到分析全过程是否受到污染。

附 4.4　方 法 原 理

水样中待测阴离子随淋洗液进入离子交换柱系统（由保护柱和分离柱组成），根据分离柱对各阴离子的不同的亲和度进行分离，已分离的阴离子流经阳离子交换柱或抑制器系统转换成具高电导度的强酸，淋洗液则转变为弱电导度的碳酸。由电导检测器测量各阴离子组分的电导率，以相对保留时间和峰高或面积定性和定量。

附 4.5　干扰及消除

样品中氯离子、硝酸根、亚硝酸根、硫酸根等离子不影响环己甲酸等的测定。

附 4.6　试剂和材料

（1）试剂空白。

制备方法：超纯水、二次蒸馏水（或购买市售纯净水）。试剂空白中应无干扰测定的杂质，或其中的杂质含量小于待测物的方法检出限。

（2）试剂水：用浓盐酸调节超纯水 pH=2。

（3）环戊甲酸、环己甲酸、环己乙酸、环己丙酸、环己丁酸均为色谱纯（GC）级。

（4）标准储备液：购买有证标准溶液或相应的高纯度的物质纯品，用试剂水配制成浓度为 200mg/L 的标准储备液。①用微量注射器量取适量环戊甲酸、环己甲酸、环己乙酸、环己丙酸、环己丁酸，用超纯水溶解，并定容至 100mL。此标准储备液的浓度为 2000mg/L。②将上述标准储备液移入带聚四氟乙烯内衬垫螺旋盖的棕色玻璃瓶中，在 4℃或更低温度下避光保存。定期检查该储备液浓度，尤其在用该储备液配制校准曲线工作液时，应先进行浓度检查。③此标准储备液每月至少配制一次。经检查发现浓度发生变化后应立即重新配制。

（5）校准曲线工作液。①配制至少 5 个浓度的校准曲线工作液，其中一个接近但高于方法的检出限，或在实际工作范围的最低限处，其余校准曲线的点要对应样品的浓度范围。②校准曲线工作液的配制步骤：向 10mL 容量瓶中加入约 5mL pH 为 2 的试剂水，然后分别加入一定量的标准中间液，用试剂水定容，盖上塞子，翻转容量瓶 3 次，弃去容量瓶瓶颈部分的溶液。③校准曲线工作液放在容量瓶中不稳定，宜将校准曲线工作液储存在具有聚四氟乙烯内衬垫螺旋盖的棕色玻璃样品瓶中，且上部不留空隙，4℃低温避光保存，可保存 7 天。

附 4.7　仪器及材料

（1）样品瓶：1L 棕色磨口玻璃瓶。使用无色玻璃瓶，应用铝箔包于瓶外，避免阳光照射。

（2）2mL、10mL 的棕色玻璃瓶：带聚四氟乙烯内衬垫螺旋盖，用于盛装标准溶液。

（3）容量瓶：A 级，带磨砂玻璃盖，10mL、100mL。

（4）微量注射器：1μL、5μL、10μL、25μL、100μL 注射器。

（5）0.2μm 聚四氟乙烯微孔滤膜或 0.2μm 玻璃纤维滤膜。

（6）淋洗液：1mol/L NaOH 溶液，使用前用超纯水稀释到相应浓度。

（7）浓盐酸。

（8）离子色谱仪（含阴离子分离柱及保护柱、阴离子自动循环再生抑制器，电导检测器，色谱工作站）。

附 4.8　水样采集与保存

附 4.8.1　样品采集

采样时用水样荡洗玻璃采样瓶三次，将水样沿瓶壁缓缓倒入瓶中，滴加（1+1）盐酸，使水样 pH 小于 2，防止目标组分生物降解。

所有样品均采集平行样，每批样品带一个现场空白，即在实验室中用纯水充满样品瓶，封好后与空的样品瓶一起运至采样点。

附 4.8.2　样品保存

采样后将样品冷却至 4℃保存。现场水样在到达实验室前用冰块降温以保持在 4℃。

附 4.9　步　　骤

附 4.9.1　仪器参考条件

分离柱：IonPac AS11-HC 阴离子色谱柱；保护柱：IonPac AG11-HC；淋洗液：10mmol/L NaOH 溶液，流速 2.0mL/min；抑制电流：75mA；进样量：20μL；检测池温度：35℃。

附 4.9.2　校准曲线的绘制

（1）在仪器维修、换柱或连续校准不合格时都需要重新绘制校准曲线。

（2）校准曲线建议浓度为 1mg/L、5mg/L、10mg/L、15mg/L、20mg/L、

25mg/L。

（3）用附 4.9.1 中的色谱条件测定校准曲线工作液（校准溶液），得到不同浓度各化合物的离子色谱图。

（4）用最小二乘法建立校准曲线。

以目标化合物的响应值为纵坐标，浓度为横坐标，用最小二乘法建立校准曲线。若建立的线性校准曲线的相关系数小于 0.990 时，也可以采用非线性拟合曲线进行校准，曲线相关系数需大于或等于 0.990。采用非线性校准曲线时，应至少采用 6 个浓度点进行校准。

附 4.9.3　实验室试剂空白

实验室试剂空白应按照样品分析的步骤进行分析，实验室试剂空白分析值应低于方法检出限。

实验室试剂空白分析频率：每个工作日分析一次，应在连续校准后、样品分析前完成。

附 4.9.4　样品的测定

用注射器向离子色谱中注入 1mL 预处理后的待测样品，用与校准曲线相同的色谱条件对样品进行分析。

附 4.10　结 果 处 理

附 4.10.1　定性分析

根据各酸色谱峰的保留时间进行定性，若各酸色谱峰的保留时间与单标的保留时间一致，则认为是同一种物质。

附 4.10.2　定量分析

根据色谱峰的峰面积，采用外标法对各酸进行定量分析，按式（附 2-1）计算各酸浓度。

附 4.11　质量保证和质量控制

附 4.11.1　初始校准

校准曲线至少需 5 个浓度系列，目标化合物相对响应因子的 RSD 应小于或等于 20%，或者校准曲线相关系数大于 0.99。否则需更换捕集管、色谱柱或采取其他措施，然后重新绘制校准曲线。

附 4.11.2　连续校准

每 24h 分析一次校准曲线中间浓度点，其测定结果与校准曲线该点浓度的相对偏差应小于或等于 20%，如果连续分析几个连续校准都不能达到允许标准，需重新绘制校准曲线。连续校准分析一定要在空白和样品分析前。

附 4.12　方法的检出限和回收率

附 4.12.1　检出限

基于在试验进行分析的相关标准，根据信号的强弱情况，使用信噪比（*N*）表示最小信号，3*N* 表示仪器检出限，9*N* 表示方法测定下限。计算得到方法的检出限（附表 4-1）。

附表 4-1　方法检出限和测定下限

出峰顺序	化合物名称	CAS 号	LOD/（mg/L）	LOQ/（mg/L）
1	环戊甲酸	3400-45-1	0.0089	0.027
2	环己甲酸	98-89-5	0.0096	0.029
3	环己乙酸	5292-21-7	0.0091	0.027
4	环己丙酸	701-97-3	0.032	0.096
5	环己丁酸	4441-63-8	0.099	0.297

附 4.12.2　精密度和准确度

分别配制 5 种酸浓度均为 20mg/L 的标准液 7 组进行平行测定，按样品的操作步骤分析，计算方法的精密度，如附表 4-2 所示。

附表 4-2 方法精密度

序号	化合物名称	平均值/（mg/L）	SD/（mg/L）	RSD/%
1	环戊甲酸	20.59	0.35	1.7
2	环己甲酸	19.75	0.35	1.8
3	环己乙酸	20.29	0.33	1.6
4	环己丙酸	19.89	0.43	2.2
5	环己丁酸	19.87	0.42	2.1

制备三个不同浓度的基体加标样品，每个浓度三个平行样，按样品的操作步骤分析，计算方法的回收率，见附表 4-3。

附表 4-3 方法回收率

化合物名称	回收率/%			平均回收率/%
	5mg/L	10mg/L	15mg/L	
环戊甲酸	97.2	93.4	92.3	94.3
环己甲酸	96.1	103	92.1	97.1
环己乙酸	93.7	94.4	97.5	95.2
环己丙酸	96.3	95.6	92.9	94.9
环己丁酸	95.2	94.6	91.8	93.9

附录 5 石化废水中戊二醛测定——酚试剂分光光度法

附 5.1 适 用 范 围

本方法适用于石化废水中戊二醛的测定，采用本方法的测试区间为 0.005～1mg/L。

附 5.2 方法引用文献

本方法内容引用了下列文件或其中的条款。凡是不注明日期的引用文件，其有效版本适用于本方法。

GB/T 5750　《生活饮用水标准检验方法》；

HJ/T 91　《地表水和污水监测技术规范》；

HJ 493　《水质 样品的保存和管理技术规定》；

HJ 494　《水质 采样技术指导》；

HJ 495　《水质 采样方案设计技术规定》；

HJ 596　《水质 词汇》。

附 5.3　术语和定义

下列术语和定义适用于本方法。

附 5.3.1　基体加标

指在样品中添加了已知量的待测目标化合物，用于评价目标化合物的回收率和样品的基体效应。

附 5.3.2　运输空白

采样前在实验室将一份空白试剂水放入样品瓶中密封，将其带到采样现场。采样时其瓶盖一直处于密封状态，随样品运回实验室，按与样品相同的分析步骤进行处理和测定，用于检查样品运输过程中是否受到污染。

附 5.3.3　全程序空白

采样前在实验室将一份空白试剂水放入样品瓶中密封，将其带到采样现场。与采样的样品瓶同时开盖和密封，随样品运回实验室，按与样品相同的分析步骤进行处理和测定，用于检查样品采集到分析全过程是否受到污染。

附 5.4　方 法 原 理

利用戊二醛与酚试剂（3-甲基-2-苯并噻唑酮腙盐一水合物，MBTH 盐酸盐）反应生成嗪，这种物质在酸性溶液中能够被高铁离子氧化生成蓝绿色化合物，由于该物质的颜色与戊二醛含量成正比，因此可以通过分光光度法进行定量。

附 5.5　干扰及消除

样品在运输和储藏过程中可能会因挥发性有机物渗透过密封垫而受到污染。在采样、加固定剂和运输的全过程中携带纯水作为现场试剂空白来检查此类污染。

在对颜色较深的石化废水进行测试时，要先进行过滤，并进行适当程度的稀释，测出的数据乘以相应的稀释倍数即可。

附 5.6　试剂和材料

除非另有说明，分析时均使用符合国家标准的优级纯化学试剂。

（1）空白试剂水：二次蒸馏水、市售矿泉水或通过纯水设备制备的水。

使用前需通过空白试验检验，确认在目标化合物的保留时间区内没有干扰峰出现或其中的目标化合物浓度低于方法检出限。

（2）戊二醛标准溶液：浓度为 50%，分析纯级或相当级别。

（3）硫酸高铁铵。

（4）酚试剂（MBTH）。

（5）盐酸（HCl）。

（6）戊二醛标准储备液（5000mg/L）：精确量取 50%戊二醛标准溶液 0.95mL 于 100mL 容量瓶中并定容。根据研究表明，浓度在 20%以上的戊二醛溶液稀释时结构会发生变化，因此，此标准储备液需放置 30min 后使用。

（7）戊二醛标准应用液（10mg/L）：取 2mL 戊二醛标准储备液于 1000mL 的容量瓶中并定容。

（8）MBTH 溶液配制：精确称取 0.1g MBTH 于 100mL 容量瓶中并定容，现配现用。

（9）硫酸高铁铵溶液配制：精确称取 1.0g 硫酸高铁铵于 100mL 烧杯中，用 50.0mL 0.10mol/L 盐酸溶解，然后转移至 100mL 容量瓶中稀释并定容至刻度线。

附 5.7　仪器和设备

（1）紫外分光光度计。

（2）分析天平。

（3）恒温水浴振荡器。

（4）容量瓶：100mL、1000mL。

（5）具塞比色管：25mL。

附 5.8　样　　品

附 5.8.1　样品的采集

样品的采集分别参照 HJ/T 91、HJ 494 的相关规定。样品必须采集在玻璃瓶中，所有样品均采集平行双样，每批样品必须带至少一个空白样。

采集样品时，使水样在样品瓶中溢流而不留气泡。取样时应尽量避免或减少样品在空气中的暴露时间，水样充满样品瓶。

注：样品瓶应在采样前用甲醇清洗，采样时不应用样品荡洗。

附 5.8.2　样品的保存

采样前，需要向每个样品瓶中加入抗坏血酸，每 40mL 样品需加入 25mg 的抗坏血酸。如果水样中总余氯的量超过 5mg/L，应先按 HJ 586 附录 A 的方法测定总余氯后，再确定抗坏血酸的加入量。在 40mL 样品瓶中，总余氯每超过 5mg/L，需多加 25mg 抗坏血酸。采样时，水样呈中性时向每个样品瓶中加入 0.5mL 盐酸溶液，拧紧瓶盖；水样呈碱性时应加入适量盐酸溶液使样品 pH≤2。采集完水样后，应在样品瓶上立即贴上标签。

当水样加盐酸溶液后产生大量气泡时，应弃去该样品，重新采集样品。重新采集的样品不应加盐酸溶液，样品标签上应注明未酸化，该样品应在 24h 内分析。

样品采集后冷藏运输。运回实验室后应立即放入冰箱中，在 4℃以下保存，14d 内分析完毕。样品存放区域应无有机物干扰。

附 5.9 分 析 步 骤

附 5.9.1 仪器参考条件

（1）分光光度计波长。分光光度计波长为 604nm。

（2）静置温度和时间。①加入 MBTH 后静置温度和时间：加入 MBTH 后静置温度为 30℃，静置时间为 15min。②显色反应时静置温度和时间：显色反应时静置温度为 40℃，静置时间为 40min。

附 5.9.2 试验操作步骤

取戊二醛标准应用液 5.0mL 于 25mL 具塞比色管中；加入 5.0mL MBTH 溶液，于 30℃水浴恒温振荡器中静置 15min，其间摇晃 2 次；再加入 4.5mL 硫酸高铁铵溶液，定容至刻度线，摇匀，放置于 40℃恒温振荡器中静置 40min；之后取出冷却至室温，然后在波长 604nm 处，以去离子水为空白，用比色皿测其吸光度。

附 5.9.3 校准曲线的绘制

在最佳试验条件下，按照试验方法，加入不同量的戊二醛溶液，经显色后，测定其吸光度。并以戊二醛浓度为横坐标，吸光度为纵坐标，绘制校准曲线。

附 5.10 结 果 处 理

附 5.10.1 校准曲线

向 25mL 具塞比色管中分别加入不同量的戊二醛标准应用液，使具塞比色管中戊二醛的浓度分别为 0.005mg/L、0.02mg/L、0.04mg/L、0.1mg/L、0.4mg/L、0.6mg/L、0.8mg/L、1.0mg/L，经显色后，测定其吸光度。以戊二醛浓度为横坐标，吸光度为纵坐标，绘制校准曲线。

附 5.10.2 结果表示

$$c = \frac{m}{V} \tag{附 5-1}$$

式中，c 为水样中戊二醛的质量浓度，mg/L；m 为从校准曲线上查得水样中戊二醛的质量，μg；V为水样体积，mL。

当测定结果小于 100μg/L 时，保留小数点后 1 位；当测定结果大于或等于 100μg/L 时，保留 3 位有效数字。

附 5.11　质量保证和质量控制

附 5.11.1　初始校准

校准曲线至少需 5 个浓度系列，目标化合物相对响应因子的 RSD 应小于或等于 20%，或者校准曲线相关系数大于 0.99。否则需更换比色皿或采取其他措施，然后重新绘制校准曲线。

附 5.11.2　空白及空白加标

当样品数量小于 20 个时，试剂空白及空白加标应至少分析一次，样品数量多于 20 个时，每 20 个样品应分析一个试剂空白。试剂空白中不得含有目标化合物或目标化合物的浓度低于方法的检出限。试剂空白加标回收率应在 80%～120%之间。

附 5.11.3　标准样品

采用有证标准样品对分析结果准确性进行质量控制。

附 5.11.4　样品

（1）空白试验分析结果应满足如下任一条件的最大者：①目标化合物浓度小于方法检出限；②目标化合物浓度小于相关环保标准限值的 5%；③目标化合物浓度小于样品分析结果的 5%。

若空白试验未满足以上要求，则应采取措施排除污染并重新分析同批样品。

（2）每批样品至少应采集一个空白样品。其分析结果应满足空白试验的控制指标，否则需查找原因，排除干扰后重新采集样品分析。

（3）每一批样品（最多 20 个）应选择一个样品进行平行分析或基体加标分析。若初步判定样品中含有目标化合物，则须分析一个平行样；若初步判定样品中不含有目标化合物，则须分析该样品的加标样品。

（4）目标化合物加标回收率应在 70%～130%之间。若加标回收率不合格，应再分析一个基体加标重复样品；若基体加标重复样品回收率不合格，说明样品存在基体效应。

附 5.12　方法的精密度、检出限和回收率

附 5.12.1　精密度

向体系中加入一定量的戊二醛标准应用液，使得其中戊二醛的浓度为 0.20mg/L，按照优化出的方法平行测定 7 次。根据测定的结果计算各次测定的相对标准偏差（RSD）为 2.6%。

附 5.12.2　检出限

通过对戊二醛不同浓度的吸光度进行测试，能够测得戊二醛的最低浓度为 0.005mg/L，因此该方法的检出限为 0.005mg/L。

附 5.12.3　回收率

向体系中加入一定量的戊二醛标准应用液，使得其中戊二醛的浓度分别为 0.08mg/L、0.20mg/L、0.8mg/L，每个浓度做三组平行样，利用附 5.9 的方法对其进行测试，计算戊二醛的加标回收率为 86.4%～97.0%。

附 5.13　注 意 事 项

在对颜色较深的石化废水进行测试时，要先进行过滤，并进行适当程度的稀释，测出的数据乘以相应的稀释倍数，即可得出该石化废水中戊二醛的含量。

附录 6　石化废水中水合肼测定——分光光度法

附 6.1　适 用 范 围

本方法适用于石化废水中水合肼的测定。采用本方法的测试区间为 0.002～0.12mg/L。

附 6.2　方法引用文献

本方法内容引用了下列文件或其中的条款。凡是不注明日期的引用文件，其有效版本适用于本方法。

GB/T 5750　《生活饮用水标准检验方法》；

HJ/T 91　《地表水和污水监测技术规范》；

HJ 493　《水质 样品的保存和管理技术规定》；

HJ 494　《水质 采样技术指导》；

HJ 495　《水质 采样方案设计技术规定》；

HJ 596　《水质 词汇》。

附 6.3　术语和定义

下列术语和定义适用于本方法。

附 6.3.1　基体加标

指在样品中添加了已知量的待测目标化合物，用于评价目标化合物的回收率和样品的基体效应。

附 6.3.2　运输空白

采样前在实验室将一份空白试剂水放入样品瓶中密封，将其带到采样现场。采样时其瓶盖一直处于密封状态，随样品运回实验室，按与样品相同的分析步骤进行处理和测定，用于检查样品运输过程中是否受到污染。

附 6.3.3　全程序空白

采样前在实验室将一份空白试剂水放入样品瓶中密封，将其带到采样现场。与采样的样品瓶同时开盖和密封，随样品运回实验室，按与样品相同的分析步骤进行处理和测定，用于检查样品采集到分析全过程是否受到污染。

附 6.4 方 法 原 理

酸性条件下，水合肼和对二甲基苯甲醛相互作用，生成黄色醌式结构的对二甲氨基苄连氮黄色化合物。该物质的颜色与水合肼含量成正比，因此可以通过分光光度法进行定量。

附 6.5 干扰及消除

样品在运输和储藏过程中可能会因挥发性有机物渗透过密封垫而受到污染。在采样、加固定剂和运输的全过程中携带纯水作为现场试剂空白来检查此类污染。

在对颜色较深的石化废水进行测试时，要先进行过滤，并进行适当程度的稀释，测出的数据乘以相应的稀释倍数即可。

附 6.6 试剂和材料

除非另有说明，分析时均使用符合国家标准的优级纯化学试剂。

（1）空白试剂水：二次蒸馏水、市售矿泉水或通过纯水设备制备的水。

使用前需通过空白试验检验，确认在目标化合物的保留时间区内没有干扰峰出现或其中的目标化合物浓度低于方法检出限。

（2）盐酸肼：又名盐酸联胺，$N_2H_4 \cdot 2HCl$。

（3）对二甲氨基苯甲醛。

（4）乙醇。

（5）盐酸（HCl）：1.19g/mL。

（6）0.2mol/L HCl 溶液：取 500mL 烧杯，放入 400mL 水，加入 36%的盐酸 10mL，用玻璃棒搅拌均匀，转入 1L 的容量瓶内，将烧杯用水冲洗三次，三次冲洗后的水转入容量瓶内，再用水定容至刻度，将容量瓶倒置三次摇匀，转至蓝盖瓶，密封，4℃冰箱中保存待用。

（7）对二甲氨基苯甲醛溶液：用量筒分别量取 400mL 95%乙醇和 40mL 36%盐酸转入 500mL 烧杯内，用天平称取 4g 对二甲氨基苯甲醛固体，放入烧杯内，用玻璃棒搅拌均匀后，转入棕色瓶内，放置于 4℃冰箱中保存备用。

（8）100mg/L 肼标准储备液：用天平称取 0.328g 氨基磺酸氨放入 500mL 烧

杯中，用移液枪量取 10mL 36%盐酸溶液转入烧杯中，加入 500mL 水，搅拌均匀后转入 1L 容量瓶，将烧杯冲洗三次，且三次冲洗后的水转入容量瓶内，再用水定容至刻度，将容量瓶倒置三次摇匀，转至试剂瓶，密封于 4℃冰箱中保存待用。

（9）1mg/L 肼标准溶液：用移液管吸取 10mL 100mg/L 肼溶液转入 1L 容量瓶内，用移液枪吸取 10mL 36%盐酸溶液至容量瓶内，加入水至刻度，将容量瓶倒置三次摇匀，转至试剂瓶，密封于 4℃冰箱中保存待用。

附 6.7　仪器和设备

（1）分光光度计：配 1cm 吸收池。

（2）分析天平。

（3）容量瓶：1000mL。

（4）具塞比色管：50mL。

附 6.8　样　　品

附 6.8.1　样品的采集

样品的采集分别参照 HJ/T 91、HJ 494 的相关规定。样品必须采集在玻璃瓶中，所有样品均采集平行双样，每批样品必须带至少一个空白样。

采集样品时，使水样在样品瓶中溢流而不留气泡。取样时应尽量避免或减少样品在空气中的暴露时间，水样充满样品瓶。

注：样品瓶应在采样前用甲醇清洗，采样时不应用样品荡洗。

附 6.8.2　样品的保存

采样前，需要向每个样品瓶中加入抗坏血酸，每 40mL 样品需加入 25mg 抗坏血酸。如果水样中总余氯的量超过 5mg/L，应先按 HJ 586 附录 A 的方法测定总余氯后，再确定抗坏血酸的加入量。在 40mL 样品瓶中，总余氯每超过 5mg/L，需多加 25mg 抗坏血酸。采样时，水样呈中性时向每个样品瓶中加入 0.5mL 盐酸溶液，拧紧瓶盖；水样呈碱性时应加入适量盐酸溶液使样品 pH≤2。采集完水样后，应在样品瓶上立即贴上标签。

当水样加盐酸溶液后产生大量气泡时，应弃去该样品，重新采集样品。重新采集的样品不应加盐酸溶液，样品标签上应注明未酸化，该样品应在 24h 内分析。

样品采集后冷藏运输。运回实验室后应立即放入冰箱中，在 4℃以下保存，14d 内分析完毕。样品存放区域应无有机物干扰。

附 6.9 分 析 步 骤

附 6.9.1 校准曲线的绘制

取 6 个 50mL 具塞比色管，分别加入 1mg/L 肼标准溶液 0mL、0.5mL、1.00mL、1.50mL、2.00mL、3.00mL，加入 0.12mol/L 盐酸溶液至 50mL 刻度，再加入对二甲氨基苯甲醛溶液 10mL，加塞倒置三次混匀，静置 20min，用 10mm 比色皿以水为参比，在 458nm 处测吸光度。以水合肼的浓度为横坐标，以减掉空白值的吸光度为纵坐标，进行线性拟合得到线性方程和相关系数。

附 6.9.2 样品测定

取水样 25mL 置于 50mL 比色管内，加入 0.12mol/L 盐酸溶液至 50mL 刻度，加塞倒置三次混匀，加入对二甲氨基苯甲醛溶液 10mL，加塞倒置三次混匀，静置 20min，用 10mm 比色皿以水为参比，在 458nm 处测吸光度。

附 6.10 结 果 处 理

测定结果用式（附 6-1）表示：

$$c\left(N_2H_4 \cdot H_2O\right) = 2 \times \frac{m \times 1.56}{V} \quad （附 6-1）$$

式中，c（$N_2H_4 \cdot H_2O$）为水样中水合肼（以 $N_2H_4 \cdot H_2O$ 计）的质量浓度，mg/L；m 为从校准曲线上查得水样中肼（以 N_2H_4 计）的质量，μg；V 为水样体积，mL；1.56 为 1 mol 肼（N_2H_4）相当于 1 mol 水合肼（$N_2H_4 \cdot H_2O$）的质量换算系数。

当测定结果小于 100μg/L 时，保留小数点后 1 位；当测定结果大于或等于 100μg/L 时，保留 3 位有效数字。

附 6.11　质量保证和质量控制

附 6.11.1　初始校准

校准曲线至少需 5 个浓度系列，目标化合物相对响应因子的 RSD 应小于或等于 20%，或者校准曲线相关系数大于 0.99。否则需更换比色皿或采取其他措施，然后重新绘制校准曲线。

附 6.11.2　空白及空白加标

当样品数量小于 20 个时，试剂空白及空白加标应至少分析一次，样品数量多于 20 个时，每 20 个样品应分析一个试剂空白。试剂空白中不得含有目标化合物或目标化合物的浓度低于方法的检出限。试剂空白加标回收率应在 80%～120%之间。

附 6.11.3　标准样品

采用有证标准样品对分析结果准确性进行质量控制。

附 6.11.4　样品

（1）空白试验分析结果应满足如下任一条件的最大者：①目标化合物浓度小于方法检出限；②目标化合物浓度小于相关环保标准限值的 5%；③目标化合物浓度小于样品分析结果的 5%。

若空白试验未满足以上要求，则应采取措施排除污染并重新分析同批样品。

（2）每批样品至少应采集一个空白样品。其分析结果应满足空白试验的控制指标，否则需查找原因，排除干扰后重新采集样品分析。

（3）每一批样品（最多 20 个）应选择一个样品进行平行分析或基体加标分析。若初步判定样品中含有目标化合物，则须分析一个平行样；若初步判定样品中不含有目标化合物，则须分析该样品的加标样品。

（4）目标化合物加标回收率应在 70%～130%之间。若加标回收率不合格，应再分析一个基体加标重复样品；若基体加标重复样品回收率不合格，说明样品存在基体效应。

附 6.12　方法的精密度、检出限和回收率

分别从精密度、检出限、回收率等三个指标考察对二甲氨基苯甲醛分光光度法测定石化废水中的水合肼的适用性。

附 6.12.1　精密度

以不同石化园区综合污水处理厂进水为对象，分别制备 7 个样品，采用附 6.9.2 中的方法进行测定。根据测定结果计算方法精密度。结果见表 2-28。该方法检测二沉池出水相对标准偏差均小于 5%，表明该试验方法的精密度良好。

附 6.12.2　检出限

通过对不同浓度肼溶液的吸光度进行测试，能够测得水合肼的最低浓度为 0.002mg/L，因此该方法的检出限为 0.002mg/L。

附 6.12.3　回收率

以不同石化园区综合污水处理厂进水为基质，分别向其中添加 0.2mg/L、1mg/L、1.4mg/L 水合肼溶液。采用附 6.9.2 中的方法进行测定。计算水合肼的加标回收率在 87.7%～95.5%之间。

附 6.13　注 意 事 项

石化废水中带有颜色的水会对分光光度法产生干扰。当石化废水颜色明显时，可适当稀释后再测定。